조경 식물의
무생물적 장애
진단 가이드

이규화 옮김

Laurence R. Costello
Edward J. Perry
Nelda P. Matheny
J. Michael Henry
Pamela M. Geisel

(주)바이오사이언스출판

이 도서의 국립중앙도서관 출판예정도서목록(CIP)은 서지정보유통지원시스템 홈페이지(http://seoji.nl.go.kr)와 국가자료공동목록시스템(http://www.nl.go.kr/kolisnet)에서 이용하실 수 있습니다.
(CIP제어번호: CIP2018028782)

조경 식물의 **무생물적 장애** 진단 가이드

초판 인쇄: 2018년 9월 5일
초판 발행: 2018년 9월 15일

저　　자: Laurence R. Costello · Edward J. Perry · Nelda P. Matheny
J. Michael Henry · Pamela M. Geisel
옮 긴 이: 이규화
발 행 인: 문정구
발 행 처: (주)바이오사이언스출판
본　　사: 14040 경기도 안양시 동안구 전파로 107(호계동)
서울 사무소: 06569 서울특별시 서초구 도구로 115, 1층(방배동)
전　　화: (02)581-4057~8　팩스: (02)581-4059
이 메 일: inquiry@biosciencepub.com
홈페이지: http://www.biobooks.co.kr
I S B N: 978-89-6824-085-0　93470
등록번호: 제22-3079호
값 35,000원

목차

감사의 글

저자들은 이 책의 출판을 지원하기 위해 기금을 제공해준 국제수목관리학회(ISA, International Society of Arboriculture) 서부지부(Western Chapter)와 농약적용전문가협회(Pesticide Applicators Professional Association)에 감사를 드린다.

기여자, 기술 자문가, 검토자에게

또한 이 책의 출판에 소중한 기여를 한 다음 분들에게도 심심한 감사를 드린다. 어떤 이는 기술적인 내용을 제공해주었고, 어떤 사람들은 검토자나 자문가로서 도움을 주었다. 큰 도움을 주신 분들은 볼드체로 표시하여 그 고마움을 표시하였다. 이런 분들을 통해, 이 책의 정확성과 완성도를 전반적으로 올릴 수 있다.

Clin Bashford, CBA Ltd., Twyford, Hampshire, UK

Alison M. Berry, University of California, Davis

Kenneth Blonski, University of California Forest Products Laboratory, Richmond

Jennifer Bowman, HortScience, Inc., Pleasanton, CA

Edward Brennan, HortScience, Inc., Pleasanton, CA

David W. Burger, University of California, Davis

Gary Chan, University of California Agriculture and Natural Resources Analytical Laboratory, Davis

James R. Clark, HortScience, Inc., Pleasanton, CA

Scott Cullen, Greenwich, CT

James A. Downer, University of California Cooperative Extension, Ventura

Steve H. Dreistadt, University of California Statewide Integrated Pest Management Program, Davis

Clyde L. Elmore, University of California Cooperative Extension, Davis

Richard Y. Evans, University of California Cooperative Extension, Davis

Mary Louise Flint, University of California Statewide Integrated Pest Management Program, Davis

David A. Grantz, University of California Kearney Agricultural Center, Parlier

Bruce W. Hagen, California Department of Forestry, Santa Rosa

Paul Hanson, Perthshire, Scotland

Richard W. Harris, University of California, Davis

Keiron Hart, Woking, UK

Gary W. Hickman, University of California Cooperative Extension, Mariposa

Donald R. Hodel, University of California Cooperative Extension, Los Angeles

Katherine S. Jones, University of California Cooperative Extension, Half Moon Bay

John M. Lichter, Tree Associates, Winters, CA

Clifford Low, Perry Laboratory, Inc., Watsonville, CA

James D. MacDonald, University of California, Davis

Robert W. Miller, University of Wisconsin, Stevens Point

Stuart G. Pettygrove, University of California Cooperative Extension, Davis

Dennis R. Pittenger, University of California Cooperative Extension, Riverside

Stephen L. Quarles, University of California Forest Products Laboratory, Richmond

Thomas B. Randrup, Danish Center for Forest, Landscape and Planning, Hoersholm, Denmark

Michael Santos, HortScience, Inc., Pleasanton, CA

Lawrence J. Schwankl, University of California Cooperative Extension, Davis

Roger H. Shaw, University of California, Davis

John Shelly, University of California Forest Products Laboratory, Richmond

E. Thomas Smiley, F. A. Bartlett Tree Research Laboratory, Charlotte, NC

Richard L. Snyder, University of California Cooperative Extension, Davis

Lucy Tolmach, Filoli Center, Woodside, CA

Jane Whitcomb, HortScience, Inc. Pleasanton, CA

제작

기술 검토 조율

Mary Louise Flint, University of California Statewide Integrated Pest Management Program, Davis

이미지 제작

Jack Kelly Clark, University of California Agriculture and Natural Resources Communication Services, Davis

Steve Lock, University of California Agriculture and Natural Resources Communication Services, Davis

프로젝트 편집

Stephen W. Barnett, University of California Agriculture and Natural Resources Communication Services, Davis

디자인과 레이아웃

Celeste Rusconi, University of California Agriculture and Natural Resources Communication Services, Davis

색인

Ellen Davenport, Sebastopol, CA

사진 제공자

Bonnie Lee Appleton, Virginia Cooperative Extension, Virginia Beach, VA: figs. 5.123, 5.125. Wesley Asai, Agricultural Consultant, Turlock, CA: figs. 5.43, 5.153, 5.162, 5.168. California Air Resources Board, Sacramento: figs. 5.114, 5.115. Jack Kelly Clark, UC ANR Communication Services: figs. 1.8, 2.1, 4.11a, 4.17 (a,b), 5.21 (a,b). Laurence R. Costello, UC Cooperative Extension: figs I.1, I.3, I.4, 1.1, 1.2, 1.3 (a,b,c), 1.4, 1.5, 1.7, 1.9, 1.10, 1.11, 1.12a, 1.13 (a,b), 1.14, 3.1, 3.7, 3.13, 3.15, 3.19, 3.25, 4.1b, 4.2 (a,b), 4.3, 4.5, 4.6 (a,b), 4.10, 4.11b, 4.20 (a,b), 4.21, 5.1 (a,b), 5.2, 5.5, 5.6, 5.7, 5.8, 5.9, 5.10, 5.11, 5.12, 5.13, 5.14, 5.15, 5.16, 5.17, 5.18, 5.19, 5.20, 5.21c, 5.22, 5.23, 5.24 (a,b,c), 5.26 (a,b), 5.27, 5.28 (a,b), 5.29 (a,b), 5.31, 5.32 (a,b), 5.33, 5.34, 5.35 (a,b), 5.46, 5.54, 5.63 (a,b), 5.64 (a,b), 5.65, 5.66, 5.67, 5.68 (a,b), 5.70, 5.71, 5.72, 5.73 (a,b), 5.74, 5.75, 5.76 (a,b), 5.79 (a,b), 5.81, 5.82, 5.85, 5.86, 5.91 (a,b), 5.92, 5.93, 5.95, 5.97 (a,b), 5.98, 5.99, 5.100 (a,b), 5.102, 5.103 (a,b), 5.104 (a,b), 5.105 (a,b), 5.106, 5.107b, 5.108 (a,b), 5.109 (a,b), 5.110, 5.111, 5.124, 5.126 (a,b), 5.127, 5.128, 5.131, 5.134, 5.135 (a,b,) 5.136 (a,b), 5.140 (a,b), 5.141, 5.142, 5.143, 5.144 (a,b), 5.146, 5.147, 5.170 (a,b,c), 6.7, 6.8, 6.9, 6.10, 6.11, 6.12, 6.14, 6.15, 6.16, 6.17, 6.18, 6.19, 6.21. Clyde L. Elmore, UC Cooperative Extension: figs. 5.148, 5.149, 5.161, 5.163. Susan Frantz, Apogee Instruments Inc., Logan, UT: fig. 5.101. Pamela M. Geisel, UC Cooperative Extension: figs. 5.41, 5.77, 5.80, 5.83, 5.87,

5.133, 5.137, 5.138. David Grantz: figs. 5.112, 5.113, 5.117, 5.118, 5.119. J. Michael Henry, UC Cooperative Extension: figs. 5.96, 5.107a, 5.129 (a,b), 5.169. Donald R. Hodel, UC Cooperative Extension: figs. 5.37, 5.38, 5.39, 5.44, 5.45. HortScience, Inc., Pleasanton, CA: figs. 1.15, 3.2, 3.3, 3.4, 3.5, 3.6, 3.10, 3.11, 3.14, 3.16, 3.18, 3.20, 3.22, 3.23, 3.24, 3.26, 4.4, 4.7, 4.8b, 4.13, 5.25, 5.42, 5.47, 5.48, 5.50 (a,b), 5.51, 5.52, 5.53, 5.55, 5.57, 5.58, 5.59 (a,b), 5.60, 5.61, 5.89, 5.90, 5.132, 5.156. John M. Lichter, Tree Associates, Winters, CA: fig. 6.20 (a,b). Joseph McNiel, Consulting Arborist, Pleasant Hill, CA: fig. 5.88. Integrated Pest Management Program, Univ. of California, Davis: figs. I.2, 1.6, 3.8, 3.9, 3.12, 3.17, 3.21, 3.27, 4.18, 5.30, 5.36, 5.116, 5.164. Suzanne Paisley, formerly of UC ANR Communication Services: figs. 2.2, 2.3, 2.4, 2.5, 2.6, 2.7, 2.8, 2.9, 5.40, 6.13. Edward J. Perry, UC Cooperative Extension: figs. 1.12b, 4.1 (a,c), 4.8a, 4.9 (a,b), 4.12 (a,b), 4.14, 4.15, 4.16, 4.19, 5.3, 5.4, 5.56, 5.62, 5.69 (a,b), 5.78, 5.84, 5.94, 5.145, 5.150, 5.151, 5.152, 5.154, 5.155, 5.157, 5.158, 5.159, 5.160, 5.165, 5.166, 5.167, 6.1, 6.2, 6.3, 6.4, 6.5, 6.6. Thomas B. Randrup, Danish Center for Forest, Landscape and Planning, Hoersholm, Denmark: fig. 5.49b. E. Thomas Smiley, F. A. Bartlett Tree Research Laboratory, NC: figs. 5.120, 5.121 (a,b), 5.122.

옮긴이 머리말

우리는 식물을 유익하고 효과적으로 이용하기 위해 식물에 발생하는 다양한 문제를 바로잡는 연구를 계속하고 있다. 식물에 발생하는 피해는 피해를 입히는 주체에 따라 곤충, 병원균, 선충, 기생식물과 같이 살아 있는 유기체에 의한 생물적 피해와, 환경적 또는 생리적 등 무생물적 요인에 의한 피해로 나눌 수 있다.

그러나 이들 피해의 원인을 정확하게 진단하여 처방을 내리고 문제를 해결하는 것은 쉬운 일이 아니다. 유능한 의사들이 다양한 정밀기기를 이용하여 진단을 해도 암 오진율이 44%에 이른다는 미국의 한 보고를 보면, 말도 못하는 수목을 대상으로 상대적으로 보잘 것 없는 장비를 사용하여 수목의 피해를 진단하는 일은 더욱 어려울 수밖에 없을 것이다.

그럼에도 불구하고, 우리는 식물이 건강하게 생육하도록 도와주기 위해 해당 식물의 피해 원인을 파악하고 이를 교정하는 노력을 게을리할 수가 없다. 이들 피해 요인 중에서 병해충에 의한 생물적 피해는 병징, 표징, 해충의 분비물이나 가해 흔적 등을 확인할 수 있고 이에 대한 연구도 상당히 진전되어 어느 정도 정확한 진단을 내리고 있으며, 이를 바탕으로 만족할 만한 해결방안이 제시되고 있다.

그러나 문제는 전염성이 없는 무생물적 피해이다. 무생물적 요인에 의한 피해의 경우, 생물적 피해와 달리 피해 요인에 대한 증거를 확보하기 어렵고, 원인을 특정한다고 하더라도 피해 식물의 원상회복은 불가능에 가까운 경우가 많다. 그리고 대부분의 경우 생물적 요인에 의한 피해와 혼동할 수 있는 병징을 보이고 있다. 이러한 어려움에도 불구하고 무생물적 피해에 대해 정확한 진단을 위해 노력하는 것은 피해를 회복시키기보다 이러한 문제 발생을 사전에 예방하는데 더 큰 목적이 있다고 할 수 있을 것이다.

이처럼 진단과 교정이 어려운 무생물적 피해에 대한 진단의 정확성을 높이기 위해서는 많은 사람들의 다양한 경험, 시행착오를 반복하는 검정실험, 여러 분야에 걸친 지식 등이 통합되어야 할 것이다. 이러한 점에서 이 책은 식물의 무생물적 피해를 진단하는 데 감히 최고의 참고서라고 말할 수 있다.

이 책은 수분 스트레스에서부터 농약 피해에 이르기까지 식물의 무생물적 피해를 빠짐없이 다루고 있으며, 이를 설명하는 과정에서 많은 사람의 실무 경험과 실제 피해 사진이 동원되고 있다. 그리고 무생물적 장애와 비슷한 피해 병징(유사한 장애)을 함께 기술하여 진단에 신중을 기하도록 하고 있다.

이 책이 수목관리 현장에서 다양한 수목 피해를 진단하고 처방/교정하는 데 요긴하게 활용되었으면 하는 바람 간절하다. 끝으로 이해관계를 떠나 이 책을 비롯하여 여러 수목관리 분야 책의 출간을 수락해주신 ㈜바이오사이언스출판 문정구 대표님께 감사의 말씀을 드리고, 만학도에게 배움의 길을 열어주신 서울대 이경준 명예교수님과 항상 든든한 배경이 되어 주고 있는 집사람에게도 감사를 드린다.

2018년 8월

옮긴이 씀

조경 식물의

무생물적 장애

진단 가이드

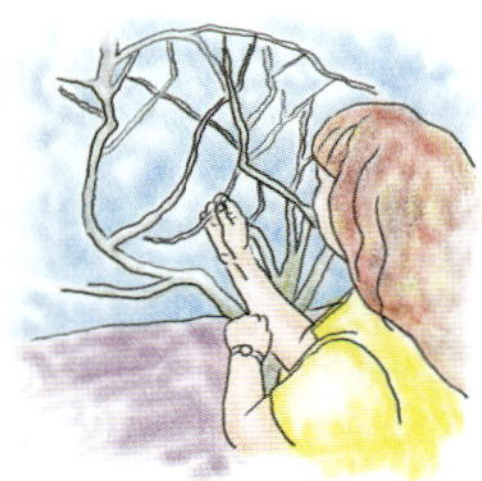

서론

조경 식물은 생물적 및 무생물적 작인(作因, agent)에 의해 피해를 입을 수 있다. 무생물적 또는 살아 있지 않은 작인에는 환경적, 생리적, 기타 비생물적 요소가 있다(**그림 I.1**). 생물적 작인은 곤충, 병원균, 선충, 기생 식물, 바이러스와 같은 살아 있는 유기체들이다(**그림 I.2**). 이 책은 수분 부족, 통기 불량(通氣不良, aeration deficits), 영양 결핍, 특정 이온 독성, pH 관련 문제, 제초제 피해 등과 같은 무생물적 장애에 초점을 둔다.

원인이 생물적이든, 무생물적이든, 또는 둘 모두이든 그 장애를 교정하기 위해서는 항상 정확한 진단이 필요하다(**그림 I.3**). 이 책은 식물 문제를 진단하는 데 사용되는 전략, 기술, 도구를 설명하고, 무생물적 장애를 진단하는데 도움이 되는 도해(圖解, illustration)와 지침을 제공한다. 생물적 작인과 장애에 관한 보다 유익한 정보는 "*Pest of Landscape Trees and Shrubs: An Integrated Pest Management Guide*(Dreistadt 1994)"를 참고하기 바란다.

이 책의 대부분은 특정한 무생물적 장애의 병징, 발생, 진단에 관한 것이다. 개별적인 무생물적 장애와 비슷한 피해 병징("유사한 장애")에 대해 동정하고, 감수성과 저항성 수종의 목록을 제시하였다. 천연색 사진과 사용하기 편한 요약된 일람

그림 I.1. 무생물적 장애는 무생물적 작인에 의해 유발된다. 위 프로스펙터 느릅나무(*Ulmus wilsoniana* 'Prospector') 잎의 가장자리 괴사와 구멍은 무생물적 장애인 붕소 독성의 병징이다.

그림 I.2. 생물적 장애는 곤충, 병원균과 같은 살아 있는 작인에 의해 유발된다. 위 유칼리나무이(*Glycaspis brimblecombei*)의 감로로 덮인 유칼리나무(*Eucalyptus camaldulensis*) 잎은 생물적 장애를 나타낸다.

표는 병징을 기술하고 원인을 동정하는 데 도움을 준다. 교정에 관한 정보가 일부 제공되지만, 치료는 이 지침서의 주된 관심사가 아니다.

이 지침에는 다음과 같은 내용도 포함되어 있다:

- 토양 수분과 조직 시료의 수집과 실험결과의 해석에 대한 지침
- 흔히 장애로 오인될 수 있는 자연적으로 발생하는 식물의 특성에 관한 설명
- 진단과 치료를 포함한 실제 문제에 관한 사례 연구
- 용어해설과 색인

요약하면, 이 정보는 경관 전문가가 비전염성 장애를 정확하게 진단함으로써 경관을 건강하게 유지하는 데 도움을 줄 것이다(**그림 I.4**).

그림 I.3. 정확한 진단은 대부분의 장애를 치료하기 위해 필요하다. 이 서양측백나무는 수관이 획일적으로 변색되고 쇠락하고 있음을 보여주고 있다. 이런 병징은 생물적 작인(예, 뿌리 병원균)이나 무생물적 작인(예, 수분 부족, 통기 불량, 기계적인 피해, 가스관 누출)에 의해 유발될 수 있다.

진단(診斷, diagnosis)은 문제의 원인을 확인하는 과정이다. 피해의 원인을 확인하기 위해 식물을 진단하는 사람은 병징, 부지 상태, 식물의 이력에 관한 정보를 수집하고 평가한다.

그림 I.4. 건강하고 매력적인 경관은 장애가 정확하게 진단되어 적절하게 치료되었을 때 유지될 수 있다.

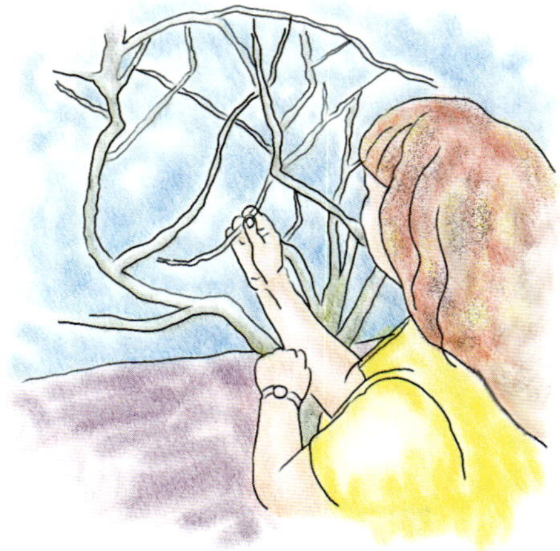

제 1 장

무생물적 장애 진단

도전, 특성, 전략, 도구

식물 문제를 정확하고 적기에 진단하는 것은 건강하고 자원절약적(資源節約的, resource-conserving) 경관을 유지하는 데 필수적인 작업이다. 생물적과 무생물적 장애는 가장 잘 관리되고 있는 경관에서도 흔히 있을 수 있다. 문제를 정확하게 동정하고 신속하게 관리하는 데 실패하면 경관의 질이 저하되고 유지관리비용이 증가되기도 한다.

그림 1.1. 식물 문제의 진단은 매우 도적적일 수 있다. 수백 종의 식물이 경관에 식재되고, 부지여건은 엄청나게 다양하고, 식물 환경은 변화하고 있고, 복합적인 요인이 관여되고, 피해 병징은 돌발적일 수 있다.

문제를 진단하는 것은 매우 중요할 뿐만 아니라 매우 도전적인 일로서, 경관 관리에서 가장 어려운 일 중 하나일 수 있다. 성공적인 진단을 위해서는 원예적인 지식, 경험, 문제 해결 기술이 종합적으로 적용되어야 한다(**그림 1.1**). 고도의 전문성을 갖기 위해서는 오랜 기간이 걸릴 수도 있다. 그러나 먼저 경관 문제 진단이 해볼 만한 일이라는 것을 이해하는 것이 중요하며, 그 다음 진단의 특성, 전략, 도구에 관해 배워야 한다.

진단의 도전성

경관 문제의 진단은 다음과 같은 몇 가지 핵심적인 이유 때문에 도전적이다:

- 다양한 생물적 무생물적 작인이 피해를 유발할 수 있다.
- 경관은 엄청난 다양성을 띤다.
- 하나의 문제는 복수의 요소나 작인을 가질 수 있다.
- 고질적인 문제는 확인하기 어려운 병징을 보일 수 있다.

생물적 또는 무생물적 작인

생물적, 무생물적 장애는 수없이 많고 다양하다. 많은 곤충(昆蟲, insect), 병원균(病原菌, pathogen), 선충(線蟲, nematode), 환경적(環境的, environmental)인 요소, 생리적(生理的, physiological)인 요소들이 경관 식물에 문제를 유발할 수 있다. 가능성이 있는 원인을 많이 아는 것과 이들의 특성을 동정하는 방법을 배우는 것이 도전적일 수 있고, 단순히 생물적 원인과 무생물적 원인을 구분

그림 1.2. 경관은 수종 구성에서 매우 다양하다. 이 상업지구의 경우, 여러 종류의 지피식물, 관목, 교목이 식재되어 있다. 경관에서 발견되는 식물 종의 수와 종의 다양성은 진단을 어렵게 만들 수 있다.

하는 것도 어려울 수 있다(다음의 "생물적 장애와 무생물적 장애의 구분" 참조).

경관 다양성

경관은 수종, 토양, 환경적인 여건이 폭넓고 다양할 뿐만 아니라 시간이 경과함에 따라 변한다.

- 수백 종의 식물이 경관에 식재되고, 각각의 경관은 상이한 종으로 구성되어 있다. 효과적인 경관 관리와 성공적인 문제 진단을 위해서는 개별 수종의 동정과 이들의 재배에 관한 어느 정도의 지식이 필요하다(**그림 1.2**).
- 식재 부지와 여건은 매우 다양하다. 토양, 지형, 미기후(微氣候, microclimate), 노출은 주변 지역 내는 물론 해당 지역 내에서도 완전히 다를 수가 있다. 두 식재 부지가 정확하게 일치하는 경우는 없다. 사실 서로 몇 피트 거리의 식물에 대한 여건도 매우 다를 수 있다(**그림 1.3**).

경관은 역동적인 시스템으로, 식물 환경은 날마다 바뀐다. 이러한 변화는 유리할 수도 불리할 수도 있으며, 식물은 자라고 성숙함에 따라 해부학적으로, 형태학적으로, 생리학적으로 변화한다. 환경과 식물 발달에서의 변화는 진단을 더욱 도전적으로 만든다.

기타 고려사항

- 많은 경우, 하나의 장애에 여러 요소가 관여되어 있을 수 있다(**그림 1.4**). 예를 들면, 토양 수분 부족, 기온, 바람, 병, 농약 처리는 이들 각각이 식물에 피해를 줄 수도 있고, 이들이 결합되어 피해 병징의 원인이 될 수도 있다.
- 고질적인 피해가 흔하고, 미미할 수도 있고, 진단하기 어려운 경우도 있다. 예를 들면, 토양 내 중간에서 낮은 수준의 염분은 어떤 종의 느린 생장의 원인이 될 수 있고, 과도한 토양 염분으로 인한 잎의 황백화(黃白化, chlorosis) 현상과 같은 다른 병징이 나타나지 않을 수 있다.
- 일반적으로, 식물 장애를 평가하는 데 활용할 수 있는 장비도 거의 없다("진단 장비" 참조). 가용한 도구들도 매우 기본적이고 용도도 제한적이다. 실험실에서 표본을 분석할 수 있지만 해당 자료를 해석하는 데 도움을 줄 수 있는 연구는 거의 없다. 종종 진단하는 사람들은 피해를 평가하고 장애를 진단하는데 자신의 관찰, 교육, 경험에 의존해야만 한다.

생물적 장애와 무생물적 장애의 구분

식물 문제를 진단할 때 가장 중요한 단계는 원인이 무생물적인지 생물적인지를 결정하는 것이다.

생물적 요인에는 병원균(곰팡이, 박테리아, 바이러스, 마이코플라즈마 유사 유기체(MLO/mycoplasmalike organism, 몰리큐트/mollicutes), 선충, 곤충, 응애, 연체동물(軟體動物, mollusks), 척추동물(脊椎動物, vertebrates; 예, 설치류, 조류), 기생 식물(예, 겨우살이/mistletoe) 등이 있다.

무생물적 요인에는 물리적이거나 환경적인 문제(예, 극한적인 수분, 극한적인 기온), 기계적인 문제(예, 뿌리 절단), 화학적인 문제(예, 높은 토양 염도, 식물 독성 농약) 등이 있다.

어떤 피해가 무생물적인 요인에 의한 것인지 생물적인 요인에 의한 것인지를 결정하는 것은 쉽지 않다. 왜냐하면 생물적과 무생물적 장애와 관련된 병징이 서로 비슷할 수 있기 때문이다. 예를 들면, 수분 부족과 유관속 병은 잎 가장자리 괴사, 황백화, 낙엽, 줄기마름(stem dieback) 등과 같은

그림 1.3. 경관에서의 토양 상태는 변이가 크다. 위 그림의 대학 캠퍼스에서, 송전선 매설을 위해 굴착한 짧은 거리의 도랑에서 서로 다른 토양이 나왔다(A). 앞마당 토양의 토성은 사토인 데 비해(B), 뒷마당 토양에는 상당한 양의 건축폐기물이 포함되어 있었다(C). 두 토양에서의 식물 생장이 같을 수는 없을 것이다.

비슷한 병징을 유발할 수 있다(**그림 1.5**).

다음 특징은 생물적 장애와 무생물적 장애를 구분하는 데 도움이 될 수 있다.

생물적 장애의 특징

- 생물적인 유기체에 의해 장애가 유발되면 물리적인 증거가 존재할 수 있다. 예를 들면, 해충은 식물에 존재하는 것을 볼 수 있거나, 허물(cast skin)이나 유충의 배설물을 발견할 수도 있다. 곰팡이 병인 경우, 잎 표면에 흰 반점(흰가루병/powdery mildew), 포자 덩어리(녹병/rusts), 또는 버섯(아밀라리아뿌리썩음병/oak root fungus)이 보인다(**그림 1.6**).
- 생물적 피해는 점진적으로 식물 전체, 그리고 같은 종의 다른 식물로 확대될 수 있다. 예를 들면, 곰팡이에 의한 잎의 반점은 봄에 서늘하고 비가 오는 날씨에 식물의 수관 전반으로 빠르게 확산될 수 있다.
- 많은 병과 해충 감염은 특정한 종으로 제한된다. 예를 들면, 흰가루병에 의해 유발된 런던버즘나무(*Platanus* × *acerifolia*)의 잎 손상은 해당 지역 내 다른 종에서는 발견되지 않는다. 그러나 일부 생물적 작인은 폭넓은 기주 범위(寄主範圍, host range)를 가지고 있다는 것을 명심하라(예, 화상병[火傷病, fireblight]은 장미과의 여러 종을 감염시킨다).

무생물적 장애의 특징

- 무생물적 장애는 일반적으로 물리적인 증거가 식물에서 발견되지 않는다. 예를 들면, 붕소 독성(boron toxicity), 철 결핍(iron deficiency), 통기 부족, 바람은 피해 병징을 유발하지만 원인의 표징은 남기지 않는다(**그림 1.7**).
- 무생물적 피해는 점진적으로 식물 전반으로 확산될 수도, 되지 않을 수도 있고(원인에 따라 다름), 일반적으로 한 식물에서 다른 식물로 옮아가지 않는다. 예를 들면, 바람에 날리는 제초제에 의한 접촉은 비산 당시에 존재하는 잎에만 영향을 주고 새로 나온 잎은 정상적일 것이다.

- 무생물적 피해는 한 식재지에 있는 다양한 식물 종에 영향을 미칠 수 있다. 예를 들면, 높은 토양 염분 수준이나 수분 부족은 그 장소의 모든 종에 영향을 미칠 것이다.

일차적 원인과 이차적 원인

무생물적 요인은 가끔 식물을 약화시켜서 생물적 요인에 더욱 민감하게 만든다. 예를 들면, 과도한 관수는 뿌리에 대한 산소 가용성을 감소시켜 식물을 뿌리병에 걸리기 쉽게 만든다. 또한 복합적인 무생물적 요인은 식물의 쇠락을 유발하여 이차적인 생물적 침입을 유도한다. 예를 들면, 나무좀은 가끔 건조 스트레스를 받고 있는 일소(日燒, sunburn) 피해를 입은 수피에 의해 유인된다. 모든 피해 병징을 평가하고 일차적인 요인이 생물적인지 무생물적인지를 확인하는 것은 식물 문제를 진단하고 관리하는 데 있어서 중요한 단계이다.

유능한 진단자의 특성

유능한 진단자(診斷者, diagnostician)는 탄탄한 교육적인 배경, 현장 경험, 문제 해결능력 등을 포함한 다양한 특성을 겸비해야 한다.

식물생물학(植物生物學, plant biology)과 원예학에 관한 지식

진단자는 해당 지역의 식물 종과 변종(變種, variety)을 동정할 수 있어야 하고, 이들의 생태, 생장 습성, 정상적인 외관 등을 이해해야 한다. 이러한 지식은 식물학, 식물 생리학, 토양학, 수문학(水文學, hydrology), 원예학(園藝學, horticulture), 곤충학(昆蟲學, entomology), 식물병리학(植物病理學, plant pathology), 생태학(生態學, ecology), 기후학(氣候學, climatology), 잡초학(雜草學, weed science) 등 여러 분야의 학문으로부터 유래할 것이다.

식물과 이들의 정상적인 생장 특성을 잘 아는 것은 정확한 진단에 매우 중요하다. 일부 식물은 무생물적 장애와 비슷한 자연적인 특성을 가지고 있다(제4장 참조). 또는 어떤 종은 단순히 지역의 환경적인 여건에 적응하지 못해서 장애를 유발할 수 있다(예를 들면, 대부분의 향나무류는 침수와 과도하게 습한 토양에 민감하여 뿌리병에 걸릴 수 있다).

조경수 재배 실무의 이해

재배 실무가 경관 식물의 건강에 결정적인 역할

그림 1.4. 식물 장애에 가끔 여러 요소가 관여된다. 이 런던버즘나무(*Platanus* × *acerifolia*) 교목들은 잎 괴사, 가지 마름(dieback), 생장이 매우 느린 병징을 보이고 있다. 수분 부족, 바람, 염분, 고밀도의 토양이 결합하여 이러한 병징을 유발하고 있다.

을 하기 때문에 진단자는 토양과 수분 관리, 병해충 관리, 기타 재배 실무를 완전히 이해하고 있어야 한다. 그릇된 관수 작업(과도하거나 과소한 관수)은 많은 무생물적 장애의 원인이 된다. 예를 들면, 건조한 토양 상태는 가끔 저하된 식물 생장과 활력으로 이어지고, 또한 나무좀으로부터의 이차적인 피해를 초래한다. 토양의 물리적, 화학적 성질과 이 같은 성질이 식물의 건강에 어떤 영향을 미치는가에 대한 지식도 못지않게 중요하다. 예를 들면, 염류토양(鹽類土壤, saline soil)에서 자라는 식물은 가뭄이나 농약의 식물 독성에 의해 유발된 것과 비슷한 병징을 보일 수도 있다.

진단용 자원에 대한 접근

식물의 병과 장애에 관련된 사실을 기억에만 전적으로 의존하는 것은 매우 어렵다. 진단자는 진단에 도움이 되는 자원(資源, resource)을 잘 알고 이에 접근해야 한다. 곤충학, 식물병리학, 원예학 등은 귀중한 도구가 될 것이다(**그림 1.8**) (이 책의 끝에 있는 색인 참조). 또한 캘리포니아대학교 대외협력처(UC Cooperative Extension)의 발간물과 캘리포니아대학교 대외협력처 카운티 사무소(County Office)에서 구할 수 있는 카운티 토양 조사 지도와 같은 자원을 활용하라. 인터넷은 중요한 많은 자원을 활용할 수 있게 하고, 이 분야 다른 전문가나 사업자에게 접근할 수 있게 하기 때문에, 컴퓨터가 점점 중요한 도구가 되고 있다. 유용한 사이트에는 캘리포니아대학교 병해충관리 웹사이트(http://www.ipm.ucdavis.edu/)와 캘리포니아 관수관리 정보시스템 웹사이트((http://www.cimis.water.ca.gov/)가 있다. 해당 분야 다른 전문가와의 접촉을 유지하면 그들의 귀중한 경험을 이용할 수 있을 것이다.

그림 1.5. 어떤 생물적 장애와 무생물적 장애의 병징은 비슷하다. (A) 예를 들면, 단풍나무(*Acer palmatum*)의 가지마름은 청고병(青枯病/Verticillium wilt, *Verticillium dahliae*)에 의해 유발되었지만 병징은 수분결핍 피해와 비슷하다. (B) 느티나무(*Zelkova serrata*)의 가지마름은 수분 부족에 의해 유발되었지만 병징은 청고병 피해와 비슷하다.

그림 1.6. 생물적 장애는 병원(病原, causal agent)의 증거를 보여준다. 이 장미의 잎에는 녹(綠, *Phragmidium disciflorum*)이 선명하게 보인다.

그림 1.7. 전형적으로, 무생물적 장애는 병원의 물리적인 증거를 찾아볼 수 없다. 예를 들면, 이 빈카마이너(*Vinca minor*) 식재지에서의 고광도 피해의 유일한 증거는 최대 일사(full sun)에 노출된 잎(누렇게 변함)과 그늘에 있는 잎(변하지 않음)의 잎 색깔 차이이다.

현재 진단 기술의 실용적인 지식

진단자는 실험실 분석을 위한 토양, 식물, 물 시료를 언제 어떻게 채취하는가를 알아야 한다. 예를 들면, 토양 분석은 의심스러운 염 피해를 확인하기 위해 필요하고; 잎 분석은 영양 결핍을 확인하거나 해로운 잔류 농약을 탐지하기 위해 필요할 수 있다. 실험실 분석의 신뢰도는 사용하는 시료 채취 절차에 달렸다. 믿을 수 있는 분석을 위해서는, 시료를 올바르게 채취하고 다루어야 한다.

질문하는 마음

식물 문제를 진단하는 것은 가끔 광범위한 작업이 동반되는데, 특히 여러 요소가 개입되었거나 피해의 원인이 수 주일이나 수개월 전에 발생한 경우에는 더욱 그러하다. 예를 들면, 뿌리를 절단하면 이러한 작업이 있은 후 수개월이 지나야 가지가 죽기 때문에 확인 가능한 흔적으로부터 원인을 진단하는 것은 어려울 수도 있다. 해당 부지의 관리 이력을 아는 사람에게 적절한 질문을 하는 능력이 중요하다(**그림 1.9**). 그러나 진단은 불완전한 정보나 재배에 관한 기술이 없는 사람이 제공하는 정보에 따라 이루어지는 경우도 있다. 예를 들면, 뿌리의 기능을 모르는 사람은 뿌리 절단이 수목의 건강에 미치는 영향을 인식하지 못할 수도 있기 때문에, 이들은 인터뷰를 할 때 정보 제공에 자발적이지 않을 것이다.

날카롭게 관찰하는 진단자는 뿌리 피해를 유발한 활동에 관해 질문할 수 있을 것이다. 그렇지 않으면, 인터뷰 대상자는, 특히 당사자가 우연히 해당 수목의 손상을 유발한 경우에는, 필요한 정보를 제공하는 데 소극적일 것이다. 예를 들면, 농약 식물 독성 피해인 경우, 어떤 농약이 얼마나 많이 사용되었는가를 파악하는 것은 어려울 수 있다.

열린 마음

효과적인 진단자는 식물 문제에 당면하면 열린 마음을 유지하고 가능하면 많은 정보를 수집하고, 결론을 내리기 전에 모든 가능한 대안을 고려한다(**그림 1.10**). 이렇게 하면 문제에 대한 첫 인상에 근거하여 부정확한 진단을 할 가능성을 줄일 수 있다. 많은 경우, 일차 문제와 이차 문제 등 하나 이상의 문제가 생육불량에 관련되어 있다. 이차 문제가 가장 분명하여 상대적으로 진단하기 쉬울 수 있다. 예를 들면, 쇠락하는 수목에서 나무좀의 존재는 분명히 확인할 수 있지만 만성적인 가뭄 스트레스와 같은 일차적인 문제는 탐지하기가 더 어려울 수 있다. 이 경우, 해당 수목의 쇠락 원인을 나무좀으로 진단하는 것은 불완전하여 해당 문제에 대한 처리가 비효과적일 수 있다. 또한 열린 마음을 유지하면, 드물지만 아직 발생하지 않은 새로운 해충이나 병을 고려할 수 있을 것이다.

논리적으로 생각할 수 있는 능력

열린 마음을 유지하는 것과 함께, 진단을 할 때에는 논리적(論理的, logical)으로 생각하는 것이 중요하다. 우선 수분의 과소 또는 과다와 같은 일반적인 문제로부터 생소한 병과 같은 흔치않은 문제에 이르기까지, 단순한 것에서부터 복잡한 것으로 확대해 가라.

인내심

철저한 조사를 하기에 충분한 시간을 가져라. 특히 다수의 문제가 관여되어 있을 경우, 성급한 결정(snap decision)을 하기 위해 서두르지 마라. 모든 관련 정보를 수집하고 충분히 숙고할 때까지 진단을 미루어라. 다른 전문 분야와 마찬가지로 경험이 많을수록 성공적일 가능성이 높아진다. 진단 기술을 개발하고 연마하기 위해서는 연구하고, 새로운 기능과 기술에 뒤지지 않고, 많은 실무 경험을 해야 한다. 충분한 지식, 경험과 문제해결을 위한 강한 욕구로 무장되면, 성공적인 식물 문제 진단자가 될 수 있다.

그림 1.8. 진단을 위해서는 정보 자원, 특히 참고 매뉴얼에 대한 접근이 필요하다.

진단용 도구

식물 문제를 조사할 때에는 다음 도구를 가까이에 두어라. 진단할 때마다 이들 도구가 모두 필요한 것은 아니지만, 언제든지 사용할 수 있게 두면 시간을 절약하고 당장의 문제에 집중할 수 있다.

토양과 물 점검용

- 삽(shovel): 토양의 수분 함량을 검사하고, 토양 시료를 채취하고, 뿌리 병의 병징을 점검하기 위해
- 채토 관(採土官, soil tube; 30~60 cm): 토양 수분 함량을 검사하고, 토양 시료를 채취하고, 토양 답압을 점검하기 위해
- 휴대용 pH, EC 미터: 신속한 pH와 총 염분 분석용
- 스크루 드라이버(screw driver): 지표면 답압 점검용
- 끝이 뾰족한 철제 막대(탐침, probe): 직경 9.5 mm 길이 30 cm로 토양 답압 점검용
- 종이봉투: 토양 시료 채취용
- 물이 새지 않는 뚜껑이 있는 작은 병: 물 시료 채취용
- 푸른얼음(blue ice)이 담긴 아이스박스: 선충 시료 채취용

식물 점검용

- 주머니칼(pocket knife)
- 아이스픽(ice pick; 얼음을 잘게 깨뜨릴 때 쓰는 송곳): 수피 탐지용
- 철제 막대: 직경 3 mm, 길이 90 cm 정도 되는 수목의 큰 공동 탐지용
- 손 전정가위
- 고지 전정가위
- 소독약(消毒藥, disinfectant): 도구 소독용
- 끌과 나무망치
- 배터리 장착 휴대용 천공기: 수목의 목재 상태 평가용

- 생장추(生長錐, incremental borer): 수목으로부터 목재 시료 채취용
- 비닐 백: 식물 시료 채취용
- 알코올 병: 곤충 시료 채취용
- 확대경(hand lens): 현장 점검용
- 해부 현미경(dissecting microscope): 실험실 점검용
- 포충망(補蟲網, insect net)
- 줄자: 수목 직경 측정용
- 망원경: 수목 상단 조사용

그림 1.9. 완벽한 정보를 수집하기 위해서는, 해당 부지에 관한 지식이 있는 개인의 조언을 구하는 것이 중요하다. 조경 담당자는 식재와 유지관리 이력에 관한 귀중한 정보를 제공할 수 있을 것이다.

그림 1.10. 새롭거나 흔치않은 문제가 발생할 수도 있기 때문에, 진단자는 열린 마음을 유지해야 한다. 위의 푸르게 변한 에스칼로니아(*Escallonia rubra*) 줄기의 변재는 가지마름이 뿌리구역에 스며든 세정제와 관련이 있다는 것을 나타내고 있다.

문서 작성용

- 사진기
- 노트나 녹음기
- 라벨(label): 토양, 물, 잎 등 시료 표시용
- 영구 표시 펜(permanent marker)
- 펜과 연필

단계적 진단 전략

체계적인 방법(systematic way)으로 식물 문제 진단에 접근하면 진단을 철저하고 정확하게 하는데 도움이 되고 해당 문제에 적합한 교정 절차를 확인할 수 있게 한다.

1. 해당 식물을 동정하라

대상 식물을 동정하는 것은 문제를 진단하는데 있어서 필수적인 첫 단계이다(**그림 1.11**). 속, 종, 품종(필요하면)을 확인하라. 해당 식물의 동정을 통해 그 식물의 원산지, 생장 습성, 재배 요구 등에 대한 이해를 할 수 있다. 해당 식물이 속한 과(科, family)를 알면 더 많은 정보를 얻을 수 있을 것이다. 해당 식물을 동정할 수 없으면, 동료에게 물어보거나 시료를 해당 지역의 식물원, 수목원, 농장, 캘리포니아대학교 대외협력 사무소에 보내라. 해당 식물을 정확하게 동정하지 않으면 문제를 잘못 동정하기 쉽다. 장애처럼 보이는 것도 해당 종에서는 정상적일 수 있다는 것을 명심하라(제4장 참조). 해당 식물의 재배적 요구에 관한 정보는 재배 매뉴얼을 참고하라.

2. 병징을 동정하라

피해 부위를 조사하고 모든 병징(病徵, symptom)을 나열하라. 자세하고 정확해야 한다. 흔한 병징에 대한 설명은 제3장을 참고하라.

- 피해 부위가 황백화, 괴사(壞死, necrotic), 변색(變色, discolored), 뒤틀렸는가?
- 해당 식물이 크기와 발달이 정상인가?

3. 전체 식물을 점검하라

피해 부위만이 아닌 해당 식물의 전체를 조사하라 (**그림 1.12**).

- 피해가 해당 식물의 한 부위(예, 잎이나 꽃)에 한정되어 있는가, 아니면 피해를 입은 다른 부위(예, 여러 곳의 가지, 수피, 뿌리, 열매, 꽃)가 있는가? 만약 피해 병징이 수관 전반에 걸쳐 고루 분포하고 있다면, 원인은 종종 뿌리층(root zone)에서 발견된다(**그림 1.13A**). 그러나 어떤 경우에는, 탄저병(炭疽病, anthracnose)과 같은 지상부 요인이 수관에 획일적으로 분포된 병징을 유발할 수 있다(**그림 1.13B**). 만약 피해가 수관의 일부 부위에 집중되어 있으면, 원인은 피해 부위에 밀접하게 관련되어 있을 가능성이 높다(**그림 1.14**).
- 해당 식물이 자라고 있는 중인가? 즉, 새로운 잎, 꽃, 열매가 자라고 발생하고 있는가? 생장속도가 해당 종에 비해 정상적인지 아니면 정상보다 부진한지?
- 해충이나 병원체의 표징(標徵, sign; 예, 해충의 분비물이나 허물, 나무좀의 톱밥, 곰팡이의 균사[菌絲, hypha]나 균사 덩어리[mycellial plaque], 세균에 의해 유발되는 거품 등)이라도 있는가?

4. 부지를 점검하라

해당 식물의 환경을 살펴보고 피해의 원인이 될 수 있는 여건을 찾아라(**그림 1.12B**). 토양의 물리적, 화학적 성질을 평가하라(시료의 실험실 분석이 필요할 것이다). 3단계에서 확인한 병징에 기여할 수 있는 모든 요소를 확인하기 위해 노력하라.

- 지형은 경사져 있는가?
- 토양은 배수가 잘 되고 있는가?
- 토양층위(土壤層位, soil layer)나 답압된 구역이 있는가?
- 해당 지역이 관수 되고 있는가? 그렇다면 관수 일정은 어떤가?
- 건조하거나 습한 지역이 있는가?
- 해당 부지가 바람이 많거나, 덥거나, 춥거나, 그늘지거나, 노출되어 있거나, 보호되어 있는가?
- 기반시설이나 인공 구조물(건물, 공익설비, 보도, 보차도 경계석, 수영장 등)로 인해 생육에 제한을 받고 있는가?
- 피해 식물 옆에 다른 식생이 있는가? 있다면, 그것이 피해 병징에 기여할 수 있는가(예, 그늘을 지우거나 물과 양분을 두고 경쟁함으로써)?

5. 패턴을 찾아라

- 병징이 해당 식물 전반에 균일한지, 흩어져 있는지, 한쪽에만 있는지, 오래된 잎이나 어린잎에만 있는지(**그림 1.15**)? 한 그루만 걸렸는지, 아니면 여러 그루가 걸렸는지?
- 걸린 식물이 한 종인지 여러 종인지? 예를 들면, 과도한 관수로 인해 유발된 토양 산소 부족은 같은 경관에 있는 모든 식물 종에 영향을 미쳐서 모든 식물에 비슷한 병징을 나타낼 가능성이 높다. 한편, 식물 병(생물적 장애)은 한 종에 영향을 미치거나 특정한 과에 속하는 종의 식물에만 영향을 미칠 가능성이 더 크다.
- 병징이 경관에서 패턴을 형성하고 있는가? 병징이 지형(높은 곳, 낮은 곳, 서향 경사)과 관련이 있는가? 예를 들면, 서리 피해는 경관에서 더 따뜻한 지역인 높은 곳보다 찬 공기가 축적되는 낮은 곳에서 민감한 식물에 더 심각하게 영향을 미칠 수 있다(“생물적 장애와 무생물적 장애의 구분” 참조).
- 병징이 바람의 패턴과 관련이 있는가? 신초와 잎에 의한 바람 피해는 해당 식물에서 주풍(主風, prevailing wind)을 맞는 쪽이 심각한 반면, 바람이 불어가는 쪽은 분명하지 않을 수 있다.

6. 해당 식물 관리 이력을 조사하라

해당 부지와 부지에 있는 식물에 대해 잘 아는 사람과 접촉하라. 가능하면 많은 배경 정보를 수집하라. 경관 조성과 유지관리에 관한 기록이 유지되었는지를 확인하라. 많은 경우, 진단자는 부분적인 정보에 의존해야 한다. 경우에 따라서는, 부정확한 정보가 제공될 수도 있다는 것을 알아야 한다(예, 부주의가 식물 피해에 원인이 될 수 있는 경우).

- 해당 부지는 언제 식재되었는가?
- 해당 식물이 식재되었을 때 얼마나 크고, 수령은 얼마였는가?
- 이전에도 문제가 있었던가? 그렇다면, 그때 문제가 지금 문제와 비슷한가?

유능한 진단자의 특징

- 식물, 재배, 토양, 물, 병해충관리에 관한 지식
- 관련 자원에 대한 접근
- 진단 기술에 관한 지식
- 질문하고, 열려 있고, 논리적인 마음
- 끈기와 철저함

그림 1.11. 정확한 식물 동정은 진단에서 중요한 첫 단계이다.

그림 1.12. (A) 진단할 때에는 피해 부위만이 아닌 식물의 모든 부위를 조사하라. 이 수목에서 피해가 잎과 가지에 분명하지만, 수간과 근원, 뿌리층도 같이 점검해야 한다. (B) 피해에 기여할 수 있는 해당 식물의 환경에 대한 여건도 주의 깊게 살펴보라. 이 식재지의 경우, 배수불량이 토양 통기 불량과 식물 쇠락을 유발하고 있다.

- 해당 부지에 어떤 관수, 시비, 토양 개량, 멀칭, 전정, 병해충 관리 작업이 있었는가?
- 물의 공급원은 무엇인가? 수질 분석은 실시했는가?
- 식물생장조절제(植物生長調節劑, plant growth regulators)나 다른 약제를 사용한 적이 있는가?
- 해당 지역 내에서 공사 활동이 있었는가?
- 인접한 보도와 도로에 해빙염(解氷鹽, deicing salt)을 사용한 적이 있는가?
- 기타 경관 식물에 영향을 주는 어떤 변화가 있었는가?

7. 정보를 종합하라

해당 식물과 부지에 관한 정보 수집이 완료되면, 해당 문제의 모든 잠재적인 원인을 확인하라.

- 누락됨이 없고 통합적이어야 한다.
- 가장 가능성이 높은 원인을 확인하라.
- 자신의 진단을 뒷받침할 이유를 열거하라.

8. 가능성 있는 원인을 검정하라

토양, 물, 조직 시료는, 특히 영양 결핍, 특정한 이온 독성, 염, pH 문제 등의 가능성이 있을 때, 정확한 진단을 위해 종종 필요하다(시료 채취에 관한 정보는 제2장을 참조하라). 시료는 믿을 만한 원에 또는 농업 실험실에 제출하라. 가능성 있는 원인 목록을 작성하기 위해 그 결과를 사용하라.

- 가능성 있는 원인에 대한 목록이 준비되면, 특정 무생물적 장애의 설명을 위해 제5장을 참고하라. 만약 문제가 유기체(해충, 곰팡이, 세균, 바이러스, 선충, 기생 식물 등)에 의해 유발된 것으로 의심되면 *Pest of Landscape Trees and Shrubs*(Dreistadt, 1994)와 같은 자료를 참고하라.
- 자신의 평가가 해당 식물 문제의 설명과 일치하는지를 확인하라. 해당 설명이 자신이 수집한 정보와 일치하면, 합리적인 진단을 하는 데 좋은 기반을 마련한 것이다. 만약 설명이 수집된 정보와 일치하지 않으면 자신이 작성한 가능성 있는 원인의 목록을 재평가할 필요가 있을 것이다. 진단에 이를 수 없을 경우에는 유능한 전문가로부터 도움을 구할 필요가 있다.

그림 1.13. (A) 만약 병징이 수관 전반에 나타나면, 문제의 원인은 뿌리층에서 찾아볼 수 있을 것이다. 이 라디아타소나무(*Pinus radiata*) 수관의 가지마름과 황백화는 고루 분포되어 있어서 진단은 뿌리층에 집중해야 한다. (B) 그러나 어떤 경우에는, 수관의 일률적인 가지마름이 지상 요인에 의할 수도 있다. 여기서, 참느릅나무(*Ulmus parvifolia*)의 광범위한 낙엽은 탄저병(*Stegophora ulmea*)에 기인한다.

- 때로는 복수의 원인이 관여하고 있다는 것을 명심하라. 또한 완전히 새로운 문제가 발생할 수도 있는데, 이는 무생물적 장애보다 생물적 장애와 함께 발생하는 경우가 더 흔하다.
- 어떤 경우에는, 장애를 교정하기 위해 할 수 있는 일이 없을 수 있다. 이는 식물 관리 관점에서는 불행한 일이지만, 불필요하고, 부적절하고, 비효과적인 조치는 피할 수 있을 것이다.

그림 1.14. 피해가 수관의 일부에 한정되어 있다면, 원인은 종종 손상된 부위와 밀접하게 관련되어 있다. 여기서, 가지 끝의 마름은 라디아타소나무 가지에 감염된 후사리움가지마름병(*Fusarium subglutinans*) 때문이다.

그림 1.15. 패턴을 찾아보고 가능하면 많은 배경 정보를 수집하라. 피해가 모든 수목의 한 쪽과 같은 높이에서 발견되고 최근에 이 도로가 포장되었다는 사실을 알면, 피해는 포장 장비에서 배출되는 열과 관련이 있다는 것을 강하게 암시한다.

제 2 장

토양, 물, 식물조직 시료의 실험실 분석

그림 2.1. 실험실 분석이 특정 장애를 정확하게 진단하는 유일한 방법이 될 수 있다(예, 염류 스트레스, 특정 이온 독성).

식물 문제를 진단하는 일은 토양, 물, 식물 조직 시료의 실험실 분석으로부터 크게 도움을 받는다(**그림 2.1**). 특정 영양 결핍과 이온 독성, 염류 스트레스, 나트륨성 토양(sodic soil) 상태와, 염분 토양 여건과 관련된 장애는 실험실 분석의 결과가 뒷받침되어야만 믿을 수 있는 진단이 될 수 있다. 경우에 따라서는 실험이 진단을 확인할 수 있는 유일한 방법일 수도 있다. 예를 들면, 염류 피해는 전형적으로 토양 내 염 농도의 분석에 의해 확인될 필요가 있고; 미량영양소(微量營養素, micronutrient) 결핍은 확인을 위해 조직 분석이 필요할 수도 있다. 지금부터 실험실 제출 시료를 채집하는 방법과 특정한 장애에 어떤 분석이 수행되어야 하는가를 기술한다.

그림 2.2. 실험실 분석을 위해 토양을 채취할 때에는, 병징이 있는 식물과 무병징 식물 주변의 여러 위치에서 시료를 채취하라. 위 사진은 샘플을 채취한 위치에 깃발을 꽂아 두었다.

토양 검정

시료 채취하기

시료를 채취할 장소를 결정하라

병징이 나타나고 있는 식물 주위의 뿌리층 내에서 토양 시료를 채취하라(**그림 2.2**). 표토(表土, surface soil)의 토색과 토성에 변이가 있으면, 다르게 보이는 각각의 부위에서 시료를 채취하라. 돋움상(揚床, raised bed)이나 식수분(植樹盆, planter)에 있는 식물에 대해서는, 식수분이나 상 내 여러 곳에서 시료를 채취하라. 각 시료 채취 부지로부터 지피 식생, 멀칭 자재, 기타 물질들을 제거하라(**그림 2.3**). 병징이 있는 식물 주위와 함께 병징이 없는 식물 주위로부터도 시료를 채취하라.

시료 채취할 깊이를 결정하라

뿌리층의 위치와 깊이는 식물의 유형(교목, 관목,

지피), 종, 경반층(硬盤層, hardpan)까지의 깊이, 부피 밀도(-密度, bulk density), 층형성(層形成, layering), 수분 분포와 같은 토양특성 등에 따라 차이가 있다(**그림 2.4**). 뿌리가 뻗은 깊이를 평가하기 위해 시료 채취 지역 가까이에 구덩이를 파보라. 전형적으로 토양의 표면 13 mm(1/2인치)는 제거한다. 토양 염분을 검정하기 위해서는 시료를 전형적으로 2.5~15 cm(1~6인치) 깊이에서 채취하지만, 때로는 더 깊은 곳에서 시료를 채취할 필요도 있다(제5장의 "염분[salinity]" 참조). 제초제 분석용은 0~5 cm(0~2인치) 깊이에서 채취하라. **표 2.1**은 전형적인 뿌리 깊이와 표본채취 깊이에 대한 일반적인 지침이다.

그림 2.3. 뿌리층에서 토양 시료를 채취하기 전에 지표 식생이나 멀칭 자재는 제거해야 한다.

채취할 시료의 수를 결정하라

일반적으로 각 시료 채취 위치에서 복수의 시료가 필요하다. 이는 각 위치에서 하나의 혼합 시료(混合試料, composite sample)를 위해 10~15개의 부표본(副標本, subsample)이 필요하다. 특별한 부지에 대한 구체적인 권고를 위해 토양 실험실에 자문을 구하라. 각 시료 채취 위치에서 약 1핀트(pint, 약 0.5 ℓ)의 토양이 필요하다.

삽, 오거(auger), 토양 시료 채취관(soil sampling tube), 흙손(trowel; 깨끗하고 녹이 없는) 등을 사용하여 시료를 채취하라. 굴착기(backhoe)로 판 구덩이는 토양 색상과 토성의 변화를 조사하고, 뿌리 분표를 평가하고, 깊은 시료를 채취하는 데 매우 유용하다. 시료를 대기 건조(氣乾, air dry)시킨 다음 분석을 위해 제출하기 전에 깨끗하고 건조한 표면에서 이들을 완전히 혼합하라(**그림 2.5**).

그림 2.4. 뿌리층으로부터 시료를 채취하라. 위 사진은 황백화 현상을 보이는 미국풍나무(*Liquidambar styraciflua*)의 뿌리층에서 토양을 채취하기 위해 토양 시료 채취 탐침이 사용되었다.

그림 2.5. 한 깊이와 위치에서 채취한 토양 시료를 섞어서 혼합 시료를 만들어라. 다르게(색상과 질감) 보이는 토양은 별도의 혼합시료를 채취하라.

표 2.1. 토양 시료 채취 깊이

식물의 유형	뿌리 깊이	시료 채취 위치 깊이*
	cm	cm
심근성(교목, 관목)	0~120	0~30
		30~60
		60~120
천근성(관목, 지피식물†)	0~46	0~15
		15~30
		30~46

출처: Harris, Clark, and Matheny 1999.
주:
*돋움 상이나 식수분에서는, 분이나 상의 전체 깊이에서 시료를 채취하라.
†지피식물은 0~15 cm와 15~46 cm에서 시료를 채취하라.

그림 2.6. 명칭이 표시된 시료 채취 봉투에 혼합 토양 시료를 담아라.

가능하다면, 토양 실험실이 제공한 시료 채취 백을 사용하라. 그렇지 않으면 방수 종이나 비닐 백을 사용하라. 봉투 바깥에 주의 깊게 각 시료의 명칭을 표시하라(**그림 2.6**).

실험실 분석

진단자가 의심하는 문제에 따라 요구하는 분석이 다르다(**표 2.2** 참조). 예를 들면, 토양 내 염의 수준을 평가하기 위해서는 총 가용성 염의 분석을 요구하고; 나트륨 토양 상태가 의심되면, 나트륨, 칼슘, 마그네슘의 농도에 의해 결정되는 나트륨흡착비(SAR, Sodium adsorption ratio)나 치환성나트륨백분율(ESP, exchangeable sodium percentage)과 같은 염도(鹽度, salinity)-알칼리도(alkalinity) 실험을 요구하라.

토성(土性, soil texture), 부피 밀도, 유기물 함량, 수분 방출 특성, 토심, 토양 단면(土壤斷面, soil profile) 특성, 토양 투수(土壤透水, soil water percolation) 등 토양의 물리적 성질은 통기 불량이나 수분 부족과 같은 무생물적 장애를 진단하기 위해 평가할 필요가 있다(**표 2.3**). 토성은 현장에서 평가할 수 있지만, 실험실 분석이 더 믿을 수 있다. 부피 밀도(-密度, bulk density)의 실험실 분석을 위해서는 특정한 부피의 시료가 필요하기 때문에(Lichter and Costello 1994 참조), 실험할 실험실을 접촉하여 채취 방법을 확인하라. 현장 코어시료 채취관(-試料採取管, core sampling tube)을 사용할 때에는 시료를 압착하지 않도록 주의하라. 유기물 함량과 수분 방출 특성은 실험실에서 확인해야 한다. 토심, 토양 단면 특성, 토양 투수는 현장에서 확인할 수 있다.

결과와 권고

원예와 농업관련 분석에 특화된 실험실은 유용한 결과의 해석과 문제 교정 관련 권고를 제공할 수 있다. 실험실이 의뢰인의 특별한 문제에 대한 맞춤 권고를 하는 데 도움이 되도록 식물 유형, 종, 토양 여건, 관련 재배 작업을 포함한 모든 관련 정보를 제공하라. 결과 해석에 관한 지침은 표 5.6을 참조하라.

물 검정

관개하는 물의 질은 지하수(地下水, ground water), 지표수(地表水, surface water), 재활용수(再活用水, recycled water) 등 공급원에 따라 다를 수 있다. 질이 나쁜 물을 사용하면 식물이 피해를 입을 수 있다. 관개수에 용해된 성분의 함량이 높으면, 특정 이온 독성, 나트륨 토양 상태, 미량 양분 결핍 등의 염 피해로 이어질 수 있다. 특정한 장애를 진단하기 위해서는 적합한 분석을 해야 한다(**표 2.3**).

시료 채취

시료는 식물에 관수하기 위해 사용되는 물을 대표할 수 있어야 한다. 시료를 채취하기 전에 물이 호스나 관수 시스템으로부터 1분 정도 흐르도록 두어라. 깨끗한 플라스틱 용기에 시료를 채취하라(**그림 2.7**). 시료로 채취할 물로 용기를 적어도 세 번

표 2.2. 선정된 무생물적 장애를 평가하기 위해 활용되는 토양의 화학적 물리적 분석

의심되는 장애	토양 분석
염류 피해	총 가용성 염(soluble salts) 농도: 전기전도도(EC_e)
나트륨성(sodic) 토양	나트륨(Na), 칼슘(Ca), 마그네슘(Mg) 농도; SAR(나트륨흡착비)이나 ESP(치환성 나트륨 백분율)를 계산하라.
미량 영양소 결핍	토양 pH(미량영양소 결핍은 조직 분석이나 킬레이트[chelate] 적용을 통해 확인하는 것이 좋다)
대량 영양소 결핍	질소(N), 인(P), 칼륨(K), 칼슘(Ca^{++})의 농도; 양이온치환능력(CEC)
특정 이온 독성	염소(Cl^-), 붕소(B), 나트륨(Na^+), 암모늄(NH_4^+)의 농도
토양 답압으로 인한 수분과 통기 불량	부피 밀도와 토성
제한적인 차표층(次表層, subsurface)으로 인한 수분과 통기 문제	경반층(硬盤層, hardpan)까지의 깊이(오거나 삽을 이용한 현장 확인)와 토양 투수
토양 투과 불량으로 인한 통기 불량	부피 밀도, 토성, 수분 방출 특성, 투수와 유기물 함량
낮은 보수력이나 불량한 침투로 인한 수분 스트레스	토성, 수분 방출 특성, 부피 밀도, 유기물 함량

그림 2.7. 물 시료는 깨끗한 플라스틱 용기에 채취하라. 채취될 물로 해당 용기를 3회 헹궈라.

표 2.3. 선정된 무생물적 장애를 평가하기 위해 활용되는 물 분석

의심되는 장애	물 분석
염 피해	총 가용 염(EC_w)
특정 이온 독성	
뿌리 흡수(root absorption)	나트륨(Na^+), 염소(Cl^-), 붕소(B)
잎 흡수	나트륨(Na^+), 염소(Cl^-)
높은 pH로 인한 미량영양소 결핍	pH와 중탄산염(重炭酸鹽, bicarbonate) 농도
불량한 토양 투수성으로 인한 물과 통기 불량	수정된 나트륨흡착비(adj. SAR), 총 가용 염(EC_w)

정도 씻거나 헹궈주어라. 실험실은 일반적으로 시료의 물 중에서 약 1ℓ가 필요하다. 시료 용기는 완전히 채우는 것이 좋다. 어떤 분석(실험실에 확인하라)을 위해서는, 분석이 끝날 때까지 결빙되거나 4.4°C 이하로 유지되어야 한다. 시료가 결빙될 예정이면 용기에 공기 층(air gap)을 남겨두어라.

모든 시료는 세심하게 라벨을 부착하라. 부정확한 표시는 흔히 있는 문제이다. 일자, 장소, 공급원, 시료 번호, 시료 채취자의 이름 등이 포함되어야 한다. 모든 시료 라벨 정보에 관한 기록을 유지하라.

결과와 권고

수질 분석을 해석하는 지침은 표 5.6에 있으며, *Water Quality: Its Effects on Ornamental Plants* (Farnham, Ayers, and Hasek 1985)도 참고하라. 분석의 해석은 구체적인 식물과 토양 상태를 고려하여 이들 지침을 활용하는 것이 좋다. 원예나 농업용 물 분석에 특화된 실험실은 추가적인 유용한 정보도 제공할 것이다.

조직 검정

분석을 위해서는 새로이 완전히 펼친 잎을 선택하는 것이 최선이다(**그림 2.8**). 완전한 잎몸(leaf blade)과 잎자루(petiole)를 실험실에 보내는 것이 좋다. 일부 식물의 경우, 잎자루가 염소(Cl^-), 질산태 질소(NO_3^-N), 암모늄태 질소(NH_4^-N), 추출성 칼륨(K^+), 인(P)의 상태를 분석하기 위해 사용된다. 잎몸은 칼륨(K^+), 칼슘(CA^{++}), 마그네슘(Mg^{++}), 나트륨(Na^+), 철(Fe^{++}), 망간(Mn), 아연(Zn), 구리(Cu), 붕소(B), 몰리브덴(Mo), 황산염태 황(sulfate sulfur, SO_4^-S), 총 질소(總窒素, total nitrogen)를 분석하기 위해 사용된다. 대량 영양소와 미량 영양소에 관한 더 자세한 정보는 "제5장 영양 결핍"을 참고하라.

병징이 있는 식물과 병징이 없는 식물 모두에서 시료를 채취하라(**그림 2.9**). 일반적으로 최소 100 g 정도의 신선한 조직이 필요하다. 평균적으로 각 식물로부터 5~10개의 잎을 선택하라. 잎이 작은 종(예, 회양목류/*Buxus* spp.)은 큰 입을 가진 종(예, 태산목/*Magnolia grandiflora*)보다 더 많은 잎이 필요할 것이다. 잎은 크기, 나이, 상태가 같은 것이 좋다. 건조된 잎은 분명하게 라벨이 적힌 깨끗한 종이 봉투에 넣은 후, 실험실에 보내기 전에 해당 시료를 시원한 저장 용기 안에 두어라. 식물의 영양 상태는 연중 변하기 때문에 생육기 중 다른 시기(예, 초기, 중기, 후기)에 시료를 채취할 필요가 있을 경우도 있다.

실험 결과의 해석에 대한 지침은 표 5.6을 참고하라.

캘리포니아의 상업 분석 실험실

자신이 있는 지역 내 분석 실험실의 목록을 알기 위해서는 자신의 지역에 있는 대외협력사무소나 농무책임자 사무실을 접촉하라. 자신의 필요에 적합한 실험실을 선택하라:

- 토양, 물, 비료, 특정 이온 독성, 조직 분석은 원예나 농업 실험실을 선택하라.
- 부피 밀도와 토양 단면 분석은, 토양이나 지질공학 실험실을 선택하라.
- 제초제와 불순물 분석은, 환경시험 실험실을 선택하라.

실험실은 우물물이나 식물 문제 진단과 같은 당면한 특정 상황에 대한 구체적인 시험을 추천할 수 있다.

그림 2.8. 실험실이 달리 권고하지 않으면, 병징이 있는 식물로부터 새로이 그리고 완전히 전개된 잎을 채취하라. 크기, 나이, 상태가 같은 5~10개의 잎을 선택하라.

그림 2.9. 피해를 보이는 잎과 마찬가지로(분리된 시료로) 병징이 없는 식물로부터 잎을 선택하여 제출하라. 위 사진은, 황백화된 잎의 철과 망간 수준을 비교하기 위해 황백화 현상을 보이지 않는 미국풍나무 잎을 채취하고 있다.

제 3 장

공통적인 피해 병징과 생물적 원인

병징(病徵, symptom)은 병이나 피해의 결과로 일어나는 식물의 반작용, 반응, 변화들이다. 이들은 무언가 잘못되었다는 것을 진단자에게 보내는 신호이다. 대부분의 진단은 식물이나 경관 전반을 통하여 나타나는 병징의 유형과 패턴을 평가하는 것으로부터 시작한다. 병징으로 보이는 것도 있지만, 때 이른 가을 단풍이나 수피 탈락과 같은 해당 식물의 정상적인 특징인 것도 있다(제4장 참조).

어떤 병징은 진단이 필요한 것으로, 문제의 특성을 가지고 있어서 바로 진단으로 이어진다. 그러나 많은 경우, 병징은 작인(作因, agent)의 다양성에 의해 유발될 수 있다. 진단자를 어렵게 하는 것은 가능성 있는 원인을 좁혀서 구체적인 문제를 동정하는 것이다. 드물지 않게, 생물적 작인과 무생물적 작인이 비슷한 병징을 유발한다. 해당 식물 자체와 경관 전반에 걸친 병징의 패턴을 관찰함과 동시에 영향을 받고 있는 종을 확인하는 것이 생물적 작인과 무생물적 작인을 구분하는 데 도움이 될 것이다. 예외가 있긴 하지만, 생물적 작인은 한 종이나 한 식물에 한정되는 경향이 있는 반면, 무생물적 작인은 폭넓은 종과 여러 식물에 영향을 줄 수 있다.

그림 3.1. 시듦은 수분 부족의 초기 병징이다.

이 장에서는 병징을 설명하는 데 사용되는 용어를 정의하고 그림으로 설명하며, 각 병징이나 병징의 패턴을 유발할 수 있는 무생물적 작인을 동정한다. 가능성 있는 원인, 병징의 패턴, 진단 방법 등이 30페이지에서 시작하여 도표 형식으로 요약되어 있다(**표 3.1**).

잎(leaves)

시듦

시듦(wilting)은 잎이 강성(剛性, rigidity)을 잃고 처지는 것으로서, 일반적으로 식물 내 불충분한 수분에 기인한다(**그림 3.1**). 식물 체내 수분 부족은 다음과 같은 원인에 의해 초래된다:

- 토양 내 유효수분(有效水分, available water) 부족(예, 불충분한 관수, 가뭄, 뿌리 지역의 불충분한 보수력[保水力, water holding capacity] 등)
- 뿌리의 적절한 수분 흡수 불가능(예, 과습으로 인한 토양 통기 부족, 뿌리 시스템에 대한 기계적인 손상, 예외적으로 높은 수분 요구 등)
- 목부(木部, xylem)가 뿌리로부터 줄기로 물을 이동시킬 수 없을 때(예, 줄기의 환상박피[環狀剝皮, girdling])
- 식물 세포를 손상시킬 정도의 낮은 온도로 인해 손상된 세포에서 수분이 누출될 때
- 다양한 생물적 작인(예, 병원체, 선충, 뿌리 섭식 해충)

잎의 괴사

잎의 괴사(壞死, necrosis)는 잎의 전부 또는 일부가 죽는 것이다. 이는 수분 부족, 염과 특정 이온

독성, 제초제, 심각한 미량 영양소 결핍, 대기 오염(大氣汚染, air pollution), 높거나 낮은 기온, 과도한 햇빛 노출, 기타 여건 등에 의해 유발될 수 있다. 여러 생물적 작인도 잎의 괴사를 유발한다.

괴사의 패턴을 진단할 수 있는데, 이들은 다음과 같다:

- 가장자리(marginal) 괴사: 잎의 가장자리 죽음(**그림 3.2**)
- 얼룩(blotch): 잎 몸에 생긴 크고 불규칙한 형태의 점이나 얼룩 모양의 죽음(**그림 3.3**)
- 반점(斑點, spot): 잎몸에 생긴 작고 둥근 부위의 죽음
- 엽맥 간(葉脈間, interveinal) 괴사: 엽맥 사이 잎 조직의 죽음(**그림 3.4**)
- 전체 잎 고사: 괴사된 잎이 줄기에 붙어 있으면, 항상 죽음이 빠르게 일어났음을 나타낸다(**그림 3.5**).

전체 식물에 대한 괴사 패턴에 주목하라. 피해가 오래된 잎에서 나타나고 어린잎에서는 나타나지 않으면 문제가 갑작스런 봄철 고온과 바람이 많이 부는 시기인 생육기 초기에 발생했음을 나타낸다. 이는 또한 높은 토양 염분이나 특정 이온 독성과 같은 고질적인 문제를 나타낼 수도 있다(괴사는 이온이 유독한 농도에 도달하면 발생하고, 병징은 어린잎에 나타나기 전에 오래된 잎에서 발달한다). 해당 식물의 한 쪽에서만 나타나는 괴사는 염분 살포나 제초제 표류와 같이 잎에 유독 물질이 직접 적용되었음을 시사한다.

괴사가 한 지역 내에 있는 하나 또는 두 종에 나타나는지, 해당 지역을 통하여 많은 식물에서 나타나는지에 주목하라. 병징이 몇 종에 한정되어 있다면 염분 독성과 같은 무생물적 작인에 대한 식물의 감수성 차이 때문일 수 있다. 만약 모든 또는 대부분의 식물들이 영향을 받았다면, 종 내

그림 3.2. 이 유칼리나무 잎의 테두리를 따라 발생한 가장자리 괴사는 제초제 독성 때문이다.

그림 3.4. 이들 양버들(*Populus nigra* 'Italica')에 발생한 엽맥 간 괴사 병징은 제초제에 의해 유발되었다.

그림 3.3. 불규칙한 형태의 괴사는 얼룩(blotch)이라고 부르는데, 생물적 문제인 런던버즘나무에 발생한 탄저병에 의해 발생했다.

성(種耐性, species tolerance) 보다는, 광역(廣域, broad-spectrum) 제초제의 오용(誤用, misapplication)으로 발생했을 가능성이 높다.

그림 3.5. 줄기에 붙어 있는 괴사된 잎은 죽음이 갑자기 발생했음을 나타낸다. 최근에 식재된 이 은행나무(*Ginkgo biloba*)는 수분 부족으로 며칠 안에 죽었다. 주변 잔디는 관수되었음에도 불구하고 이 나무 근분은 말라 있었다.

그림 3.7. 반문(班紋, mottling) 또는 모자이크는 황색에서 녹색에 이르는 다양한 탈색의 불규칙한 패턴이다.

황백화

황백화(黃白化, chlorosis)는 엽록소(葉綠素, chlorophyll)가 파괴되거나 엽록소의 형성 실패로 인하여 정상적으로는 녹색인 조직이 노랗게 변하는 것이다. 미생물, 해충, 응애(mite)와 같은 생물적 작인과 마찬가지로 무생물적 작인도 황백화를 초래할 수 있다. 괴사와 마찬가지로 황백화의 패턴을 관찰하라. 어린잎의 황백화는 철, 망간, 아연과 같은 비이동성(非移動性, nonstranslocated) 영양소의 결핍을 의미할 수 있다. 오래된 잎에서 먼저 나타나는 황백화 병징은 질소와 같은 이동성 영양소의 결핍을 나타낼 수 있다. 황백화의 패턴은 다음과 같다:

- 전반적 황백화: 잎 몸의 전반적인 황화
- 엽맥 간 황백화: 엽맥은 녹색을 유지하면서 엽맥 사이 조직이 황화(**그림 3.6**)
- 반문 또는 모자이크: 황색에서 녹색까지의 탈색으로 불규칙한 황화 패턴(**그림 3.7**)
- 엽맥 투명(透明, clearing): 엽맥 사이 조직은 녹색인 상태에서 엽맥 조직이 노랗게 또는 밝은 색으로 변함(**그림 3.8**)

그림 3.6. 엽맥 간 황백화로 엽맥 사이 조직이 누렇게 변하고 있다.

그림 3.8. 엽맥이 밝은 색으로 바뀌는 엽맥 투명은 제초제 독성 병징일 수 있다.

그림 3.9. 은백화는 총채벌레(thrips) 피해를 입은 덩굴의 서양금사매(*Hypericum calycinum*)에서 보여주는 바와 같이 잎이 흰색으로 보인다.

그림 3.11. 이 광나무(*Ligustrum japonicum*)의 잎은 가장자리 황백화 현상을 나타내고 있다.

- 점몰(點沒, stippling): 녹색의 잎 몸에 밝은색의 작은 점이나 얼룩
- 은백화(銀白化, silvering): 표피(表皮, epidermis) 손상으로 인한 잎 표면의 희끄무레한 은색(whitish silver) 모습(**그림 3.9**)
- 탈색(脫色, bleaching): 잎 조직에서 색상을 상실(**그림 3.10**)
- 띠 변색(banding): 침엽수의 침엽에서 발생하는 교호하는 노란색과 녹색의 줄
- 가장자리 황백화: 잎의 가장자리를 따라 황화되는 현상(**그림 3.11**)

너덜너덜해진 잎

너덜너덜해진 잎은 바람, 우박(hail), 기타 마찰을 일으키는 활동 때문에 찢어지고 훼손된 것이다. 최근의 기상상태가 진단의 핵심이다. 또한 노출과 연계하여 병징의 위치에 유의하라. 생물적 작인(해충이나 동물의 섭식)도 너덜너덜해진 잎을 유발할 수 있다.

기형의 잎

잎이 눈에서 나와 자랄 때 해당 식물에서 활동하는 작인에 의해 기형(畸形, malform)이 될 수 있다(**그림 3.12**). 무생물적 작인은 전형적으로 이행

그림 3.10. 이 뽕나무에서 색깔의 상실이나 탈색은, 제초제에 기인하였다.

그림 3.12. 이 블랙베리(Blackberry, *Rubus* spp.)의 잎은 제초제 라운드업(Round-up)의 독성으로 인해 기형화되었다.

그림 3.13. 낙엽은 잎을 잃는 것으로, 이 런던버즘나무의 낙엽은 잎에 발생한 병(탄저병) 때문이다.

성제초제(移行性除草劑, systemic herbicides)로, 일반적으로 황백화, 엽맥 투명, 괴사가 이들 병징과 동반된다. 눈이 틀 때의 낮은 기온도, 아연이나 망간 결핍과 같이(제5장 영양 결핍 참조), 기형을 유발할 수 있다. 황백화나 괴사가 없는 기형화된 잎은 일반적으로 해충에 의해 유발된다.

낙엽

낙엽(落葉, defoliation)은 해당 연도의 정상이 아닌 시기에 발생하는 대규모 잎의 상실이다(**그림 3.13**). 많은 작인이 낙엽을 유발할 수 있다. 급속한 낙엽은 저온이나 제초제에 기인할 수 있다. 점진적인 낙엽은 수분 부족, 토양 통기 불량, 토양 내 가스 방출이나 공기오염에 기인할 수 있다.

그림 3.14. 새롭게 건축된 집 가까이 있는 수목이 뿌리 손상으로 인한 스트레스로 조기 단풍을 보이고 있다.

조기 단풍과 조기 노화

낙엽수에서의 조기 노화(早期老化, premature senescence; 정상보다 빨리 휴면 시작)는 항상 만성적인 수분 스트레스를 나타낸다. 또한 이는 뿌리 시스템이 손상된 식물에서 흔한 병징이다(**그림 3.14**).

신초

시듦과 마름

잎과 마찬가지로 신초(新梢, shoot)의 강성 상실과 처짐은 일반적으로 식물체 내의 불충분한 수분에 의해 유발된다(**그림 3.15**). 수분 부족이 교정되지 않으면, 그 병징은 항상 신초의 마름(dieback)으로 진행된다(**그림 3.16**). 식물의 수분 부족은 다음과 같은 원인에 의해 유발된다:

그림 3.15. 시듦은 수분 스트레스의 일반적인 병징이다.

- 토양 내 유효수분의 부족(예, 불충분한 관수, 가뭄, 뿌리 지역의 불충분한 수분보유능력)
- 적정한 수분을 흡수해야 하는 뿌리의 무능력(예, 과습으로 인한 토양 통기 부족, 뿌리 시스템에 대한 기계적인 손상, 예외적으로 높은 수분 요구, 높은 토양 염도)
- 뿌리로부터 신초로 물을 운반하는 목부의 무능력(예, 줄기의 옥죔)
- 식물 세포를 손상시키는 낮은 기온과 이로 인한 수분 유출

그림 3.16. 잔가지와 가지의 마름은 오랜 기간 수분 스트레스가 지속되는 경우의 일반적인 병징이다.

뒤틀림

신초 뒤틀림(distortion)은 신초 신장처럼 식물에 작용하는 어떤 작인에 의해 유발된다. 대부분 생물적 작인이 흔한 작인이다. 가능성 있는 무생물적 작인에는 호르몬형 제초제로, 신초 신장이 일어나기 전에 적용된 제초제가 원인이다. 대화현상(帶化現象, fasciation; 줄기가 비정상적으로 평평해지고 말리는 것은 세포의 돌연변이/mutation에 기인한다)은 항상 하나 또는 두세 개의 가지와 하나의 식물에서만 발생한다(**그림 3.17**). 이는 통제할 수 없는 유전적인 장애이다.

빗자루

빗자루(witches' broom)는 가지 끝 근처에 수많은 신초가 번성하는 것이다(**그림 3.18**). 이는 항상 병을 나타내는 병징이지만 유전적인 돌연변이에 의해 유발될 수도 있다. 가능성이 있는 무생물적 작인은 제초제 적용이다.

가지와 수간

함몰, 변색된 수피

함몰(陷沒, sunken)되고 변색된 수피는 일소(日燒/볕 탐, sunburn)의 특징이다(**그림 3.19**). 병징은

그림 3.17. 이 물푸레나무(*Fraxinus* spp.)의 새순이 납작해지고 구부러지는 것은 돌연변이를 일으킨 세포에 의한 대화현상이다.

그림 3.18. 이 연안참나무(*Quercus agrifolia*)의 흰 빗자루는 흰가루병에 의해 유발되었다.

그림 3.20. 새살은 이러한 전정 상처 둘레에 형성되는 새로운 목재이다.

수분 부족이 존재하는 곳에서 가장 심각하다. 곰팡이나 박테리아에 의해 유발된 궤양이 비슷한 병징을 나타내지만 일소는 오후 태양에 노출된 수간이나 가지 부위에 제한된다.

새살 형성

때로는 칼루스(callus)라고 불리는 새살(woundwood)은 상처 주위에 발달하는 리그닌화되고(lignified) 부분적으로 분화된 조직이다(**그림 3.20**). 새살이 있다는 것은 수피가 기계적인 피해, 일소, 동결 온도(凍結溫度, freezing temperature)에 의해 손상되었다는 것을 나타낸다. 생물적 작인도 새살 형성을 자극하는 손상을 초래할 수 있다.

그림 3.19. 일소는 균열, 함몰, 수피 변색을 초래한다.

혹

혹(gall)은 식물의 각 부위에 발생하는 다양한 비정상적인 생장이다. 어떤 식물은 평상시에도 리그노튜버(lignotuber) 또는 옹두리(burl)라고 불리는 소용돌이 나뭇결(swirling grain)을 가진 눈 덩어리(bud mass)를 만든다(**그림 3.21**). 아니면 생물적 활동의 결과일 수도 있다(박테리아, 곰팡이, 해충, 선충, 겨우살이).

수피 탈락(樹皮脫落, bark falling off)

수피는 해당 식물이 죽거나 활력이 약할 때 벗겨지거나 금이 갈 수 있다(**그림 3.22**). 이는 일소, 스프링클러 물이 빈번하게 수간을 때리고, 수분 부족, 벼락 피해 등에 의해 유발될 수 있다. 다양한 생물적 작인이 수피 탈락을 유발할 수 있거나, 해당 수종에서는 정상일 수도 있다.

수액 유출과 수지 분비

수액 유출(樹液流出, bleeding)과 수지 분비(樹脂分泌, gumming)는 상처나 기타 손상으로부터 수액(樹液, sap)이 흘러나오는 것이다(**그림 3.23**). 이 때 악취(惡臭, foul odor)를 동반하기도 한다. 일반적인 무생물적 작인은 수분 부족이나 기계적인 상처이다. 수액 유출은 생물적 작인(예, 궤양 곰팡이, 박테리아)일 수도 있고, 해당 종에는 정상적일 수도 있다.

그림 3.21. 소용돌이 나뭇결을 가진 리그노튜브, 눈 덩어리는 일부 수목의 자연적인 특징이다.

그림 3.22. 이 연안참나무의 외수피는 금이 가고 탈락되고 있다.

그림 3.23. 수피를 통한 수지 분비나 수액 유출은 벚나무속(*Prunus* spp.)과 소나무속(*Pinus* spp.)과 같은 많은 식물에서 스트레스에 의해 유발된 흔한 병징이다.

부풂(swelling)

식물 조직은 실제로 부풀지 않지만, 일부가 국지적으로 증대된 생장 때문에 크게 보일 수 있다(**그림 3.24**). 지주 결속과 맴도는 뿌리로 인한 옥죔이 일반적인 원인이다. 접목 연결부위 아래의 밑동도 부풀어 오른 것처럼 보일 수 있다. 수간과 가지에서 국지적으로 비대한 부위는 균열과 같은 내부적인 결함을 나타낼 수 있다(Matheny and Clark 1994 참조).

갈라짐과 균열

제초제, 동결 온도, 벼락, 기계적인 파손 등이 수피의 갈라짐(splitting)과 목재 내부로의 균열(龜裂, cracking)을 유발할 수 있다(**그림 3.25**). 목재 내부로 연장되지 않은 수피의 갈라짐은 왕성한 생장 때문에 유발될 수 있어서 해당 식물에 피해를 주지 않는다.

뿌리

위축된 뿌리

위축되고(shriveled), 쪼그라들고, 어두운 색의 뿌리는 팽압(膨壓, turgor)을 상실했음을 의미한다(**그림 3.26**). 이는 수분 부족, 높은 토양 염도, 제초제 독성, 생물적 병의 병징이다.

변색된 뿌리

정상적인 뿌리 조직은 색상이 흰색에서 크림색인데, 변색된 뿌리는 검은색, 회색, 청색, 황갈색이다. 변색(變色, discoloration)은 항상 뿌리 기능의 상실과 뿌리의 죽음을 의미한다. 이는 침수로 인한 토양 통기 부족, 과도한 관수, 뿌리 위에 성토 층 조성 등에 의해 유발될 수 있다. 토양 내 가스 방출도 뿌리 변색을 초래하고, 생물적 뿌리병도 비슷한 병징을 유발한다. 호주 나무고사리(*Cyathea cooperi*)와 같은 일부 식물은 정상적으로 검은 뿌리를 가지고 있다.

그림 3.24. 이 소나무는 아래로의 수액 흐름을 제한하는 지지대 결속으로 위쪽 수간이 굵게 자랐다.

그림 3.25. 이 율마(*Cupressus macrocarpa*) 가지를 관통하는 균열은 바람에 의한 기계적인 파손의 결과이다.

변형된 뿌리

곤봉 모양이나 발육이 부진한 것과 같은 비정상적인 뿌리 형태는 토양에 적용된 발아전 제초제(發芽全除草劑, preemergent herbicides) 때문이다. 뿌리의 솟아오른 모습이나 작은 혹은 식물에 유익한 균근(菌根, mycorrhizae)이나 질소고정박테리아(窒素固定-, nitrogen-fixing bacteria)에 의해 유발될 수 있다. 비정상적인 뿌리 생장도 식물에 기생하는 선충에 의해 유발될 수 있다(**그림 3.27**).

그림 3.27. 뿌리 변형은 생물적 또는 무생물적 작인에 의해 유발될 수 있다. 이 경우, 뿌리혹선충(root-knot nematodes)이 부정형의 뿌리 생장을 초래하였다.

그림 3.26. 이 뿌리 분은 밝은색을 띤 건강한 뿌리와 어두운 색을 띤 건강하지 않은 뿌리를 모두 가지고 있다.

표 3.1. 무생물적 장애 병징 요약

병징	가능한 원인	병징의 패턴	진단 방법	페이지
		잎		
시듦	**A. 수분 부족**			51~59
	1. 뿌리 상실			
	a. 기계적인 피해 (예, 뿌리시스템을 관통하는 도랑 파기)	영향을 받은 지역 내 모든 식물에 갑작스런 병징. 병징 발생은 날씨가 더울 때까지 지연될 수 있다.	부지 변경의 이력을 확인하라. 피해를 조사하라.	56
	b. 토양 통기 불량			
	i. 침수, 배수 불량, 높은 지하수위, 과도한 관수	전체 식재지에 영향을 미치는 병징이 점진적으로 발달함. 일부 종은 다른 종에 비해 더 민감할 수 있다.	토양의 습도와 색상을 확인하기 위해 토양 샘플기(soil probe)나 삽을 사용하라. 청색이나 회색과 악취는 혐기성 상태를 의미한다.	60~65
	ii. 뿌리 위 성토, 토양 답압	전체 식재지에 영향을 미치는 병징이 점진적으로 발달함. 일부 종은 다른 종에 비해 더 민감할 수 있다.	본래의 근원을 확인하기 위해 수목의 기부에서 토양을 굴착하라.	64~66
	2. 목부에 대한 기계적인 피해, 옥죔으로 인해 뿌리에서 잎으로의 물의 이동 차단	식물의 전체 또는 부분이 영향을 받는다. 한 종에 한정되지 않는다. 병징은 피해와 증산 요구의 정도에 따라 점진적으로, 또는 갑자기 발달할 수 있다.	식물의 수피에 대한 피해를 점검하라. 지주용 철사에 의한 옥죔을 확인하라. 옥죄는 뿌리를 확인하라.	181~185
	3. 식물에 가용한 물 부족	항상 전체 식재지, 특히 가뭄에 민감한 종이 영향을 받는다. 병징은 갑자기 발달한다. 햇빛을 많이 받고 바람에 노출된 식물이 가장 심각한 병징을 보인다.	토양 샘플기를 이용하여 토양 습도를 확인하라.	54
	a. 관수 미흡	항상 전체 식재지, 특히 가뭄에 민감한 종이 영향을 받는다. 병징은 갑자기 발달한다. 햇빛을 많이 받고 바람에 노출된 식물이 가장 심각한 병징을 보인다.	식물 요구와 비교하여 적용된 물의 빈도와 양을 확인하라.	54~55
	b. 토양으로 침투하지 않는 물	항상 전체 식재지, 특히 가뭄에 민감한 종이 영향을 받는다. 병징은 갑자기 발달한다. 햇빛을 많이 받고 바람에 노출된 식물이 가장 심각한 병징을 보인다.	토양 샘플기로 습도를 확인하라. 관수 시스템을 가동하고 유출(流出, runoff)과 습윤(濕潤, wetting) 패턴을 관찰하라.	55
	i. 물이 흐르는 경사	항상 전체 식재지, 특히 가뭄에 민감한 종이 영향을 받는다. 병징은 갑자기 발달한다. 햇빛을 많이 받고 바람에 노출된 식물이 가장 심각한 병징을 보인다.	토양 샘플기로 습도를 확인하라. 관수 시스템을 가동하고 유출(流出, runoff)과 습윤(濕潤, wetting) 패턴을 관찰하라.	55
	ii. 지표면 소수성(疏水性, hydrophobic)과 답압	항상 전체 식재지, 특히 가뭄에 민감한 종이 영향을 받는다. 병징은 갑자기 발달한다. 햇빛을 많이 받고 바람에 노출된 식물이 가장 심각한 병징을 보인다.	수관 크기와 수분 수요와 연계하여 토양 부피, 유효수분의 양을 평가하라.	55
	c. 뿌리 지역의 수분 보유력 불충분	항상 전체 식재지, 특히 가뭄에 민감한 종이 영향을 받는다. 병징은 갑자기 발달한다. 햇빛을 많이 받고 바람에 노출된 식물이 가장 심각한 병징을 보인다.	지표층을 통한 수분 침투를 시험하라.	55

병징	가능한 원인	병징의 패턴	진단 방법	페이지
		잎—계속		
	i. 얕은 토심	항상 전체 식재지, 특히 가뭄에 민감한 종이 영향을 받는다. 병징은 갑자기 발달한다. 햇빛을 많이 받고 바람에 노출된 식물이 가장 심각한 병징을 보인다.	토양 단면(土壤斷面, soil profile)을 조사하라.	55
	ii. 모래가 매우 많은 토양	항상 전체 식재지, 특히 가뭄에 민감한 종이 영향을 받는다. 병징은 갑자기 발달한다. 햇빛을 많이 받고 바람에 노출된 식물이 가장 심각한 병징을 보인다.	토성을 확인하라	55
	4. 예외적으로 높은 수분 요구(예, 고온, 바람, 건조한 공기)	항상 전체 식재지, 특히 가뭄에 민감한 종이 영향을 받는다. 병징은 갑자기 발달한다. 햇빛을 많이 받고 바람에 노출된 식물이 가장 심각한 병징을 보인다. 식물은 항상 밤 사이에 회복된다.	기상 조건을 확인하라.	55
	B. 저온	식재지의 추위에 감수성인 모든 종에서 갑작스럽고 전반적인 시듦	최근의 저온과 지속기간, 냉기나 결빙 온도에 감수성인 식물을 확인하라.	133~134
	C. 토양 통기 불량			
	1. 침수, 배수 불량, 높은 지하 수위, 과도한 관수	식재지 전체에 영향을 미치는 병징이 점진적으로 발달. 일부 종은 다른 종보다 더 민감할 수 있다.	토양 샘플기나 삽을 이용하여 토양의 습도와 색상을 확인하라. 청색이나 회색과 악취는 혐기성 상태를 의미한다.	60~65
	2. 뿌리 위 성토, 토양 답압	식재지 전체에 영향을 미치는 병징이 점진적으로 발달. 일부 종은 다른 종보다 더 민감할 수 있다.	원래 근원까지의 깊이를 확인하기 위해 수목의 기부에서 굴착하라.	64~66
	D. 토양 내 가스 방출 (누출, 쓰레기 매립)	모든 식생이 전반적으로 점진적인 황화. 일부 종은 다른 종보다 더 민감하다. 병징은 완만한 생장과 고사로 진행된다.	토양의 악취와 청회색이나 검은색을 점검하라. 가스는 토양 온도를 시험하라. 목재의 청색 또는 갈색 줄무늬를 점검하기 위해 뿌리와 수간 조직을 절단하라.	163~165
잎 괴사				
가장자리	**A. 수분 부족** "잎-시듦-수분 부족" 참조	"잎-시듦-수분 부족" 참조	"잎-시듦-수분 부족" 참조	52
	B. 독성			
	1. 높은 토양 염분	병징이 식재지 전체에 전반적이고 점진적으로 발달. 괴사는 오래된 잎에서 더 심각하다. 내성이 있는 종은 피해를 보이지 않을 수 있다.	토양과 관개하는 물의 염분, 염화물을 시험하라. 눈과 얼음을 녹이기 위한 염 적용 이력을 확인하라.	81~82
	2. 높은 붕소 함량	병징이 식재지 전체에 전반적이고 점진적으로 발달. 괴사는 오래된 잎에서 가장 심각하다. 내성이 있는 종은 피해를 보이지 않을 수 있다. 가장자리 전체가 아닌 가장자리를 따라 작은 괴사 반점이 나타날 수 있다.	토양과 관개하는 물, 식물 조직에서 붕소를 시험하라.	82

병징	가능한 원인	병징의 패턴	진단 방법	페이지
		잎—계속		
잎 괴사 B. 독성—계속				
	3. 제초제(예, 디우론, 아트라진, 달라폰, 붕산염)	식재지 전체에 영향을 미치는 병징으로 갑자기 그리고 전반적으로 나타남.	가능성 있는 제초제 범주를 확인하고, 실험 실시.	188~192
	C. 심각한 철 결핍	병징이 식재지 전체에 전반적이고 점진적으로 발달. 병징은 새로운 생장(new growth)에 가장 심각함. 내성이 있는 종은 피해를 나타내지 않을 수 있음.	엽맥 간 황백화를 점검하라. 알칼리 토양 여부를 확인하기 위해 토양의 탄산염, pH을 시험하고; 잎의 철분을 분석하라.	76~79, 118~119
끝	**A. 대기 오염**	어리고 자라는 침엽의 끝이 적갈색으로 변하면서, 갈색으로 진행됨.	최근의 대기 질과 종의 감수성을 확인하라.	167~168
	B. 높은 토양 염분	식재지 전반에 걸쳐 전반적이고 점진적인 병징 발달. 괴사는 오래된 잎에서 더 심각함. 내성이 있는 종은 피해를 나타내지 않을 수 있음.	토양의 영분과 염화물을 시험하라. 눈과 얼음을 녹이기 위한 염 적용 이력을 확인하라.	81~82
	C. 높은 붕소 함량	식재지 전반에 걸쳐 전반적이고 점진적인 병징 발달. 괴사는 오래된 잎에서 더 심각함. 내성이 있는 종은 피해를 나타내지 않을 수 있음. 전체 가장자리가 아닌 가장자리를 따라 작은 괴사 반점이 나타날 수 있음.	토양, 관개 수, 식물 조직에 대한 붕소를 시험하라.	82
얼룩	**A. 수분 부족** "잎-시듦-수분 부족" 참조	"잎-시듦-수분 부족" 참조	"잎-시듦-수분 부족" 참조	52
	B. 특정 종에 대한 과도한 햇빛 노출	햇빛에 민감한 식물에 영향을 주는 수관 바깥에 갑자기 나타나는 병징.	노출, 반사되는 열, 식물의 내성을 확인하라. 낮은 토양 수분과 겹치면 더 심각하다. 전정, 인접 식물 제거, 노출 증가 뒤에 나타날 수 있다.	142
	C. 고온	식재지 전반에, 특히 열에 민감한 종에서 나타남. 병징은 갑자기 발달. 과다한 햇빛과 바람에 노출되어 있고, 토양 수분이 낮은 식물이 가장 심각한 병징을 보임.	기상 조건을 확인하라.	139, 142
반점	**A. 제초제** (예, 파라콰트, 벤타존, 디페닐에테르, 옥사디아존, 다이쿼트, 플루아지포프, 사이클로헥센온)	노출 당시에 존재했던 바깥 잎에 가장 큰 피해가 나타나는 급성 병징. 반점은 일반적으로 가장자리가 날카롭고, 크기, 색상, 분포가 균일함.	근처에 어떤 제초제가 사용되었는지 확인하라. 시험을 위해 실험실에 잎 시료를 제출하라.	188~192
	B. 대기 오염	오염물질의 유형에 따라 병징이 갑자기 또는 점진적으로 발달. 감수성 종은 식재지 전반에 영향을 받음.	최근 대기 질과 종의 감수성을 확인하라.	167~168
엽맥 사이	**A. 대기 오염**	오염물질의 유형에 따라 병징이 갑자기 또는 점진적으로 발달. 감수성 높은 종의 식재지 전반에 영향을 받음.	최근 대기 질과 종의 감수성을 확인하라.	167~168

병징	가능한 원인	병징의 패턴	진단 방법	페이지
		잎—계속		
	B. 제초제 (예, 시마진, 디우론, 브로마실, 아트라진, 테르바실)	식재지 전체에 영향을 미치는 갑작스런 병징 발달	근처에 어떤 제초제가 사용되었는지 확인하라. 시험을 위해 실험실에 잎 시료를 제출하라.	188~192
	C. 심각한 망간 결핍	오래된 잎과 어린잎에서 병징이 점진적으로 발달. 병징은 알칼리성 토양에 민감한 종에 가장 심각함.	토양 시료를 실험실에 보내 pH, 탄산칼슘을 분석하라. 잎 시료를 실험실에 보내 망간을 분석하라.	78~79, 118~119
잎 전체	**A. 수분 부족** '잎-시듦-수분 부족' 참조	"잎-시듦-수분 부족" 참조	"잎-시듦-수분 부족" 참조	52
	B. 제초제 (예, 위드오일, 다이쿼트, 파라쿼트, 옥시플루오르펜)	식재지 전체에 영향을 미치는 갑작스런 병징 발달	어떤 약제가 적용되었는지 확인하라. 분석을 위해 토양과/이나 잎 시료를 제출하라.	188~192
	C. 저온: 서리	식재지 전체에 영향을 미치는 갑작스런 병징이 발달하며, 저온에 민감한 종에 제한됨. 피해는 낮은 지역에서 더 심각할 수 있음.	최근의 저온과 지속기간, 차거나 동결 기온에 대한 식물의 민감성을 확인하라.	133~134
	D. 저온: 겨울 피해	바람이 분 뒤 늦겨울이나 초봄에 상록수에 흔히 발생. 바람에 노출되는 가장자리 식물에 더 심함.	토양이 결빙되었는지 확인하라.	133~134
	E. 대기 오염	흰색에서 어두운 주황색의 죽은 조직이 잎에 일관되게 퍼져있음. 감수성 종의 식재지 전반에 영향.	최근 대기 질과 종의 감수성을 확인하라.	167~168
황백화	**종에 따라 정상**	잎의 색깔 변이가 종종 종이나 품종의 정상적인 특징임.		42~44
일반	**A. 질소 결핍**	점진적인 병징 발달로 식재지 전반에 영향을 미침. 오래된 잎에서 먼저 더 심각한 병징을 보임.	마지막에 적용된 비료가 언제인지 확인하라. 잎의 질소 농도를 분석하라.	71~72
	B. 뿌리 시스템 피해 1. 포화된 토양	식재지 전반에 영향을 미치는 병징이 전반적이고 점진적으로 발달.	토양샘플기나 삽을 이용하여 수분과 색상을 점검하라. 청색이나 회색과 악취는 혐기성 상태를 나타냄.	60~65
	2. 뿌리 위 성토	식재지 전반에 영향을 미치는 병징이 점진적으로 발달.	원래 근원까지의 깊이를 확인하기 위해 해당 식물의 기부에서 토양을 굴착	66
	3. 기계적인 피해	부분 또는 전체 식물이 영향을 받음. 황백화 병징은 보통 점진적이지만, 더운 날씨에는 식물이 갑자기 시들 수 있음.	부지 변경 이력을 확인하고 피해를 조사하라.	56, 181~185
	C. 적절한 토양 염분이나 나트륨 토양	지역 내 염 감수성 식물에 영향을 미치는 전반적이고 점진적인 병징 발달.	염분과 SAR 분석을 위해 토양 시료를 실험실에 제출하라.	81~82

병징	가능한 원인	병징의 패턴	진단 방법	페이지
		잎—계속		
황백화, 일반—계속				
	D. 옥죄이고 있는 수간과 뿌리			
	1. 수간에 밀착된 지주 결속	개별 식물에 병징의 점진적인 발달.	수간 피해를 확인하기 위해 지주를 점검하라.	181
	2. 일소 피해 수간	오후 햇빛에 노출되는 수피 부위에만 피해 발생. 수피가 얇은 교목에 가장 심각. 토양 수분이 낮을 때 피해가 악화.	오후 햇빛에 노출되는 수간 부위에서 죽고 손상된 수피를 조사하라.	139, 144
	3. 기계적인 피해	항상 식물 전체에 영향. 한 종에 한정되지 않음. 피해와 증산 요구의 정도에 따라 병징이 점진적 또는 갑자기 발달할 수 있음.	근원, 수간, 주된 가지에서 상처를 확인하라.	181~185
	E. 토양 내 가스 방출 (누출, 쓰레기 매립)	모든 식물의 전반적이고 점진적인 황화 현상. 일부 종은 다른 종보다 더 민감함. 병징은 생장 부진에서 고사로 진행됨.	토양의 악취와 청회색 또는 검은색인가를 점검하라. 토양 대기에서 가스를 시험하라. 뿌리와 수간 조직을 절개하여 목재 내 청색 또는 갈색 줄무늬를 점검하라.	163~165
	F. 대기 오염	오염물질의 유형에 따라 병징이 갑자기 또는 점진적으로 발달. 감수성 종의 식물에 전체적으로 영향을 미침.	최근의 대기 질과 종 감수성을 확인하라.	167~168
엽맥 사이	**A. 미량 영양소 결핍**			
	1. 철 결핍	병징이 전체 식재지에 전반적이고 점진적으로 발달. 병징은 어린 생장에서 가장 심각함. 새로운 생장은 탈색되고 심하면 괴사 부위 발달. 알칼리 토양에 내성이 있는 종은 피해를 보이지 않을 수 있음.	토양 시료를 실험실에 보내 pH, 탄산칼슘을 시험하라. 잎 시료도 시험을 위해 실험실에 보내라. 토양이 차거나 과습하면 병징이 일시적일 수 있다.	76, 77, 118~119
	2. 망간 결핍	병징이 전체 식재지에 전반적이고 점진적으로 발달. 엽맥 주위의 녹색 조직 띠가 철 부족보다 넓음. 병징은 오래된 생장과 새로운 것에 모두 나타남. 잎에 괴사 반점이 나타날 수 있음. 알칼리 토양에 내성이 있는 종은 피해를 보이지 않을 수 있음.	토양 시료를 실험실에 보내 pH, 탄산칼슘을 시험하라. 잎 시료도 망간 농도 시험을 위해 실험실에 보내라.	78~79, 118~119
	B. 특정 이온 독성 (초기에 염화합물, 붕소, 나트륨이나 암모늄)	감수성 식물에서 병징이 전반적이고 점진적으로 발달. 오래 된 잎에서 먼저 영향을 받음. 피해는 괴사로 진행됨.	토양, 물, 잎 등의 시료를 실험실에 보내서, 염 화합물, 붕소, 나트륨을 시험하라.	82~83
	C. 제초제 (예, 트리아진, 아트라진, 시마진)	잎의 끝, 가장자리, 엽맥을 따라 대대적인 황백화가 발생하며, 오래된 잎에서 시작됨. 전체 식물이 영향을 받음.	이들 약제는 토양에 적용된다. 시험을 위해 토양 시료를 실험실로 보내라.	188~192
반문/모자이크	**A. 아연 결핍**	병징이 어린잎에서 먼저 발달. 절간이 짧고 (로제트), 잎은 비정상적으로 작고 괴사됨. 한 종 이상이 병징을 보임.	토양시료를 실험실에 보내 pH와 탄산칼슘을 시험하라. 잎 시료는 실험실에 보내 아연 농도를 시험하라.	79~80, 118~119

병징	가능한 원인	병징의 패턴	진단 방법	페이지
		잎 — 계속		
	B. 제초제 (예, 유라실, 브로마실, 테르바실)	약제에 노출된 모든 식물에 병징이 갑자기 발생	시험을 위해 토양 시료를 실험실에 제출하라.	188~192
엽맥 투명	제초제(예, 치환된 유레아, 디우론, 모누론, 네부론)	모든 식물에서 갑작스런 병징 발달. 엽맥 사이 조직은 녹색으로 남아있음. 식물의 일부 또는 전체가 영향을 받을 수 있음	무슨 약제가 적용되었는지 확인하라. 시험을 위해 토양 시료를 실험실에 제출하라.	188~192
점몰	**A. 대기 오염**	오염물질의 유형과 수준에 따라 병징이 갑자기 또는 점진적으로 발달. 전체 식물에 영향을 미침	최근의 대기 질과 종 감수성을 확인하라.	167~168
	B. 대기로의 가스 누출	노출된 식재지 전체에 병징이 갑자기 발달. 가스 누출 위치에 가장 가까운 곳에서 피해 병징이 가장 큼.	식물 독성 가스의 잠재적인 출처를 찾아라(예, 배기구, 굴뚝, 높은 굴뚝, 산업 장비).	163~165
은백/갈색화	**A. 대기 오염**	오염 물질의 수준과 유형에 따라 병징이 갑자기 또는 점진적으로 발달. 민감한 종은 전체 식물이 영향을 받음.	최근의 대기 질과 종 민감성을 확인하라.	167~168
	B. 대기 가스 누출	노출된 지역 전체 식물에 병징이 갑자기 발달함. 가스 누출 지역에 가까울수록 피해 병징이 큼.	식물 독성 가스의 잠재적인 출처를 찾아라(예, 배기구, 굴뚝, 높은 굴뚝, 산업 장비).	163~165
탈색	**A. 제초제** (예, 아미트롤, 노르플루라존, 클로마존)	새로운, 특히 끝에서 병징이 갑자기 나타남. 약제에 노출된 모든 식물이 영향을 받음.	적용된 약제가 무엇인지 확인하라. 시험을 위해 토양 시료를 실험실에 보내라.	188~192
	B. 철 결핍	병징이 어린 생장에서 가장 심각함. 괴사 부위가 발달할 수 있음. 알칼리 토양에 내성이 있는 종은 피해가 나타나지 않을 수 있음.	pH, 탄산칼슘 시험을 위해 토양 시료를 실험실에 보내라. 잎 시료도 시험을 위해 실험실에 보내라. 토양이 차거나 과습하면 병징이 일시적일 수 있다.	76~77
	C. 대기 가스 누출	노출된 지역 전체 식물에 병징이 갑자기 발달함. 가스 누출 지역에 가까울수록 피해 병징이 큼.	식물 독성 가스의 잠재적인 출처를 찾아라(예, 배기구, 굴뚝, 높은 굴뚝, 산업 장비).	163~165
띠 변색 (침엽수)	**대기 오염**	오염 물질의 수준과 유형에 따라 병징이 갑자기 또는 점진적으로 발달. 모든 식물에 영향. 준성숙 침엽에서 처음 발달함.	최근의 대기 질과 종 감수성을 확인하라	167~168
조기 단풍	**A. 수분 부족**	가뭄, 뿌리 절단, 기타 가용 수분을 감소시키는 요인에 민감한 낙엽수에서 병징이 점진적으로 발달.	토양샘플기를 이용하여 토양 수분을 점검하라. 뿌리 절단, 토양 답압, 건설 공사 등 과거 사건을 조사하라.	53

병징	가능한 원인	병징의 패턴	진단 방법	페이지
		잎—계속		
조기 단풍—계속				
	B. 질소 결핍	민감한 종에서 점진적인 병징 발달.	시비 이력을 확인하라. 봄이나 여름에 조직의 시료를 실험실에 보내 질소 함량을 시험하라.	71~73
해진 잎	**기상 피해** (예, 바람, 우박)	가해 작인에 노출된 모든 식물에 병징이 갑자기 발생.	최근 기상 조건을 확인하라.	158~160, 175~176
기형 잎	**A. 정상적인 종**	일부 식물은 정상적으로 보통과 다른 모양의 잎을 가지고 있음.		42~44
	B. 제초제 (글리포세이트, 설폰요소제, 이미다졸리논)	새로운 생장이 변형된 병징과 끝의 황백화와 마름이 발생한 상태로 자람. 적용된 지역 내의 모든 식물이 영향을 받음.	어떤 농약이 적용되었는가를 확인하라. 글리포세이트 피해는 가을 적용 후 봄이 될 때까지 나타나지 않을 수 있다. 토양 적용 농약은, 시험을 위해 토양 시료를 실험실에 보내라.	188~192
낙엽/조기 노화	**A. 정상적인 종**	일부 상록수는 정상적으로 연중 여러 시기에 오래된 잎을 대량으로 떨어뜨림.		40~42
	B. 수분 부족 "잎-시듦-수분 부족" 참조	"잎-시듦-수분 부족" 참조	"잎-시듦-수분 부족" 참조	52~53
	C. 저온: 서리	영향을 받은 모든 식물에 병징이 갑자기 발생	최근의 기온과 식물의 내한성을 확인하라.	133~135
	D. 농약 (예, 브로마실)	적용된 지역에 있는 모든 식물에 병징이 갑자기 발생. 낙엽에 앞서 가장자리 괴사가 진행될 수 있음. 오래된 잎이 먼저 영향을 받음.	어떤 약제가 적용되었는지 확인하라. 시험을 위해 토양 시료를 실험실에 보내라.	188~192
	E. 토양 통기 불량 1. 침수, 배수 불량, 높은 지하수위, 과도한 관수	영향을 받는 모든 식물에 병징이 점진적으로 발달. 일부 종은 다른 종보다 더 민감할 수 있음.	토양샘플기나 삽으로 토양의 수분과 색상을 점검하라. 청/회색, 악취는 혐기 상태를 나타낸다.	60~65
	2. 뿌리 위 성토, 답압	영향을 받는 모든 식물에 병징이 점진적으로 발달. 일부 종은 다른 종보다 더 민감할 수 있음.	수목의 기부를 굴착하여 원래 근원까지의 깊이를 확인하라.	66
	3. 나트륨 토양	항상 모든 식물에 영향을 미침.	토양의 SAR을 시험하라.	163~165
	F. 토양 내 가스 방출 (누출, 쓰레기 매립)	영향을 받는 지역 내 모든 식물에 전반적이고 점진적인 시듦과 마름 병징. 일부 종은 다른 종보다 더 민감할 수 있음.	토양의 악취, 청/회색, 검은색을 점검하라. 토양공기 내 가스존재를 시험하라. 뿌리와 수간조직을 절개하여 목재 내 청색 또는 갈색 줄무늬를 점검하라.	82
	G. 대기 오염(만성)	모든 식물에 영향을 미침.	최근의 대기 질과 종의 감수성을 확인하라.	167~178

병징	가능한 원인	병징의 패턴	진단 방법	페이지
		신초(shoots)		
시듦/ 마름	**A. 수분 부족** "잎-시듦-수분 부족" 참조	"잎-시듦-수분 부족" 참조	"잎-시듦-수분 부족" 참조	52
	B. 저온: 서리	식재지 내 추위에 민감한 모든 종의 어린 순에 갑자기, 전반적인 병징 발생	최근 기온을 확인하라.	133~134
	C. 토양 내 가스 방출 (누출, 쓰레기 매립)	영향을 받는 지역 내 모든 식물의 어린 순이 전반적, 점진적으로 시들고 마름.	토양의 악취, 청/회색, 검은색을 점검하라. 토양공기 내 가스존재를 시험하라. 뿌리와 수간조직을 절개하여 목재 내 청색 또는 갈색 줄무늬를 점검하라.	163~165
	D. 토양 공기 결핍			60~65
	1. 침수, 배수 불량, 높은 지하수위, 과도한 관수	영향을 받는 모든 식물에 병징이 점진적으로 발달. 일부 종은 다른 종에 비해 더 민감할 수 있음.	토양샘플기나 삽으로 토양의 수분과 색상을 점검하라. 청/회색, 악취는 혐기 상태를 나타낸다.	
	2. 뿌리 위 성토, 답압	영향을 받는 모든 식물에 병징이 점진적으로 발달. 일부 종은 다른 종에 비해 더 민감할 수 있음.	수목의 기부를 굴착하여 원래 근원까지의 깊이를 확인하라.	63~66
뒤틀림	**A. 제초제** (예,티오카바메이트, 2,4-D, 디캄바, 글리포세이트, 달라폰)	식재지 전반에 걸쳐 새로운 생장에 병징 발생.	티오카바메이트가 토양에 적용된 경우, 실험을 위해 토양 시료를 실험실에서 보내라. 2,4-D와 디캄바는 잔디에 적용하는 비료와 잡초방제 혼합물에 포함될 수도 있다.	188~192
	B. 대화현상	병징은 항상 한두 가지나 한 식물에서만 발생.	줄기가 비정상적으로 납작해지고 말리는 것은 세포의 돌연변이 때문이다.	36, 49
빗자루	**A. 세포 돌연변이**	병징은 항상 한두 가지나 한 식물에서만 발생.	다른 원인을 제거하라.	49
	B. 제초제 (예, 글리포세이트)	새로운 생장은 어린잎이 변형되고 새 눈이 신장하지 않고 다량으로 증식하면서 발달함. 적용된 지역 내 모든 식물이 영향을 받음.	적용된 약제를 확인하라. 글리포세이트 피해는 가을 적용 후 봄이 될 때까지 나타나지 않을 수 있다.	188~192
		가지, 수간		
함몰, 변색된 수피	**일소 또는 피소**	병징은 오후 햇빛에 노출된 수간 부위에서 나타남.	수간의 남서쪽에 대해서만 수피가 금가고 느슨한지 점검하라. 위치는 일반적으로 진단에 도움이 된다.	139~140, 144~145
새살 형성	**A. 기계적인 손상이나 파손**	충돌이나 손상된 지점에 한정되어 발생. 점진적으로 발달.	식물의 피해를 조사하라.	181~185
	B. 일소나 피소	병징은 오후 햇빛에 노출된 수간 부위에서 나타남.	수간의 남서쪽에 대해서만 수피가 금가고 느슨한지 점검하라. 위치는 일반적으로 진단에 도움이 된다.	139~140, 144~145

병징	가능한 원인	병징의 패턴	진단 방법	페이지
		가지, 수간—계속		
새살 형성—계속				
	C. 동결 온도	반복적인 쪼개짐 후, 균열의 가장자리를 따라 새살 두둑이 형성되고 목재 부후가 시작됨. 직경 15~45 cm의 수목이 더 가늘거나 굵은 수목보다 더 크게 영향을 받는 경향이 있음.	겨울 저온을 확인하고 관련된 결함이 있는지 수목을 조사하라.	133~135, 144~145
혹	**정상적인 종**	눈 덩어리와 소용돌이 나뭇결(옹두리)은 일부 수종에서 정상임.		45~48
수피 탈락	**A. 정상적인 종**	시간이 감에 따라 수피가 벗겨지고 금이 가는 것은 일부 수목의 정상적인 특성임.		44~45
	B. 일소나 피소	병징은 오후 햇빛에 노출된 수간 부위에서 나타남.	수간의 남서쪽에 대해서만 수피가 금가고 느슨한지 점검하라. 위치는 일반적으로 진단에 도움이 된다.	139~140, 144~145
	C. 수간을 때리는 스프링클러 물	피해 부위는 스프링클러 패턴과 일치함. 두꺼운 코르크 수피를 가진 교목과 야자수에 가장 흔함.	스프링클러 패턴을 확인하라.	37
	D. 낮은 활력	식물 건강이 점진적이고 전반적으로 쇠락.	수목 쇠락이 수피 탈락으로 이어질 수 있다.	37
	E. 수분 부족	"잎-시듦-수분 부족" 참조. 오후 햇빛에 노출된 수간 부위에서 가장 심각함.	"잎-시듦-수분 부족" 참조	53
	F. 벼락 피해	일반적으로 고립되고 키가 큰 교목, 바람이 불어오는 쪽 임분의 가장자리, 임분 내 우세한 교목에서 대부분 발생. 피해를 입은 가지는 죽을 수 있음.	교목의 꼭대기에서 밑바닥으로 목재의 결을 따라 거친 홈의 형태로 수피가 제거된 띠를 찾아라.	172~174
수액/ 수지 유출	**A. 정상적인 종**	수액 분비는 일부 종에서 정상적인 특성임.		27
	B. 수분 부족	"잎-시듦-수분 부족" 참조. 핵과(복숭아, 체리 등)에 흔함.	"잎-시듦-수분 부족" 참조.	53
	C. 기계적인 손상 (예, 전정 절단)	패턴이 없음.	손상된 조직을 찾아라.	181~185
	D. 불량한 토양 통기	병징이 수지를 유출하기 쉬운 종에 제한될 수 있음.	토양 수분함량, 색상, 냄새를 점검하라.	61~62
부풂	**A. 접목 접합부위**	접목된 교목에서, 접목 접합부에서의 대목 직경이 접수의 직경보다 훨씬 큼.	문제로 인식되지 않는다.	196
	B. 옥죔			177~180
	1. 장기간 지주 결속	옥죄는 위쪽 조직이 부풀어 오름.	수목의 지주 결속에 의한 피해를 조사하라.	181~185
	2. 옥죄는 뿌리		토양을 굴착하여 근원을 확인하고 옥죄는 뿌리의 존재 여부를 확인하라.	177~179
갈라짐/ 균열	**A. 제초제** (예, 페녹시 화합물)	해당 약제에 노출된 감수성 목본식물. 항상 잎과 새순의 변형을 동반함.	적용된 약제를 확인하라. 2,4-D와 디캄바는 잔디에 적용하는 비료와 잡초방제 혼합물에 포함될 수도 있다.	188~192

병징	가능한 원인	병징의 패턴	진단 방법	페이지
		가지, 수간—계속		
	B. 동결 온도	세로균열은 항상 상처 및 가지 터기와 관련이 있음. 반복적인 갈라짐 이후, 균열의 가장자리를 따라 새살 두둑이 형성되고 목재 부후가 시작됨. 직경 15~45 cm 교목이 더 가늘거나 굵은 교목보다 영향을 받기 쉬움.	겨울철 저온을 확인하고 교목에서 관련된 결함을 조사하라.	133~135
	C. 생장 균열	특히 두꺼운 수피를 가진 교목에서, 왕성하게 생장하는 부위에서 발생함. 왕성한 생장을 나타냄.	코르크질 수피의 균열은 내수피와 목재로 침투하지 않는다.	45
	D. 기계적인 파손	특히 강한 바람, 얼음, 눈, 비 등에 노출되어 개별 가지나 수간에 과도한 부하가 걸릴 때 가장 흔함.	균열이 목재 안으로 연장된다. 목섬유가 찢어져 있음.	39
	E. 벼락 피해	맞은 지점에서 지상으로 결을 따라 갈라짐.	도시지역과 벼락을 동반한 폭풍이 불지 않은 곳에서는 흔치 않음.	172~174
		뿌리		
위축	**A. 수분 부족**	"잎-시듦-수분 부족" 참조.	"잎-시듦-수분 부족" 참조.	51~59
	B. 높은 토양 염분	식물 전체에 전반적이고 점진적인 병징 발달. 오래된 잎에서 괴사가 가장 심각함. 내성이 있는 종은 피해를 보이지 않을 수 있음.	토양의 염분, 염화물을 시험하라. 눈이나 얼음을 녹이기 위해 염을 적용한 이력을 확인하라.	81~82
	C. 제초제 (디니트로아닐린, 아마이드, 티오카바메이트)	적용된 전 지역에 병징이 전반적이고 점진적으로 발달. 식물은 항상 왜화되고 전반적 또는 엽맥 간 황백화를 보일 수도 있음.	적용된 약제를 확인하라. 토양 시료를 실험실에 보내서 시험하라.	190
변색	**A. 토양 통기 부족**			
	1. 침수, 배수 불량, 높은 지하수위, 과도한 관수	영향을 미치는 전체 식물에 병징이 점진적으로 발달. 일부 종은 다른 종보다 더 민감할 수 있음.	토양샘플기나 삽으로 토양의 습도와 색상을 점검하라. 청/회색과 악취는 혐기성 상태를 나타낸다.	60
	2. 뿌리 위 성토, 답압	영향을 미치는 전체 식물에 병징이 점진적으로 발달. 일부 종은 다른 종보다 더 민감할 수 있음.	원래 근원까지의 깊이를 확인하기 위해 수목의 기부에서 굴착하라.	60, 66
	B. 토양 내 가스 방출 (누출, 쓰레기 매립)	영향을 받는 지역 내 모든 식물에 전반적이고 점진적인 시듦과 마름 발달. 일부 종은 다른 종보다 더 민감할 수 있음.	토양의 악취, 청/회색, 검은색을 점검하라. 토양공기 내 가스를 시험하라. 뿌리와 수간 조직을 절개하여 목재 내 청색 또는 갈색 줄무늬를 점검하라.	163~165
뒤틀림	**A. 제초제** (예, 트리플루랄린, 오리잘린)	적용된 지역 전체에서 병징이 전반적이고 점진적으로 발달. 식물은 항상 왜화되고, 전반적 또는 엽맥 간 황백화를 보일 수 있음.	적용된 약제를 확인하라. 토양 시료를 실험실에 보내서 시험하라.	190
	B. 정상적인 종	일부 종은 뿌리에 작은 혹을 만드는 질소고정 박테리아와 공생관계를 형성함.		47~48

출처: Harris, Clark, and Matheny 1999.

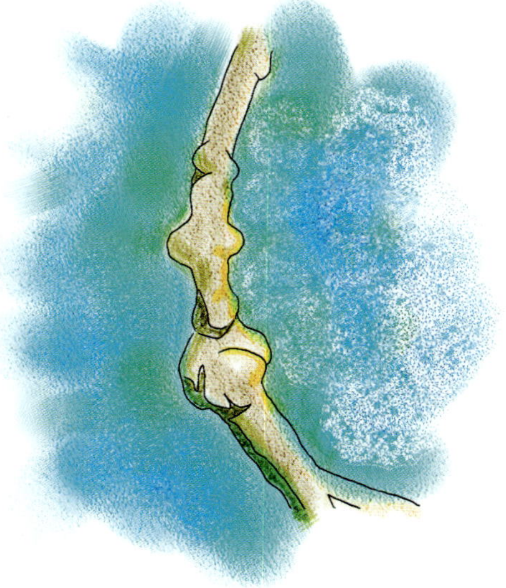

제 4 장

무생물적 장애를 닮은 식물 특징

수많은 일반적인 조경 수종은 무생물적이나 생물적인 장애를 닮은 물리적 또는 생리적 특징을 가지고 있다. 이러한 것들은 문제인 것처럼 보이지만, 단순히 자연적인 생장 특성이다. 자연적인 특성을 문제로 잘못 진단하는 것을 피하기 위해서는 대상 식물을 올바르게 동정하고 해당 수목의 "정상적"인 생장 특성을 아는 것이 중요하다. 이 장은 다양한 조경 식물에서 발견되거나 이와 관련된 자연적인 특성을 설명한다.

자연적인 낙엽(잎의 노화현상)

자연적인 낙엽이 가끔 장애로 잘못 진단될 수 있다. 교목과 관목은 오래된 잎을 떨어뜨리고 새로운 잎을 형성하면서 매년 자신의 잎을 갱신한다. 낙엽성 수종의 잎은 몇 개월 동안 유지되는 반면, 상록수의 잎은 1년에서 수년까지 살아 있다. 상록 수종에서 잎이 지는 양은 종에 따라 차이가 있고, 가끔은 환경적인 요인에 의해서도 영향을 받는다(예를 들면, 가끔 추운 겨울이 끝난 뒤에 다량의 잎이 떨어지기도 한다).

활엽 상록수의 경우, 오래된 잎이 수관 전반에 걸쳐 노란색에서 갈색으로 변한 다음 떨어진다. 어떤 경우에는, 전체 잎의 1/4에서 1/3에 해당하는 잎이 황백화되어 한 달 안에 떨어진다. 해당 식물은 이 기간 동안 쇠락한다고 인식될 수 있다. 그러나 정아(頂芽, terminal bud)와 1년 내지 2년생 잎은 항상 건강하게 남아서 정상적으로 자란다. 어떤 활엽 상록 수종은 새로운 잎이 자라기 시작하는 동안이나 직전인 초봄에 오래된 잎을 떨어뜨린다. 이들 수종에는 코르크참나무(*Quercus suber*), 호랑가시참나무(*Q. ilex*), 연안참나무(*Q. agrifolia*), 내륙참나무(*Q. wislizenii*), 녹나무(*Cinnamomum camphora*), 산유자나무(*Xylosma congestum*), 광나무류(*Ligustrum* spp.) 등이 있다(**그림 4.1**). 태산목(*Magnolia grandiflora*), 구주콩나무(*Ceratonia siliqua*), 유칼리나무류(*Eucalyptus* spp.) 등과 같은 다른 수목은 봄과 여름에 걸쳐 일부 잎을 떨어뜨린다.

소나무류(*Pinus* spp.), 개잎갈나무류(*Cedrus* spp.), 연안세코이아(*Sequoia sempervirens*) 등과 같은 상록 침엽수에서는, 수관 전반의 오래된 잎이 노란색에서 갈색으로 변한 다음 떨어진다. 일부는 춥고 습한 겨울이 지난 후 봄이나 건조 스트레스를 받을 때 떨어뜨리지만, 일반적으로 잎은 가을에 떨어진다. 소나무류에서, 침엽은 떨어질 때 2~5개의 다발로 묶인 상태를 유지한다. 활엽 상록수와 마찬가지로, 눈과 새로운 잎은 남아 있다(**그림 4.2**).

어떤 침엽수는 낙엽성이어서 이들의 자연적인 낙엽이 가끔 장애 병징과 혼동될 수 있다. 예를 들면 메타세쿼이아(*Metasequoia glyptostroboides*), 낙엽송류(*Larix* spp.), 낙우송(*Taxodium distichum*)은 다른 낙엽성 수종의 잎과 함께 가을에 자연적으로 떨어진다. 이들 잎은 노란색으로 변한 후 떨어지기 전에 적갈색으로 바뀐다(**그림 4.3~4**).

다른 수종은 여름이나 건기 낙엽성(drought-deciduous)으로 불리는데, 이들은 덥고 건조한 기간 동안 증산작용으로 인한 수분 손실을 줄이기 위해 잎을 떨어뜨린다. 예를 들면, 캘리포니아칠엽수(*Aesculus californica*), 네군도단풍(*Acer negundo*)은 낮은 토양 수분 상태에서 살아남기 위해 여름(7~8월)에 잎을 떨어뜨린다. 잎이 빠르게 갈색으로 변하지만 몇 주일에 걸쳐 떨어진다(**그림 4.5**).

상록수의 정상적인 낙엽은 뿌리와 수관의 병에 의해 유발된 병징과 혼동할 수 있다. 낙엽성 침

그림 4.1. 봄에, 코르크참나무의 낙엽이 장애로 잘못 진단될 수 있다(A). 오래된 잎만 떨어지고 새잎이 자라기 시작한다(B). 약 4주 후, 같은 수목은 새잎으로 덮인다(C).

엽수의 정상적인 가을 낙엽이나 휴면, 그리고 건기 낙엽성 수종의 정상적인 여름 낙엽이나 휴면도 뿌리 장애, 심각한 뿌리 손상, 뿌리와 근원 썩음병에 의해 유발된 병징과 비슷할 수 있다.

그림 4.2. 연안세코이아의 가을 낙엽은 생물적 또는 무생물적 장애처럼 보일 수 있다(A). 정단의 잎은 녹색으로 건강한 상태에서 오래된 잎이 떨어진다(B).

자연적인 낙엽에 대해서는 치료할 필요가 없다. 추가적인 관수는 일부 건기 낙엽성 수종이 한여름에 잎을 떨어뜨리는 것을 방해할 수 있다.

낙엽수종의 잎 유지

일부 낙엽성 수종에서 단풍이 든 모습의 잎이 겨울에 한동안 달려 있을 수 있다. 가장 유명한 것은 대왕참나무(*Quercus palustris*)로 어떤 지역에서는 한겨울까지 잎을 떨어뜨리지 않을 수도 있다. 일반적으로 달려 있는 잎은 황갈색으로, 해당 수목이 심각한 수분 스트레스 하에 있거나 죽은 것처럼 보이게 한다(**그림 4.6**).

그림 4.3. 낙우송의 가을 낙엽은 이 낙엽성 침엽수의 자연적인 특성이다. 침엽수는 일반적으로 상록이기 때문에, 뿌리병이나 다른 문제로 인해 유발된 가지마름과 가끔 혼동된다.

식물 노쇠(plant senescence)

소수의 식물 종은 꽃이 피고 열매를 맺은 다음 쇠락하여 죽는다. 용설란류(*Agave* spp.)와 대나무류(*Phyllostachys* spp.) 중 몇 종이 좋은 예이다. 대나무의 경우, 해당 식물의 일부만이 꽃이 피고 열매를 맺은 다음 죽는다. 이러한 마름현상(dieback)은 해당 종의 자연적인 특성으로 병이나 장애와는 관련이 없다(**그림 4.7**).

자연적인 잎 색깔: 얼룩덜룩한 잎, 붉은 봄 잎

일부 식물은 녹색과 결합하여 노랗고, 희고, 붉고, 기타 다른 색의 줄무늬가 있고, 반점이 있거나 얼룩진 잎을 가지고 있다. 이렇게 착색된 부위는 잎의 녹색 부위와 섞이지 않고 항상 명확한 경계로

그림 4.5. 건기 낙엽성 교목인 캘리포니아칠엽수는 캘리포니아주 우드사이드(Woodside)에서 6월에 낙엽이 진다. 이는 해당 수종의 자연적인 특성으로 여름 동안 관수를 통해 낙엽을 지연시킬 수는 있어도 막지는 못한다.

그림 4.4. 낙엽성 침엽수인 낙엽송은 가을에 잎을 떨어뜨린다.

그림 4.6. 겨울 동안 잎을 달고 있는 낙엽수종은 심각한 수분 스트레스 하에 있거나 죽은 것처럼 보일 수 있다. 여기서 1월에 대왕참나무에 달린 황갈색 잎은 심각한 문제가 있는 것처럼 보이게 한다(A). 어린 대왕참나무는 겨울 동안 죽은 것처럼 보인다(B).

그림 4.7. 이 포대죽(*Phyllostachys aurea*)은 꽃을 피우고 열매를 맺은 다음 죽을 것이다.

뚜렷하게 존재한다. 이러한 자연적인 특성을 **반문**(斑紋, *variegation*)이라고 부른다. 독특한 반문을 가진 종에는 덩굴아부틸론(*Abutilon megapotamicum*), 네군도단풍(*Acer negundo*), 사철나무(*Euonymus japonica*), 제라늄류(*Pelargonium* spp.), 서양호랑가시(*Ilex aquifolium*), 아이비류(*Hedera* spp.), 반문구골나무(*Osmanthus heterophyllus* 'Variegatus'), 반문돈나무(*Pittosporum tobira* 'Variegata'), 반문은매화나무(*Myrtus communis* 'Variegata'), 반문티너스백당(*Viburnum tinus* 'Variegatum') 등이 있다(**그림 4.8**).

잎의 반문은 미량 영양소 결핍이나 농약의 식물 독성으로 인한 황백화와 혼동할 수 있다. 그러나 정상적인 반문은 모든 나이의 잎에 발생하는데 반해, 미량 영양소 결핍(철, 망간)으로 인한 반문은 새잎에만 발생한다. 농약의 식물 독성으로 인한 황백화는 일반적으로 괴사와 가지마름과 같은 다른 병징을 동반한다.

그림 4.8. 반문은매화나무(*Myrtus communis* 'Variegata') (A)와 사철나무(B)의 무늬가 있는 잎. 자연적인 잎의 반문은 때로는 영양 결핍과 혼동된다.

그림 4.9. 홍가시나무(*Photinia serrulata*) (A)와 장미류(*Rosa* sp.) (B)의 붉은색의 새잎. 이 잎들은 생육기가 진행됨에 따라 녹색이 된다.

홍가시나무(*Photinia serrulata*), 단풍나무(*Acer palmatum*), 장미류(*Rosa* spp.), 살구나무(*Prunus armeniaca*)와 같은 일부 수종의 새잎은, 특히 봄에, 붉은색이나 구릿빛이다. 이 잎들은 생육기가 진행됨에 따라 결국은 녹색으로 바뀐다(**그림 4.9**). 유사하게, 삼나무(*Cryptomeria japonica*), 남천류(*Nandina* spp.)를 포함한 일부 수종의 잎은 겨울 동안 낮은 온도에 반응하여 다양한 명암의 붉은색으로 변한다(**그림 4.10**). 이들 잎의 독특한 색은 영양 결핍이나 농약 식물 독성과 혼동될 수 있다.

자연적인 수피 특성: 코르크가 많은 수피, 벗겨지는 수피, 수피 균열

일부 조경 수종은 특특한 자연적인 수피 특성을 가지고 있다. 미국풍나무(*Liquidambar styraciflua*)와 느릅나무류(*Ulmus* spp.)의 작은 가지에 붙은 코르크로 된 '날개'(wing)는 병이나 해충에 감염된 것으로 착각할 정도로 거친 모습을 창출한다(**그림 4.11**).

유칼리나무류(*Eucalyptus* spp.), 흑자작나무(*Betula nigra*), 러시아올리브(*Elaeagnus angustifolia*), 버즘나무류(*Platanus* spp.), 배롱나무(*Lagerstroemia indica*)와 같은 몇 수종의 수간과

가지는 벗겨지거나 조각으로 떨어지는 수피를 가지고 있다(**그림 4.12**). 벗겨지는 수피 아래 새로이 형성되는 수피는 부드럽고 목재에 단단하게 부착되어 있다. 벗겨지는 수피가 일부 수종에서는 자연적이지만, 뿌리병과 기계적인 손상도 많은 다른 수종에서는 수피를 느슨하게 만들거나 벗겨지게 한다.

깊은 세로 균열 또는 고랑(생장 균열, 장력 균열, 팽창 균열 등으로도 불림)은 많은 수종의 수피에 발생하는데, 이는 해당 수목의 직경은 생장하는 데 비해 수피는 아래의 목재만큼 빨리 팽창하지 못하기 때문에 발생한다(**그림 4.13**). 그 균열은 항상 늦여름에 수피가 두꺼워지면 덜 분명하게 되고 결국은 보이지 않게 될 것이다. 수피 균열은 가끔 속성수종(速成樹種, fast-growing tree species)에서 발생한다.

그림 4.10. 겨울의 낮은 기온에 반응하여, 삼나무(*Cryptomeria japonica*)의 잎이 진자주색으로 바뀐다.

그림 4.11. 코르크질 수피는 미국풍나무(A)와 느릅나무류(B)에서는 드문 것이 아닌데, 때로는 해충 피해나 병과 혼동된다.

자연적인 수피 균열과 비슷한 갈라지거나 벗겨지는 수피는 형성층(形成層, cambium) 조직을 파괴하는 뿌리 병, 일소, 가뭄, 기계적인 상처에 의해 유발될 수도 있다. 이러한 경우, 수피가 죽고 떨어져나감에 따라 아래의 목재는 노출된다.

혹, 옹두리, 기타 돌기

수목의 줄기, 가지, 수간과 뿌리에 다양한 비정상적인 목질의 돌기(突起, outgrowth)가 발생한다. 이들 돌기는 크기와 형태에서 매우 다양하다. 이들은 곰팡이, 박테리아, 마이코플라즈마 유사 유기체(MLO, mycoplasmalike organism), 해충, 응애(mites), 선충, 겨우살이에 의해 유발될 수도 있고, 아니면 기원이 무생물적일 수도 있다.

수간과 가지에 발생하는 무생물적 돌기의 원인은 아직 모른다. 이들이 매우 크게 자라서 때로

그림 4.12. 유칼리나무(A)와 흑자작나무(B)의 벗겨지는 수피. 벗겨지는 수피 아래의 새로운 수피는 부드럽고, 건강하고, 목재에 단단하게 부착되어 있다.

그림 4.13. 수피균열은 빠른 수간 생장의 결과 봄과 여름에 가끔 발생한다. 이들은 목재 안으로 확장되지 않고 생육기가 진행됨에 따라 아문다.

는 가지를 완전히 에워싸더라도 이러한 부풀음이 해당 수목에는 분명히 해가 되지 않는다. 일부는 짧은 시간 동안 신초를 발생시키는 부정아나 잠아의 덩어리로 구성되어 있다. 많은 작은 신초가 죽고, 추가적인 눈이 형성되어 생장함에 따라 밀도가 높은 잔가지의 덩어리가 형성된다. 이들 돌기의 크기가 커짐에 따라, 퇴화된 눈의 기부에 매년 쌓이는 목재도 크기가 점점 커져, 옹두리(burl)가 된다.

옹두리 목부 세포의 뒤틀린 성질 때문에 해당 목재가 개머리판(gunstock)과 가구제조용으로 가치가 있게 된다. 옹두리는 느릅나무류(*Ulmus* spp.), 펜둘라자작(*Betula pendula*), 미국주엽나무(*Gleditsia triacanthos*) (**그림 4.14**), 단풍나무류(*Acer* spp.), 참나무류(*Quercus* spp.), 레드우드(*Sequoia sempervirens*) 등을 포함한 많은 종에서 자연적으로 발생한다.

수피에 싸인 혹(gall)이나 돌기가 때로는 수간과 가지에 발생한다(**그림 4.15**). 이렇게 솟아오른 조직은 혹과 같지만, 이들은 눈의 증식으로 인해 발생하지 않기 때문에 형성에서 기본적으로 다르다. 대신, 이처럼 매끈한 혹은 수피 이래에서 부풀어 오르는 목재에 의해 유발된다. 이들은 작은 것에서 매우 큰 것에 이르기까지 크기가 다양하고 때로는 수간이나 가지 주위를 완전히 감싸기도 한다. 이러한 혹의 발생 원인은 아직도 모른다.

유칼리나무류(*Eucalyptus* spp.)의 몇 수종은 기부에 목질의 돌기나 솟아오른 지하 줄기, 또는 리그노튜버(lignotuber)를 만든다(**그림 4.16**). 리그노튜버는 불이나 다른 환경적인 스트레스에 적응하기 위해 해당 식물에 의해 형성되는 정상적인 생장이다. 이러한 생장은 지상부가 죽거나 심각하게 피해를 입은 후에 맹아를 발생시키는 잠아(潛芽, latent bud)를 가지고 있다.

그림 4.14. 이 미국주엽나무에서 발견된 것과 같은 옹두리는 해당 수목에 해가 없는 것으로 여겨진다.

그림 4.15. 뽕나무 수간에 생긴 혹. 이 혹의 원인은 아직 모른다.

불특정 박테리아, 곰팡이, 해충, 응애, 선충 등에 의해 유발된 혹은 무생물적 혹과 닮을 수 있다. 박테리아인 뿌리혹병균(*Agrobacterium tumefaciens*)은 병적인 근두암종(crown gall)을 유발하는데, 이는 주로 지표면이나 지표면 바로 아래의 근관(根冠, root crown)에 있는 혹처럼 보인다. 이들 혹은 특정 교목과 관목의 뿌리, 가지, 수간에서도 자랄 수 있다. 어린 근두암종은 매끈하지만 시간이 지남에 따라 거칠고, 부서지기 쉽고, 균열이 생기고 크기가 커진다. 무생물적 혹과 달리, 근두암종은 수피와 목재로 된 연륜이 없는 부드럽고 미분화 조직으로 구성되어 있다. 세균인 *Pseudomonas syringae*에 의해 유발된 박테리아성 혹은 협죽도(*Nerium oleander*)와 올리브나무(*Olea europaea*)를 감염시킨다. 혹은 두 종의 줄기와 협죽도의 잎에도 형성될 수 있다. 근두암종과 같이, 박테리아성 혹도 거칠고 무사마귀 같은 표면을 가지고 있다. 곰팡이인 *Peridermium harknessii*에 의해 유발되는 녹병인 소나무혹병(Western gall rust)은 미국 서부의 2엽과 3엽 소나무 종의 가지에 둥근 융기나 혹을 만든다. 봄에, 이들 혹은 주황색 포자로 뒤덮이게 된다. 이들 혹 위쪽 가지 부위는 결국 약해져서 죽는다.

일부 토양 전파성 박테리아(근류/根瘤 박테리아/*Rhizobium*과 프랑키아/*Frankia* spp.)는 콩과(-科, legume family)와 몇 가지 목본의 비콩과 식물(오리나무류/*Alnus*, 갈매나무류/*Ceanothus*, 목마황류/*Casuarina*, 보리수나무류/*Elaeagnus*)의 뿌리에 작은 생장이나 뿌리혹을 만들 수 있다(**그림 4.17**). 이들 유익한 박테리아는 뿌리털(root hair)에 들어가 뿌리 세포가 빠르게 분열하도록 하여 뿌리혹을 형성한다. 이 박테리아는 해당 식물과 공생관계(共生關係, symbiotic relationship) 하에 뿌리혹 안에서 살아가면서, 식물로부터 양식과 양분을 받고 이에 대한 보답으로 식물에게는 질소를 제공한다. 질소고정 뿌리혹은 항상 주로 어린뿌리에서 덩어리로 발견되고 크기와 형태가 다양하다. 재배되는 일년생 콩과식물은 일반적으로 크고 구형의 뿌리혹을 가지고 있는 반면, 2년생 또는 다년생 콩과식물은 일반적으로 작고, 길고, 집단으로 있다. 비콩과식물의 뿌리혹은 다년생이다.

많은 식물의 혹은 특정 종의 해충과 응애(mite)에 의해 유발된다. 이들 혹은 해충 또는 응애의 섭식이나 이들이 산란이나 섭식하는 동안 식물생장조절 화합물(plant growth regulating chemicals)을 주입하여 유발된 자극의 결과이다. 해충이나 응애의 개별 종은 자신만의 독특한 혹을 만든다. 다른 식물 종보다 참나무류(*Quercus* spp.)에서 더 많은 혹이 발생한다. 혹벌과(Cynipidae)에 속하는 작은 혹벌이 유발하는 혹은 참나무에 특히 많다.

뿌리혹선충류(*Meloidogyne* spp.)에 감염된 뿌리는 질소고정 뿌리혹과 비슷한 혹을 만든다(**그림 4.18**). 선충이 만드는 혹은 아주 작은 것으로부터 매우 큰 것에 이르기까지 크기가 다양하다. 감염된 뿌리는 가끔 변색이 극심하고 곰팡이와 박테리아에 의한 2차 공격으로 인해 썩는다. 질소고정 뿌리혹을 가진 콩과식물과는 달리, 선충에 감염된 뿌리를 가진 식물은 왜성화되고 점진적으로 활력이 쇠락한다.

그림 4.16. 유칼리나무류 실생묘의 기부에서 발생한 리그니튜버. 이렇게 솟아오른 부위는 이 수목의 지상부가 죽거나 심각하게 피해를 입으면 발아하는 잠아를 내포하고 있다.

빗자루

빗자루(witches' broom)는 정아(頂芽, terminal bud)의 죽음에 반응하여 가지 끝 가까이에서 수많은 신초가 증식하는 것이다. 빗자루에 있는 신초는 일반적으로 생장을 계속해서 조밀한 가지의 덩어리를 만든다. 침엽수와 속씨식물의 빗자루는 영양 세포(營養細胞, vegetative cell)의 돌연변이와 관련이 있다. 곰팡이, 마이코플라즈마 유사 유기체, 바이러스, 겨우살이, 응애, 해충, 제초제의 식물 독성(특히 글리포세이트)도 빗자루를 유발할

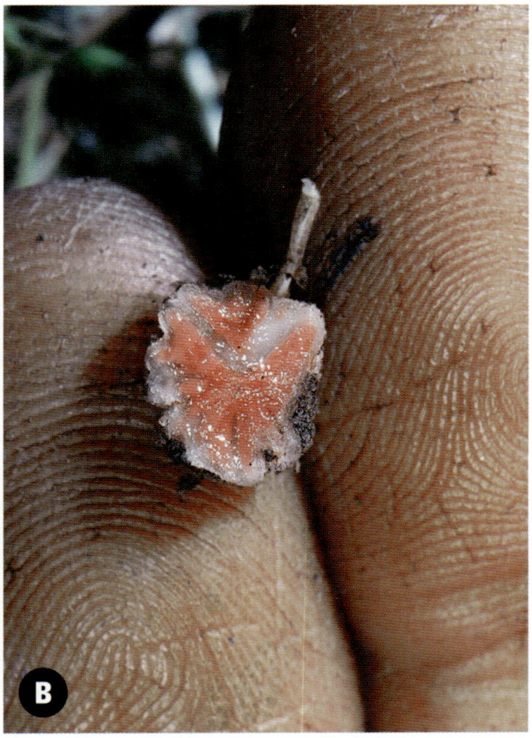

그림 4.17. 일년생인 이집트 클로버(*Trifolium alexandrinum*)의 뿌리에 발생한 질소고정 뿌리혹(A). 이들 뿌리혹은 뿌리털에 들어가서 뿌리 세포의 빠른 분열을 유발하는 유익한 박테리아에 의해 형성된다. 뿌리혹 안의 붉거나 분홍색 조직은 이 혹이 활발하게 질소를 고정하고 있음을 나타낸다.

수 있다(그림 3.18 참조).

대화현상

대화현상(帶化現象, fasciation)은 물푸레나무류(*Fraxinis* spp.)와 돈나무(*Pittosporum tobira*) 같은 몇 종의 목본식물에서 세포의 돌연변이(突然變異, mutation)에 의해 줄기가 비정상적으로 평평해지는 것이다(**그림 4.19**). 줄기의 단일 생장점이나 정아가 아닌, 들쭉날쭉한 일련의 생장점이 발달하여 넓고 평평한 줄기로 된다. 평평해진 줄기는 여러 줄기가 융합되어 있지만 갈비처럼 골이진 모양을 하고 있다. 이들 줄기가 다른 속도로 자라기 때문에 대화된 신초는 일반적으로 휘어지고 뒤틀린다. 각 줄기를 따라 집단으로 조밀하게 모여 있는 눈은 정상보다 작은 잎을 만들 수 있다. 대화된 생장은 정상적인 생장으로 전환될 수도 있다. 이러한 대화현상을 유발하는 돌연변이의 원인은 아직 모른다.

그림 4.18. 뿌리혹 선충이 만든 혹은 질소고정 뿌리혹과 혼동될 수 있다. 선충에 감염된 이 일년생 식물의 뿌리는 부어오르고, 왜화되고, 변형되어 활력의 쇠퇴를 유발하고 있다.

지의류

지의류(地衣類, lichen)는 공생관계로 자라는 곰팡이와 녹색 또는 청녹색 조류(藻類, alga)로 구성된 작은 다년생 식물 같은 유기체이다. 지의류는 바위, 울타리 말뚝, 가끔 수목의 수피 등 다양한 표면에 정착한다. 많은 종이 햇빛과 계절적인 습도 차이가 있는 곳에서 쇠락하고 있거나 죽은 수목의 수간과 가지를 덮으면서 빠르게 자란다(**그림 4.20**). 이들은 쇠락하고 있는 수목과 관련이 있을 수 있지만, 이들은 기생성(寄生性, parasitic)이 아니다. 지의류는 수피를 단지 자라는 표면으로 이

그림 4.19. 돈나무의 대화현상은 심각한 장애로 보인다. 이렇게 줄기가 비정상적으로 평평하게 되는 것은 몇 종의 목본식물에서 세포의 돌연변이(원인 미상)의 결과로 발생한다.

그림 4.20. 참나무의 지의류(A)와 캘리포니아월계수(*Umbellularia californica*)의 이끼(B)는 일반적으로 해당 수목에는 해롭지 않은 착생식물(着生植物, epiphyte)이다.

용할 뿐이다. 이들은 빠르게 자라는 교목에서는 잘 발달하지 않는 경향이 있는데, 이는 지의류가 자랄 수 있는 속도보다 더 빨리 새로운 수피가 형성되기 때문이다.

착생식물

착생식물(着生植物, epiphyte)은 수목의 수간과 가지에 부착되어 자라는 광합성을 하는 식물이다. 예를 들면, 한랭한 북쪽 지역의 나무에 흔한 이끼와 따뜻하고 열대 지역에서 자라는 파인애플과(-科, bromeliad)와 난초과(蘭草科, orchid)에 속하는 식물들이다. 착생식물은 햇빛에 완전히 노출된 곳과 그늘진 곳 모두에서 자란다. 스페인이끼(*Tillandsia usneoides*)는 햇빛에 완전히 노출된 곳에서, 특히 쇠락하는 교목에서, 빠르게 생장하는 흔한 이끼류 착생식물의 한 예이다(**그림 4.21**). 착생식물은 기생성이 아니고 수목을 생장 표면으로 이용할 뿐이다.

그림 4.21. 참나무에서 자라는 스페인 이끼는 종종 활력이 낮은 수목에서 더 많이 볼 수 있는 착생식물이다.

제 5 장
구체적인 무생물적 장애
병징, 원인, 유사 장애, 진단, 감수성/내성 수종, 교정

수분 부족 (수분 스트레스, 건조, 탈수)

식물의 해부, 형태, 생리, 생화학 등 식물생장과 발달의 거의 모든 국면은 수분 부족(水分不足, water deficit)에 의해 영향을 받을 수 있다. 부족은 수분 손실이 공급을 초과할 때, 즉 증산이 수분 흡수보다 더 클 때 발생한다.

병징

수분 부족 병징의 범위는 느린 생장으로부터 수목 전체의 죽음에 이르기까지 폭넓게 걸쳐 있다. 피해 정도는 결핍의 심각성과 기간, 해당 식물의 감수성(感受性, sensitivity)과 내성(耐性, tolerance)에 따라 차이가 있다. 병징은 두 부류로 나눌 수 있다: 급성 부족(急性不足, acute deficit)과 관련된 병징, 만성 부족(慢性不足, chronic deficit)과 관련된 병징. 급성 부족은 짧게(몇 시간에서 며칠) 지속되는 데 비해 만성 부족은 며칠에서 몇 개월 지속된다. 둘 다 가벼운 병징에서 심각한 병징에 이르는 피해 병징을 유발한다.

급성 부족

수분 손실이 짧은 기간에 걸쳐 현저하게 증가하거나 수분 공급이 빠르게 감소하면, 식물 조직은 수분을 잃게 된다. 처음에는 많은 종에서 잎과 신초가 시든다(**그림 5.1**). 어떤 종은 그 날에서 가장 더

그림 5.1. 시듦은 수분 부족의 초기 병징이다. 빈카메이저(*Vinca major*)의 잎과 신초는 더운 기온과 건조한 토양 상태로 인해 팽압을 잃었다(A). 더운 여름 낮 동안 유럽팽나무(*Celtis australis*)의 시든 잎은 수분 부족의 징후이다(B).

운 기간 동안 시들지만 저녁에는 다시 수분을 보충하여 원상회복된다(초기위조/初期萎凋, incipient wilting) (**그림 5.2**). 생육기(生育期, growing season) 동안에는 섬유 함량이 증가하기 때문에 잎과 신초가 덜 시드는 경향이 있다.

그림 5.2. 더운 여름철 낮에, 올리베리봉선화(*Impatiens oliveri*)의 잎은 토양수분이 풍부할 때에도 시든다. 이러한 현상을 초기 위조라고 부른다.

그림 5.3. 이 느티나무(*Zelkova serrata*) 잎에서 보는 바와 같이, 가장자리 괴사는 수분 부족의 일반적인 병징이다.

수분 부족이 지속되면, 조직은 괴사할 수 있는 지점까지 탈수(脫水, dehydrate)될 수 있다. 잎의 괴사는 잎의 가장자리나 끝이 타거나, 잎몸(leaf blade)에서 불규칙한 부위의 탈수 등으로 나타난다(**그림 5.3**). 가끔 급속한 탈수는 수화된(水和-, hydrated) 조직과 탈수된 조직 사이에 뚜렷한 경계를 보이면서 잎이 적갈색으로 변하게 만든다(**그림 5.4**). 일부 종에서는 광범위한 낙엽이 발생할 수도 있다. 급성 수분 부족이 심각하면 해당 식물 전체가 죽을 수 있다.

만성 부족

만성적인 수분 부족은 느린 생장이나 생장 중단을 유발한다. 그러나 이러한 병징은 해당 종과 해당 개별 식물에 대한 장기적인 관찰이 필요하기 때문에 확인하기가 어려운 경우가 많다. 일반적으로 생장 속도 감소를 평가하기 위해서는 비슷한 생육환경에 있는 비슷한 나이의 식물을 비교할 필요가 있다(**그림 5.6**).

줄어든 생장속도에 더하여, 수분 스트레스를 받는 식물은 가끔 잎의 크기가 줄어든다(**그림 5.7**).

그림 5.4. 급성 수분 부족은 많은 종의 잎에 적갈색의 괴사(뚜렷한 경계를 가진)를 유발할 수 있다.

잎 색상이 덜 진할 수 있고(예, 진한 녹색에서 회록이나 청록으로 변화), 튤립나무(*Liriodendron tulipifera*)와 태산목(*Magnolia grandiflora*)과 같은 일부 수종은 조기 낙엽이 발생한다. 낙엽성 수종의 잎은 정상적인 시기보다 훨씬 빨리 단풍이 들 수 있다(**그림 5.8**).

보통 정도로 심각한 장기간의 수분 스트레스는 신초와 가지의 마름(dieback)을 초래하고(**그림 5.9**), 어떤 경우에는 수피 균열과 수간의 수액유출을 유발한다. 만성적으로 수분 스트레스를 받고 있는 식물은 자주 병해충 저항성(病害蟲抵抗性, pest resistance)이 저하되어, 일부 수종에서는 해

그림 5.5. 수분 부족이 심각하면, 감수성 수종에서는 낙엽과 가지 마름이 뚜렷하게 될 것이다.

그림 5.6. 만성적인 수분 부족은 생장 저하로 나타날 수 있다. 위 국화(*Chrysanthemum morifolium*)들의 관수 주기는 10일, 4일, 매일, 하루 두 번(좌에서 우로)이었다. 관수량이 작은 식물은 낮은 생장을 보였다.

그림 5.7. 전형적인 잎 크기와 색상을 아는 것은 수분 부족 피해를 동정하는데 도움이 된다. 수분 스트레스를 받은 레드우드(*Sequoia sempervirens*)의 잎은 관수된 수목(오른쪽)의 잎과 비교해보면 침엽이 짧고 색상이 윤기가 없는 녹색이다.

그림 5.8. 수분 부족은 낙엽성 수목에서 이른 단풍으로 이어질 수 있다. 이 황련목(*Pistache chinensis*)은 8월에 단풍이 들고 있다. 이 수목은 증발 포텐셜이 높은 관수되지 않는 부지에 위치해 있다.

충이나 병원체에 의한 이차 피해가 흔히 발생한다. 예를 들면, 라디아타소나무(*Pinus radiata*)의 경우, 여름이 더운 지역에 있는 수목들이 적절하게 관수되지 않으면 나무좀(bark beetle) 피해를 받는 경우가 많다(**그림 5.10**).

그림 5.9. 지속되는 수분 부족은 일부 수종에서 가지 마름을 초래한다. 잔디에 대한 관수가 중단되자 이 태산목에서 수관 성김과 가지마름이 발생했다.

그림 5.10. 수분 스트레스를 받으면 라이아타소나무는 나무좀에 대한 감수성이 매우 높아진다. 왼쪽의 수목은 여름철에 관수되지 않아서 캘리포니아 나무좀(*Ips paraconfusus*)에 의해 죽었다.

원인

흔히 여러 여건이 결합되거나 복수의 요소가 수분 스트레스에 기여한다. 식물의 수분 부족은 다음과 같은 여건에 의해 유발될 수 있다:

- 제한된 토양 내 수분의 공급과 유효성(有效性, availability) (토양과 수분 요소)
- 식물에 의한 수분 손실 영향(지상 요소)
- 수분을 흡수하거나 보유할 수 있는 식물의 능력에 대한 영향(식물 요소)

토양과 수분 요소

토양수분의 수준이 최적인 경우는 드물다. 관수가 되는 경관에서도, 부적당한 수분 공급과 유효성이 수분 부족을 초래하는 경우가 흔히 있다(**그림 5.11**). 뿌리층(root zone)에 대한 수분 공급은 여러 가지 요인에 의해 제한될 수 있다:

- 평균 이하(below-normal)의 강수: 겨울이 습하고 여름이 건조한 캘리포니아의 기후 패턴은 토양 수분이 낮은 상태를 장기간 지속시킨다. 강우가 정상보다 낮은 해에는 관수되지 않은 식

그림 5.11. 수분 부족은 가끔 부적당한 관수에 의해 유발된다. 이 펜둘라자작은 잔디에 대한 관수가 중단되자 심각한 수분 부족과 가지마름이 나타났다. 이 자작나무에 인접하여 자라고 있는 향나무류는 비슷한 병징을 보이지 않고 있다.

물들은 가을에 수분이 보충되기 전에 유효수분(有效水分, available water)의 공급이 고갈될 수 있다.

- 관수 시스템 설계와 기능: 관수 시스템과 관련된 전형적인 문제에는 불량한 설계(부적당한 적용범위, 낮은 수압)와 불량한 기능(파손된 밸브, 타이머, 헤드/head 등) 등이 있다.
- 관수 일정계획: 전형적인 문제는 불충분한 관수량이나 빈도, 침투율(浸透率, infiltration rate)을 훨씬 초과하는 적용률로 유출(流出, runoff)을 초래하는 것이다.
- 낮은 침투율: 적절한 양의 물이 적용되어도 해당 식물의 뿌리층에 충분한 물이 침투되지 않을 수도 있다. 침투율은 원천적으로 낮을 수 있고(예, 세립질 토양인 경우), 답압, 불량한 토양구조(土讓構造, soil structure), 경사, 지표면 장애물(구조물이나 두꺼운 유기물 멀칭층), 성토 토양 등에 의해 감소될 수 있다.

뿌리층에서의 수분 가용성을 제한하는 요인은 다음과 같다.

- 토양에 소량의 수분이 함유되어 있을 때(토양 부피당 단위량): 이는 낮은 보수율(保守率, water holding capacity) (사질토, 사질양토, 용기 토양)과 소수성(疏水性, hydrophobic) 토양에서 발생된다.
- 뿌리층에서의 토양 부피가 해당 수목의 수관에 비해 작을 때: 뿌리층 부피가 작을 수 있는 토양에는 용기 토양, 얕은 토양, 답압된 토양, 기반시설(예, 옹벽[擁壁, retaining wall], 기초, 도로, 공익설비)에 의해 제한된 토양 등이 있다.

수분의 공급이나 가용성이 식물의 수분 부족에 기여하고 있는지 여부를 확인하기 위해서는 토양의 물리적 성질(토성, 구조, 깊이, 부피 밀도)을 평가하고, 관수되는 경관에서는 관수 시스템 설계와 운전을 평가하라.

지상 여건

빛의 세기(light intensity), 바람, 기온, 상대습도(相對濕度, relative humidity), 향(向, aspect)과 같은 환경적인 요소는 부지의 증산 포텐셜(evaporative potential)을 결정한다. 증산 포텐셜이 높은 부지에 있는 식물은 증산 포텐셜이 낮은 부지에 있는 식물보다 수분 부족에 시달릴 가능성이 높다(**그림 5.12**). 예를 들면, 바람이 부는 주차장에서 햇빛에 완전히 노출되어 있는 고립된 교목은 다른 교목에 가까이 식재되고 바람으로부터 보호된 같은 수종의 교목보다 수분 부족을 경험할 가능성이 더 높다.

식물 요소

어떤 식물이든 수분 부족으로 인해 피해를 받을 수 있지만, 특정 수종은 다른 수종보다 더 민감하다. 온대지방(溫帶地方, temperate zone) 원산인 수목(예, 단풍나무와 칠엽수)은 용설란류(*Agave* spp.)와 메스키트류(*Prosopis* spp.)와 같이 건조한 지방 원산인 종보다 피해를 입을 가능성이 더 높다. 수분 부족에 주기적으로 노출되는 수목에서는 수분 손실을 조절하거나 흡수 포텐셜을 높이기 위한 적응구조가 발견된다. 이들 적응에는 광범위한 뿌리 시스템, 혁질의 작은 잎, 회록색 잎 색상 등이 있다. 양치류, 진달래류(*Rhododendron* spp.), 수국(*Hydrangea macrophylla*)처럼 이러한 적응구조가 없는 수종은 피해를 입기 쉽다(58페이지 '감

그림 5.12. 증산포텐셜이 높고 토양 부피가 제한된 부지에 식재된 교목은 특히 수분 부족이 발생하기 쉽다. 차와 포장으로부터 반사되는 빛과 열, 제한된 토양 부피, 무 관수 등이 이 물푸레나무의 심각한 수분 부족에 기여하고 있다.

수성 수종과 내성 수종' 참조).

어린 수목과 새로이 식재된 용기에서 재배된 수목과 같이 제한된 뿌리 발달을 가진 수목도 수분 스트레스를 받기 쉽다(**그림 5.13**). 포장근분(包裝根盆, ball-and-burlap)이나 나근(裸根, bare root)으로 이식되는 재배 조경수도 수분 스트레스에 대한 감수성을 높이는 제한된 뿌리 발달을 가지고 있다. 이식할 때 뿌리를 잃은 교목이나 대관목도 수분 스트레스를 받기 쉽다(**그림 5.14**). 또한 최적에 미치지 못하는 여건(예, 침수된 부지, 답압된 토양)에서 자라는 수목은 수분 흡수 능력이 저하되어 있을 가능성이 높다.

그림 5.13. 새로 식재된 용기에서 재배된 수목은 수분이 부족하기 쉽다. 뿌리 분에 있는 제한된 양의 물은 높은 증발 상태 하에서는 빠르게 소진될 수 있다. 이들 수목은 수분 부족을 회피하기에 충분할 정도로 자주 관수되지 않았다.

뿌리가 차지하고 있는 토양 부피에 비해 상대적으로 큰 엽면적(葉面積, leaf area)을 가지고 있는 수목도 수분 부족을 경험하기 쉽다. 예를 들면, 작은 용기에 있는 큰 수목은 큰 용기에 있는 작은 수목보다 수분 스트레스 피해를 받을 가능성이 훨씬 높다(**그림 5.15**).

뿌리 손상이 지속되고 있는 수목도 수분 스트레스 가능성이 높다. 공사나 공익설비를 설치할 때 발생하는 뿌리 절단은 자주 수분 스트레스 병징으로 이어진다(**그림 5.16**).

그림 5.14. 뿌리가 절단된 수목은 수분 부족이 되기 쉽다. 이 연안참나무(*Quercus agrifolia*)는 다른 곳에서 이식되었다. 이 과정에서 뿌리 시스템의 많은 부분이 절단되어 수분 부족이 뒤이어 일어났다. 광범위한 낙엽과 가지 마름 병징이 나타나고 있다.

그림 5.15. 용기에서 키운 수목은 공통적으로 제한적인 토양 부피와 낮은 보수력으로 인해 수분 부족이 되기 쉽다. 상대적으로 이 큰 대만고무나무(*Ficus microcarpa*)의 수분 부족 병징은 용기에 식재된 많은 수목에 전형적이다.

유사 장애

수분 부족으로 인한 피해가 뚜렷하더라도 수많은 다른 장애와 혼동될 수도 있다. 특히 만성 수분 부족인 경우에는 더욱 그러하다. 수분 부족과 유사한 장애로는 다음과 같은 것이 있다:

- 염분 피해
- 통기 불량
- 특정 이온 독성(특히 염화물과 붕소)
- 가스 피해
- 일소(sunburn)
- 바람
- 제초제 피해(특히 제초제와 비선택성 물질과의 접촉)
- 뿌리병과 유관속 시듦 병원체(예, 뿌리역병[*Phytophthora* spp.], 청고병[*Verticillium dahliae*], 시듦병[*Fusarium* spp.], 느릅나무시듦병[*Ophiostoma ulmi*], 화상병[*Erwinia amylovora*])
- 해충 피해(나무좀, 뿌리바구미)
- 야생동물 피해(뒤쥐, 들쥐류, 다람쥐, 사슴, 생쥐)
- 기계적인 피해(뿌리나 수간 조직에)

그림 5.16. 공사 작업은 정착된 교목에 심각한 충격을 줄 수 있다. 이 교목 옆으로 도랑을 파면서 많은 뿌리를 제거하여 수분 부족 피해가 뒤따를 가능성이 있다.

미국주엽나무와 캘리포니아칠엽수(*Aesculus californica*)와 같이 다른 종보다 더 빨리 자연적으로 잎이 지는 수종은 수분 스트레스에 의해 피해를 입었다고 잘 못 진단할 수 있다. 또한 겨울에도 잎을 달고 있는 낙엽성 수종도 수분 스트레스를 입은 것처럼 보일 수 있다(제4장 참조).

진단

수분 부족을 평가하기 위해 시각적인 평가와 전문적인 장비가 사용될 수 있다.

시각적인 평가

수목 요소

- 해당 수목을 동정하라. 해당 수종이 수분 부족에 민감한가?
- 모든 병징을 고려하고 이들이 급성 또는 만성 수분 스트레스와 일치하는지를 확인하라.
- 인접 식물의 상태를 점검하라. 이들도 비슷한 피해 병징을 보이는가? 이들이 같은 수종인가?
- 식물 생장을 평가하라(연륜 생장을 측정하라). 부지 여건과 수목의 나이를 고려할 때 생장이 해당 수종에 정상적인가?
- 해당 수목의 이력을 고려하라. 수목의 수분흡수에 영향을 미칠 수 있는 충격이 있었는가(예, 뿌리 절단, 토양 답압)? 가로등, 보도, 공익시설물, 수영장 등과 같은 새로운 시설물을 찾아보라.

부지 요소

- 토양을 평가하라. 건조한지, 답압되었는지, 또는 얕은지? 지표면에 수분 침투에 대한 장애물이 있는가(콘크리트, 아스팔트, 성토 등)? 해당 식물이 경사지에 있는가?
- 관수 시스템을 점검하라. 적절하게 운전되고 있는가? 관수 일정계획은 적정한가? 적용범위는 충분한가? 물은 뿌리층으로 들어가고 있는가?
- 해당 부지의 증발 포텐셜을 고려하라. 바람이 부는가, 더운가, 아니면 건조(낮은 습도)한가? 반사되는 빛이 있는가? 노출 방향이 남쪽, 서쪽, 또는 남서쪽인가?

진단 도구

식물 수분 상태

잎이나 줄기의 수분 포텐셜(water potential)은 압력실(壓力室, pressure chamber)을 이용하여 측정할 수 있다(**그림 5.17**). 이 압력실은 목부 수액(木部樹液, xylem sap)의 장력(張力, tension) 수준을 측정한다. 높은 장력 측정치는 수분 스트레스를 나타낸다. 그러나 장력 수준은 수종에 따라 차이가 크기 때문에, 측정치를 해석하기 위해서는 정상과 임계장력(臨界張力, critical tension; 수분 스트레스를 나타내는)의 기준 자료가 필요하다. 이 장비는 과거에는 연구를 위해 주로 사용되었지만, 이미 현장 사용을 위해 개조되었다.

그림 5.17. 수분 부족은 압력실을 이용하여 잎이나 줄기의 수분 포텐셜을 측정하여 평가할 수 있다. 이 장비는 과거에 연구용으로 사용되었으나, 현장에 사용할 수 있도록 개조되었다.

그림 5.18. 토양 수분 수준은 전기 저항 감지기로 매트릭 포텐셜을 측정하여 평가할 수 있다. 감지기를 토양에 묻은 다음 저항은 휴대용 디지털 미터(digital meter)를 이용하여 읽는다.

토양 수분 상태

토양 수분 상태는 석고 블록(gypsum block)과 토양수분 장력계(土壤水分張力計, tensiometer)를 이용하여 수분 매트릭 포텐셜(matric potential)을 측정하여 평가할 수 있다(**그림 5.18**). 측정치를 올바르게 해석하기 위해서는, 해당 토양의 수분 방출 특성을 이해할 필요가 있다. 예를 들면, 모래와 용기 토양은 비교적 낮은 장력계 측정치에서 건조될 수 있는 반면, 점토질 토양에서의 같은 측정치는 양호한 수화상태를 나타낸다.

감수성 수종과 내성 수종

수종 선정(樹種選定, species selection)은 수분 부족 피해를 예방하기 위한 중요한 방법이다(**표 5.1, 그림 5.19**). 많은 수목 매뉴얼이 조경수종의 상대적인 수분요구에 관한 정보를 제공한다. 캘리포니아 주 경관 식재의 관수 필요성 평가 지침(*A Guide to Estimation the Irrigation Water Needs of Landscape Plantings in California*, Costello and Jones 2000)에 수종과 관수 필요 평가에 관한 광범위한 목록이 제시되어 있다.

교정

교정(矯正, remediation)을 위한 계획을 개발하기 전에 수분 부족의 원인을 정확하게 동정하라. 교정은 원인이 토양, 식물, 관수, 또는 부지 등 어디에 관련이 있는가를 고려해야 한다.

토양

- 토양의 물리적 성질을 평가하여 이것이 제한요인(制限要因, limiting factor)인가를 확인한다. 물의 가용량이나 공급을 제한하는 토양 상태를 향상시켜라. 답압이 완화되도록 경운(耕耘, cultivation)을 실시하고, 보수력이 높아지도록 개량하고, 소수성 토양을 습윤제(濕潤劑, wetting agent)로 치료하고, 토양이 부족하면 토양 부피를 늘리고, 침투율을 향상시켜라(예, 속이 빈 관[hollow tine]으로 된 코어 에어레이터[aerator]를 사용하여).
- 토양 표면에 멀칭 자재를 추가하여 토양 구조를 향상시키고, 증산을 감소시키고, 잡초와의 경쟁을 완화시켜라.

관수

- 작동 불량인 관수 시스템을 고쳐라(타이머, 밸

표 5.1. 발췌된 조경 식물의 수분 요구

학명	일반명
고 수분 요구	
Acer palmatum	단풍나무
Alnus spp.	오리나무류
Betula spp.	자작나무류
Fuchsia spp.	푸크시아류
Hydrangea macrophylla	수국
Impatiens spp.	봉선화류
기타	양치류
저 수분 요구	
Acacia spp.	아카시아류
Arbutus Menziesii	마드론
Arctostaphylos spp.	배어베리
Nerium oleander	협죽도
Olea europaea	올리브
Pinus canariensis	카나리아섬소나무
Pinus halepensis	알레포소나무
Pinus sabiniana	회색소나무
Prosopis spp.	프로소피스류
Quercus agrifolia	연안참나무
Quercus douglasii	더글러스 참나무
Quercus wislizenii	내륙참나무
기타	채송화류, 야자수류

브, 헤드 등).

- 시스템의 균일성을 향상시켜라. '캔 테스트(can test)'를 실시하여 관수되는 지역 전반에 대한 물의 배분을 평가하라(Pittenger 2002, p. 73 참조).
- 관수 일정계획을 조정하여 해당 식물이 필요한 물의 양을 공급하라. 물 수지(-收支, water budget)를 개발하라.
- 뿌리층의 토양을 완전히 적실 수 있도록 충분한 물을 공급하라.
- 물 적용률과 토양의 투수율을 일치시켜라.
- 관수 시스템과 일정계획을 경사지에 있는 식물에 맞춰라. 예를 들면 짧은 가동 시간과 반복되는 주기를 사용하라.

식물

- 해당 부지와 환경 여건에 적합한 종을 선택하라. 수분 요구가 비슷한 종을 한 관수구역에 모

그림 5.19. 수분 요구가 다른 수종은 동일한 관수 지역에 식재하지 않는 것이 좋다. 배어베리(*Arctostaphylos* spp.)가 지표면을 덮고 있는 곳에 식재된 튤립나무는 극심하게 수분 스트레스를 받게 되었다.

아라.

- 관수구역 식물에 적합한 양과 빈도로 관수하라.
- 뿌리 시스템의 기능을 손상시킨 뿌리층 여건을 향상시켜라(예, 포화되거나 침수된 토양의 배수를 향상시켜라).
- 공사 중에 뿌리 시스템이 손상되는 것을 피하라. 뿌리 시스템을 가로질러 도랑을 파지 마라: 뿌리 절단을 피할 수 있는 굴착기술을 사용하라(예, 수압 또는 기압 굴착).
- 식물에게 충분한 뿌리 공간을 제공하라. 제한적인 토양 부피를 가진 지역에 과도하게 많이 식재하지 마라.

부지

- 부지 평가를 위해 증발 포텐셜을 증가시키는 요인을 확인하라. 부지 환경을 변경하여 증발 포텐셜을 낮추어라(예, 그늘을 추가하고, 습도를 높이고, 바람으로부터 보호하고, 빛의 반사를 줄이고, 입열[入熱, heat input]을 줄여라).
- 해당 부지에 잘 적응된 종을 선정하라.
- 해당 부지의 증발 포텐셜과 일치하도록 관수를 조절하라.

통기 불량(불충분한 통기, 산소 결핍, 산소 공급차단, 산소 스트레스, 습한 토양)

식물의 뿌리는 생장과 발육을 위해 적정한 산소 공급이 필요하다. 산소의 공급이나 가용량이 불충분하면 통기 불량(通氣不良, aeration deficit)을 유발하고 뿌리의 기능을 제한한다. 일반적으로 가장 먼저 제한되는 식물 활동이 뿌리 호흡이고, 다음으로 물질대사(物質代謝, metabolism), 양분 섭취, 수분 흡수, 광합성 등이 붕괴된다. 통기 불량은 관수되는 경관에서 흔히 발생한다.

병징

통기 불량의 병징은 느린 생장으로부터 해당 식물의 죽음에 이르기까지 광범위하게 나타난다. 병징의 심각성 정도는 종의 내성과 감수성, 통기 불량의 가혹도와 지속기간, 해당 식물의 초기 건강과 상태에 따라 차이가 있다. 수분 부족과 마찬가지로 통기 불량도 급성과 만성으로 구분할 수 있다.

그림 5.20. 급성 통기 불량은 전체 식물의 죽음을 유발할 수 있다. 과도한 관수와 불량한 배수는 이 새로 식재된 프라세리홍가시(*Photinia fraseri*)의 뿌리층에 있는 산소를 몰아내었다. 병징은 잎 괴사, 가지 마름, 뿌리 변색, 검게 변한 토양, 악취 등이다.

급성 불량

산소 공급이나 가용량이 짧은 기간 동안(몇 시간에서 며칠) 임계(臨界, critical) 수준 아래에 머물러 있으면, 급성 불량이 발생한다. 병징은 시듦, 광범위한 낙엽, 때로는 전체 식물의 죽음으로 나타난다(**그림 5.20**). 뿌리가 질식하여 더 이상 양분이나 물을 흡수하지 못한다. 자주 변색되고 물에 적셔진 것처럼 보인다(**그림 5.21**, 그림 3.26). 일부 종

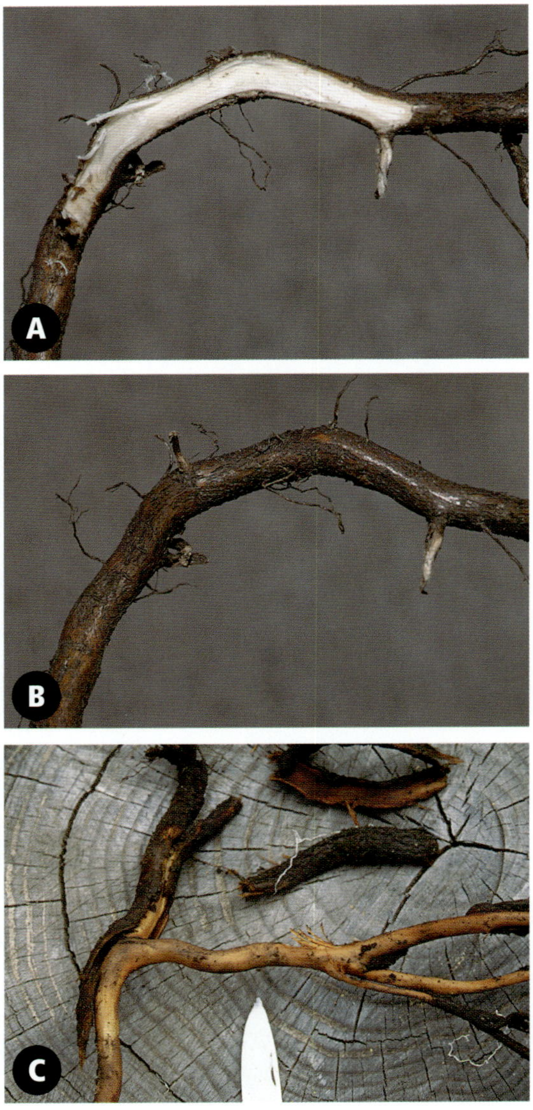

그림 5.21. 건강한 뿌리는 밝고 팽팽하고(A), 껍질은 단단하고 온전하다(B). 통기 불량으로 손상된 뿌리는 변색되고 물에 적셔진 것처럼 보이고, 껍질은 쉽게 들뜬다(C).

그림 5.22. 이 주름잎돈나무(*Pittosporum undulatum*)의 느린 생장, 수관 성김, 황백화는 통기 불량에 의해 유발되었다. 통기 불량은 과도한 관수와 배수 불량이 원인이었다. 주름잎돈나무 아래에 식재되었던 몇 그루의 다정큼나무(*Rhaphiolepis indica*)는 통기 불량으로 이전에 죽었다.

에서는, 줄기나 수간의 목재 조직이 변색될 수도 있다.

급성 불량에 노출된 식물은 뿌리병에 더 감수성이다. 흔히 역병균(*Phytophthora cinnamomi*)이나 아밀라리아 뿌리 썩음병(*Armillaria mellea*)과 같은 병원체가 뿌리에 침입하여 추가적인 피해를 유발한다.

만성 불량

통기 불량이 오랜 기간(몇 주에서 몇 달)에 걸쳐 지속되면 만성적이라고 간주된다. 만성적인 불량이 심하지 않은 경우, 처음에는 생장속도가 느려져서, 신초의 길이와 잎의 크기가 정상보다 작다. 그러나 해당 종에 대한 정상적인 생장속도를 잘 모르기 때문에 이러한 상태를 알아차리기는 어려울 수 있다.

만성 불량이 지속됨에 따라 잎이 황백화되고 궤양이나 수액 유출이 발생할 수 있다. 전형적으로 오래된 잎이 먼저 영향을 받고, 다음으로 어린 잎으로 이어진다. 식물이 생기가 없어 보이거나 '병에 걸린' 것처럼 보이기 시작한다. 낙엽과 수관 성김이 공통적이다(**그림 5.22~23**). 줄기에 피목(皮目, lenticel)이 발달할 수 있고, 근원 근처에서 부정근(不定根, adventitious root)이 나타날 수도 있다. 일부 종에서는, 줄기나 수간에 궤양이 발견되고 수지성이나 점성의 물질이 궤양으로부터 유출될 수도 있다(**그림 5.24A**). 수피가 들떠서 아래에 변색된 목재가 나타날 수 있다.

더 심각한 경우에는, 잔가지와 작은 신초가 죽고 뒤이어 전체 가지가 죽는다. 결국에는 수관의 일부가 영향을 받거나 식물 전체가 죽을 수 있다(**그림 5.24B~C**).

혐기성(嫌氣性, anaerobic; 무산소) 상태 하에서는, 황(黃, sulfur)을 함유한 가스가 발생하기 때문에 토양과 뿌리에서 계란 썩은 냄새가 난다. 이러한 상태가 지속되면 토양의 색깔이 청회색이나 검은색으로 변할 수 있다(**그림 5.25**).

급성 불량과 마찬가지로, 만성적인 통기 불량에 시달리는 식물은 뿌리병과 다른 식물 병원체에 감수성이다. 이러한 감염은 추가적인 피해를 유발하여 1차원인(통기 불량)의 병징을 진단할 수 없

그림 5.23. 통기 불량 피해를 입은 침엽수는 활엽수와 비슷한 병징을 보인다: 느린 생장, 낙엽, 황백화. 이 경사의 맨 아래에 축적된 물로 인해 아래쪽에 위치한 라디아타소나무(*Pinus radiata*)가 쇠락하고 있다. 경사지에 있는 라디아타소나무는 병징을 보이지 않음에 유의하라. 식재할 때 모든 수목은 크기와 나이가 같았다.

그림 5.24. 일부 수종에서 통기 불량으로 인해 수간 수액유출과 궤양이 발생할 수 있다(A). 통기 불량이 오래 지속되고 심각하면, 광범위한 수관 가지마름이 발견될 수 있다. 국지적인 배수 불량이 앞쪽 태산목의 뿌리층에 통기 불량을 유발하였다(B). 2년 후, 그 수목은 거의 죽었다(C). 뒤쪽 건강한 수목의 뿌리층 배수는 피해를 입은 수목보다 훨씬 좋았다.

그림 5.25. 검게 변한 토양이 혐기성 토양 상태를 나타낸다.

게 만들기도 한다.

원인

식물의 통기 불량은 뿌리층의 산소 농도가 심각하게 낮거나 토양을 통한 산소 이동(산소확산율/酸素擴散率, oxygen diffusion rate)이 현저하게 떨어져서 유발된다. 산소 농도와 확산율 또한 다양한 토양과 식물 요소에 의해 영향을 받는다.

낮은 산소 농도

산소 고갈은 뿌리층에서의 산소 소비가 공급을 초과할 때 발생한다. 산소는 호흡(呼吸, respiration)을 할 때 소비된다. 뿌리는 자신이 대사 작용을 하고 생장함에 따라 호흡하고, 토양 미생물도 유기물을 분해함에 따라 호흡한다. 뿌리와 미생물에 의한 총 호흡은 산소 농도를 낮춘다. 따라서 왕성한 뿌리 시스템을 가지고 있거나 토양에 유기물이 많으면 뿌리 활동이 거의 없거나 유기물이 낮은 토양보다 일반적으로 호흡 수준이 더 높다.

호흡이 활발하고 산소 공급이 제한되면, 뿌리층의 산소 농도는 피해를 줄 수 있는 수준으로 감소될 수 있다. 대기의 산소 농도는 약 21%이다. 대부분의 식물이 뿌리층 산소 농도가 10% 아래로 떨어져도 피해를 받지 않지만, 민감한 식물은 10~15%에서도 피해를 입을 수 있다. 산소 농도가 10% 아래로 내려감에 따라 뿌리 기능은 점점 손상된다. 그러나 특히 특정 수종(벼와 다른 내침수성 종)은 매우 낮은 수준(5% 미만)에 견디도록 적응되어 있다.

토양 기온은 낮은 산소 농도에 의해 유발되는 피해에 중요한 영향을 준다. 식물은 일반적으로 토양 온도가 상대적으로 높을 때 낮은 산소 수준에 대한 내성이 낮고, 낮은 기온에서는 내성이 높다. 이는 기온이 상승함에 따라 호흡이 증가하고 기온이 떨어짐에 따라 감소하기 때문이다. 따뜻한 토양 기온에서 증가된 호흡은 산소 농도를 감소시켜 산소 결핍 가능성을 높인다.

대기로부터 뿌리층으로의 산소 공급은 토양 표면에 있는 물리적인 장애물(아스팔트, 콘크리트, 플라스틱, 표면 답압)에 의해 제한될 수 있다(**그림 5.26**). 이러한 장애물은 토양으로의 산소침투율을 감소시킬 수 있다.

낮은 산소확산율

산소는 확산에 의해, 즉 농도가 높은 지역에서 농도가 낮은 지역으로, 토양을 통해 움직인다. 산소가 뿌리나 미생물에 의해 소비됨에 따라 그 농도는 떨어진다. 이것이 대기로부터 토양을 통하여 호흡하는 표면(뿌리나 미생물)으로 산소가 확산될 수 있는 농도 기울기(gradient)를 만든다. 산소 기울기(oxygen gradient)가 클수록 확산율도 높아진다.

토양의 산소확산율(ODR)이 0.3 $\mu g/cm^2/min$보다 크면 대부분의 종이 호흡하는 데 충분하다. 그러나 ODR이 이 수준 아래로 감소함에 따라 뿌리 표면에 대한 산소 공급이 줄어들어 통기 불량이 발생한다. 즉, 호흡을 충족시키기에 충분한 산소가 뿌리 표면에 도달하지 못한다.

산소확산율은 확산통로(토양 내 '공기로 채워진 공극[孔隙, pore space]')를 따라 존재하는 장애물에 의해 감소된다. 이 통로는 물이 배수된 후

그림 5.26. 콘크리트나 아스팔트 같은 지표면 장애물은 토양으로의 산소 이동률을 감소시킴으로써 통기 불량을 유발한다고 간주된다. 이 호주흑목(*Acacia melanoxylon*) 둘레의 포장은 통기 수준을 감소시켜 쇠락에 기여했을 것이다(A). 그러나 캘리포니아 Tahoe City의 이들 소나무처럼 포장에 의해 수목이 피해를 입은 것으로 보이지 않는 경우도 많다(B).

그림 5.27. 보행자에 의한 토양 답압은 이들 수목 주변에서 공기로 채워진 공극의 감소를 가져온다. 이는 토양 내 산소확산율을 제한하여 통기 불량을 유발할 수 있다.

에 공기에 의해 채워지고, 기체 확산을 위한 통로 역할을 하기에 충분할 만큼 큰 공간(대공극/大孔隙, macropores)이 연결된 망이다. 공기로 채워진 공극이 10~12%(부피 기준)인 토양은 대부분 식물 종의 ODR 요구를 충족시키기에 충분하다. 좋은 구조를 가진 토양이나 원래 대공극을 가진 토양(예, 사질토, 양질사토, 용기 토양)은 일반적으로 10~12%의 공기로 채워진 공극을 가지고 있다. 공기로 채워진 공극이 거의 없는 토양(예, 점토질이나 구조가 불량한 토양 같은 세립질 토양)은 ODR 수준이 낮기 쉽다. 또한 대공극의 감소(예, 답압에 의해)를 경험한 토양은 ODR이 줄어들어 있다(**그림 5.27**). ODR이 특정 종의 임계 수준 아래로 떨어지면, 통기 불량이 발생한다.

물은 가장 흔한 산소 확산의 장애물일 것이다. 산소는 물에서 공기를 통하는 것보다 1/10,000 정도로 느리게 확산된다. 물이 대공극을 차지하고 있으면, 산소 확산은 현저하게 감소된다. 이는 침수된 토양, 배수가 불량한 토양, 과도하게 관수된 토양에서 발생한다. 이는 전형적으로 대공극이 거의 없는 토양(예, 점토, 답압된 토양, 불량한 구조의 토양)에서 특히 문제이다. 이러한 토양에서는, 물이 기체 확산을 위해 필요한 공간을 차지하고 있어서 산소가 호흡 요구를 충족하기에 충분할 정도로 빨리 뿌리 표면으로 이동하지 못한다(**그림 5.28**). 이에 따라 통기 불량이 발생한다.

산소는 대기에서 토양으로 들어가 뿌리로 이동하기 때문에 아스팔트, 콘크리트, 성토, 표면 답압과 같은 토양 표면에 있는 장애물은 산소가 토양 속으로 이동하는 것을 감소시킬 수 있다(**그림 5.29**). 이 경우 ODR이 감소하고 통기 불량이 발생할 수 있다. 그러나 이러한 장애물이 ODR을 얼마나 감소시키는지는 아직 잘 모른다. 지표 장애물에 의해 식물이 피해를 입었다는 믿을 만한 관찰은 많이 있었지만, 지표 장애물에 의해 둘러싸여 있음에도 매우 잘 자라는 식물(예, 보도에 식재된 교목)을 많이 보고 있다. 이는 대부분의 포장된 지표면에 많은 미세한 균열이 있어서 이를 통해 기체가 확산될 수 있기 때문일 수도 있다.

유사 장애

통기 불량 피해는 매우 뚜렷하지 않아서 다음과 같은 다른 장애와 혼동될 수 있다: 만성적인 수분 스트레스, 염 피해, 가스 피해, 강한 햇빛 피해, 질소 결핍, 대기 오염, 제초제 피해(오래된 잎에 황백화를 유발하는 토양 잔류 제초제), 파이토프토라 속(*Phytophthora* spp.)이나 아밀라리아 속(*Armillaria* spp.)과 같은 뿌리병.

진단

통기 불량 피해의 진단은 급성과 만성 불량 병징을 잘 알고, 토양 내 산소의 농도나 이동을 제한하는 토양 여건에 대한 이해가 필요하다. 면밀한 시각적인 조사와, 어떤 경우에는 정확한 진단을 위해 토양 산소 상태를 측정할 필요가 있을 것이다. 통기 불량 병징(지상부)을 살펴보고 해당 식물의 병징이 통기 불량 병징과 일치하는가를 확인하라. 또한 다음 사항도 점검하라:

- 토양 수분 함량을 점검하라. 이는 삽, 토양샘플 채취기, 강철 탐침, 수분장력계를 이용하여 수행할 수 있다. 해당 토양이 젖어 있는가? 강우로 인해 많은 물이 유입되었는가? 관수 시스템은 있는가? 있다면 관수 일정계획은 무엇인가? 너무 길거나 빈번하지 않은가? 관수 사이에 건조 기간이 있는가? 관수 시스템에 누출이 있는가?
- 해당 토양의 색상과 냄새를 평가하라. 썩은 계란 냄새가 나는가? 토양이 청회색인가?
- 가능하면, 해당 뿌리의 시료를 채취하라. 물에 젖거나 변색된 것처럼 보이는가? 썩은 계란 냄새가 나는가?
- 해당 부지의 지표 배수 패턴을 평가하라. 지표수가 피해 식물로 향하고 있는가? 물이 지역 내에 웅덩이를 만들고 있는가? 물이 피해 식물에 수로로 연결되어 있는가(예, 지붕 배수 시스템에 연결된 낙수홈통으로부터)?
- 토양의 내부 배수를 평가하라. 경반층(硬盤層, hardpan)과 같은 내부 배수에 대한 장애물이 있는가? 지표면 근처에 주수위(宙水位, perched

부종(코르크성 딱지, 코르크성 도드라기, 딱지, 비듬)

부종(浮腫, edema 또는 oedema)은 잎의 이면에 피목을 닮은 작고, 솟아오른 코르크성인 돌기이다. 이는 동백나무류(*Camellia japonica*와 *C. sasanqua*), 무궁화류(*Hibiscus* spp.), 아이비류(*Hedera* spp.), 쥐똥나무류(*Ligustrum* spp.), 주목류(*Taxus* spp.)에서 가끔 보인다. 부종은 통기 불량에 의해 유발될 수 있다; 이는 전형적으로 침수된 토양에서 자라는 식물에서, 특히 흐린 날과 같이 증산이 감소될 때 발달한다. 부종은 온실 내처럼 습도가 예외적으로 높은 여건 하에서도 발달한다. 돌출된 생장은 일반적으로 코르크성 질감을 가지며 연한 갈색이나 녹빛이다(그림 5.30). 이들은 작은 집단으로 발생하거나 잎의 넓은 면적을 덮을 수 있다. 부종이 있는 잎의 앞면은 크기와 질감이 정상이지만 때로는 황백화된다. 코르크성 발진은 곰팡이에 의해 유발되는 녹병(rust disease)으로 오인될 수 있다.

그림 5.28. 침수된 토양에서는 공기로 채워질 공극이 물로 채워지게 된다. 물은 물리적으로 공기를 몰아내기 때문에 산소 확산을 크게 감소시킨다. 비가 배수 불량과 결합되면 이 식수분이 물로 가득 차도록 하여 통기 불량과 코르크참나무의 쇠락으로 이어진다(A). 낙수홈통(downspout)으로부터 들어오는 물이 통기 불량에 기여하여 이 크라시폴리움돈나무(*Pittosporum crassifolium*)의 쇠락을 초래하였다(B).

그림 5.29. 성토 토양은 통기 불량과 식물 피해에 기여한다. 이 알레포소나무(*Pinus halepensis*)의 쇠락은 기부 주위에 약 60 cm의 성토에 의해 유발된 통기 불량 때문이다(A). 이 성토는 근원을 덮고 있다(B).

water table)가 있는가? 해당 위치에 조석수(潮汐水, tidal water) 효과가 있는가? 공익시설 공동구, 지하층, 지하선로, 하수관로와 같은 지하 장애물이 있는가? 토양이 세립질이거나 구조가 불량한가(즉, 내부 배수 능력이 낮은가)? 토양의 나트륨 함량이 높은가?

- 해당 토양의 부피 밀도(-密度, bulk density)를 점검하라. 답압이 발생했다면 부피 밀도는 해당 토성급의 임계 수준을 초과할 것이다. 현장 코어시료채취(field-core-sampling) 도구를 사용하거나, 부피 굴착(volume excavation) 기술을 사용하라(Lichter and Costello 1994 참조). 부피 밀도가 임계 수준인가 아니면 그 이상인가(값은 Harris, Clark, and Matheny 1999 참조)?
- 해당 토양에 대한 지표 경사 변경 여부를 확인하라. 성토 토양이 피해 식물 주변 현장 토양 위에 추가된 징후를 찾아라. 교목인 경우, 수간의 기부에서 근원(根元, root flare, buttress root)을 찾아라. 근원이 보이지 않으면(즉, 수간이 지면으로부터 기둥처럼 나타나 있다면) 성토 토양이 더해졌을 가능성이 있다(**그림 5.31**).
- 지표 장애물을 찾아라. 콘크리트, 아스팔트, 기타 시설물이 피해 식물 가까이에 존재하는가? 장애물이 물이나 공기가 토양으로 들어갈 수 없도록 막고 있는가? 이들이 최근에 설치되었는가? 뿌리층의 얼마가 덮여 있는가?
- 토양 유기물 함량을 평가하라. 매우 높은가(20% 초과)? 유기물이 천천히 분해되는 물질로 구성되어 있는가(예 목재 칩), 아니면 빠르게 분해되는 물질인가(예, 나뭇잎)?
- 산소확산율과/이나 산소 농도를 평가하라. 해당 토양의 산소 상태 측정이 가능하더라도, 현실적인 제약이 있다. ODR을 측정하기 위해서는 진단용으로 개조되지 않은 장비가 필요하다. 해당 장비는 연구용으로 유용한데, 범용적인 현장사용을 위해서는 상당한 시간, 기술, 비용이 필요하다. 산소 농도를 측정하는 장비는 가용하지만 품질의 차이가 존재한다. 산소 측정을 수행하기

위해 수립된 프로토콜(protocol)을 준수하라. 산소 농도가 만족스러운 경우에도 ODR 결핍이 발생할 수 있음을 명심하라.

감수성 수종과 내성 수종

통기 불량에 대한 감수성과 내성 수종에 관한 목록은 없지만, 침수 민감성 수종 목록이 작성되어 있다(**표 5.2**). 침수에 민감한 종은 다른 유형의 통기 불량에도 민감하지만(예, 경사 변경에 의해 유발된 산소확산율 하락), 이는 작성된 것이 없다. 따라서 여기에 침수에 민감하거나 내성이 있다고 나열된 종이 반드시 다른 유형의 통기 불량에 민감하거나 내성이 있다고 간주될 수는 없다.

침수 내성은 식물이 적응된 환경에 따라 다르다는 것을 명심하라. 예를 들면, 벼도 배수된 토양에서 자란 후에는 침수되면 심각한 피해를 입을 수 있다. 또한 종의 내성은 그 해의 계절에 따라 차이가 있다. 휴면 중인 식물은 활발하게 자라는 식물보다 낮은 통기 여건에 더 잘 견딘다. 예를 들면, 계곡참나무(*Quercus lobata*)는 겨울 동안에는 침수에 견디지만 여름에는 그렇지 못하다.

교정

교정 계획을 수립하기 전에 통기 불량의 원인을 밝혀라. 교정은 항상 해당 원인에 특효한 것이어야 한다; 예를 들면, 원인이 산소 농도의 감소에 있다면, 교정은 산소 농도를 높이는 데 초점을 맞추어야 한다.

산소 농도

낮은 산소 농도는 토양 내 유기물 함량, 지표면 장애물, 토양 온도와 관련되어 있을 수 있다.

- 유기물 함량이 높으면(호흡과 산소 사용이 증가), 유기물 투입을 줄여라.

그림 5.30. 이 유칼리나무와 같은 특정 종의 잎에 생긴 작고, 솟아올라 있고, 코르크성 돌출(부종/edema)은 침수로 야기된 통기 불량으로 유발될 수 있다.

그림 5.31. 근원이 보이지 않으면, 해당 수목의 기부 주위에 성토 토양이 추가되었을 가능성이 있다.

표 5.2. 발췌된 조경 식물의 침수 내성

학명	일반명
침수 감수성 수종	
Acer platanoides	노르웨이단풍
Cercis canadensis	캐나다박태기
Cornus florida	꽃산딸나무
Crataegus × lavallei	라벨레산사나무
Crataegus phaenopyrum	와싱턴산사
Magnolia soulangiana	솔라지아나목련
Malus spp.	사과나무류
Picea abies	독일가문비
Picea pungens	풍겐스가문비
Prunus persica	복숭아
Prunus serotina	세로티나벚나무
Prunus subhirtella	올벚나무
Quercus agrifolia	연안참나무
Quercus kelloggii	캘리포니아흑참나무
Quercus lobata	계곡참나무
Robinia psuedoacacia	아까시나무
Thuja occidentalis	서양측백나무
침수 내성 수종	
Acer negundo	네군도단풍
Acer rubrum	적단풍
Alnus spp.	오리나무류
Betula spp.	자작나무류
Celtis occidentalis	서양팽나무
Fraxinus americana	미국물푸레
Fraxinus pennsylvanica var. *lanceolata*	붉은좁은잎물푸레
Gleditsia triacanthos var. *inermis*	가시없는 주엽나무
Juglans nigra	흑호두
Liquidambar styraciflua	미국풍나무
Metasequoia glyptostroboides	메타세쿼이아
Morus alba	뽕나무
Nyssa sylvatica	니사나무
Platanus occidentalis	양버즘나무
Populus spp.	사시나무류
Quercus bicolor	저지참나무
Quercus palustris	대왕참나무
Salix spp.	버드나무류
Sequoia sempervirens	레드우드
Taxodium distichum	낙우송
Tilia cordata	작은잎피나무
Ulmus americana	미국느릅나무

- 지표면 장애물이 존재하면, 환기구(vent), 장애물이 없는 지역 조성, 장애물에 개구 설치를 포함하여 공기가 토양 속으로 들어가는 것을 향상시킬 수 있는 방법을 고려하라.
- 높은 토양 온도가 통기 불량을 일으키고 있다면, 기온을 조절하기 위해 토양 표면에 유기 멀칭 자재를 추가하라.

산소확산율

산소확산율은 해당 토양에서 공기로 채워진 공극을 늘리고, 수분 함량을 줄이고, 지표면 장애물 문제를 바로잡는 방법 등으로 향상시킬 수 있다 (Harris, Clark, and Matheny 2003, 표 7.4 참조).

공기로 채워진 공극 높이기

경운, 토양 개량제, 멀칭 자재 등이 공기로 채워진 공극을 향상시킬 수 있다(**그림 5.32**).

- 답압된 토양을 경운하면 대공극 공간을 창출한다. 그러나 경운 전의 답압된 수준으로 되돌아갈 수 있기 때문에 이 효과는 경우에 따라 단기적일 수 있다(예, 관수나 비가 온 후). 답압의 원인(통행, 장비 등)을 제거하고 유기물을 추가하면 경운된 효과를 유지하는 데 도움이 된다.
- 목재 칩, 톱밥, 수피와 같은 유기 토양개량제가 공기로 채워진 공극을 높여준다. 이러한 자재는 이탄(泥炭, peat)과 같은 다른 유기 토양개량제에 비해 상대적으로 적은 양의 물을 보유한다. 일반적으로, 이러한 유기물은 부피기준으로 토양의 25~50% 정도 비율로 뿌리층에 혼합하도록 권고된다. 그러나 이는 넓은 지역을 대상으로는 현실적이지 못하며, 혼합과정에서 기존 식물의 뿌리에 상당한 피해를 유발할 수 있다.
- 유기 멀칭 자재는 토양 구조를 향상시키고 지표면을 답압으로부터 보호할 수 있다. 멀칭 자재의 분해 산물은 토양 입자를 입단화(粒團化, aggregation)하는 데 도움을 주어 대공극 공간을 증대시킨다. 그러나 멀칭 자재의 분해속도가 다양하고, 토양 구조가 향상되는 데 시간이 걸린다. 습한 토양에 멀칭을 하면 토양 건조를 방해하여 뿌리병을 유발할 수도 있다.
- 방사상 도랑파기(radial trenching)도 뿌리층의 제한된 지역에 통기 상태를 향상시킬 수 있다.

이러한 작업은 토양치환(土壤置換, soil replacement) 전략으로 불량 토양을 양질 토양으로 교체하는 것이다(**그림 5.33**). 예를 들면, 고도로 답압된 토양을 부피 밀도가 훨씬 낮은 토양으로 교체하는 것이다. 경우에 따라서는 불량 토양을 제거하여 교정한 다음 제자리에 되돌려놓는다. 공기로 채워진 공극이 제한되거나 감소된 토양은 이러한 기술로 향상될 수 있지만, 효과는 치환된 토양의 양에만 한정될 가능성이 높다.

토양 수분 함량 낮추기

대부분의 경우, 높은 토양 수분은 부적당한 통기에 직접적으로 연결되어 있다. 토양 수분은 식물에 적절하게 수분을 공급하고 뿌리층의 적절한 통기를 유지할 수 있는 수준에서 유지되어야 한다. 통기는 관수를 올바르게 관리하고 배수를 향상시킴으로써 높일 수 있다.

- 수분 유입을 감축하라: 적용하는 양이나 빈도를 줄이기 위해 관수 일정을 조정하라.
- 토양 수분이 높은 상태에 내성이 있는 종을 선택하라(**그림 5.34**).
- 관수 사이에 토양이 건조될 수 있도록 하라. 토양수분장력계(tensiometer)를 사용하면 토양 수분 상태를 모니터하는 데 유용할 수 있다.
- 고인물이나 웅덩이가 생기는 지역을 없애기 위해 지표면 배수를 개선하라. 배수 도랑이나 자갈도랑배수(French drain)를 사용하여 물이 낮은 지역으로부터 빠져나갈 수 있도록 수로를 조성하라. 물이 피해 지역으로부터 멀리 향하도록 토양 표면에 고랑이나 두둑을 만들어라(Harris, Clark, and Matheny 1999, 표 7-2 참조).
- 토양 내부 배수를 향상시켜라(Harris, Clark, and Matheny 1999, 표 7-2 참조).

그림 5.32. 경운(A)과 물리적인 개량(B)을 통해 공기로 채워질 토양의 공극을 증대시킬 수 있다.

그림 5.33. 방사상 도랑파기 기술을 이용한 토양 치환으로 뿌리층의 제한된 지역에 통기를 향상시킬 수 있다. 이 캘리포니아흑참나무(*Quercus kelloggii*)의 뿌리층 통기를 향상시키기 위해 공기로 채워진 공극이 낮은 토양을 높은 토양으로 교체한다.

- 주수위가 있는 곳에는, 직경 5~10 cm의 플라스틱 관수 배관과 같은 관측우물(觀測-, observation well)을 설치하여 뿌리층의 수위(水位, water level)를 모니터하라.

지표 장애물 문제 바로잡기

- 성토된 토양이 존재하면, 근원 주위를 굴착하여 성토 깊이를 확인하라. 근원 주위로부터 토양을 조심스럽게 제거하라. 가능하면 성토토양을 모두 제거하고, 이것이 불가능하면 성토토양과 뿌리층의 토양 수분을 모니터하여 수분공급과 통기에 적합한 수분 수준을 유지하라. 교목인 경우, 수간의 기부 둘레에 마른 우물(dry well, retaining well)을 조성하라.
- 지표 구조물에 변경을 가하는 것은 어렵다. 지표 환기(surface vent), 공기층(空氣層, air space), 장애물이 없는 지역 등이 토양 통기를 향상시킬 수 있겠지만, 아직 이들이 ODR 수준에 미치는 영향을 계량화하지는 못하고 있다. 구조물을 제거할 수 있는 곳에는 유기 멀칭 자재로 멀칭하라. 광범위한 구조물이 있는 식재지에는 내성이 있는 것으로 알려진 종을 식재하라.

그림 5.34. 배수가 불량하고 관수되는 경관에서는 특히 토양 수분이 높은 환경에 내성이 있는 종을 선택하는 것이 중요하다. 이 식재지에서는 과도한 관수와 불량한 배수로 인한 통기 불량으로 몇 종이 쇠락하거나 죽어서 제거되었다.

영양 결핍

영양 결핍(營養缺乏, nutrient deficiencies), 특히 질소(窒素, nitrogen), 인(燐, phosphorus), 칼륨(potassium)의 결핍은 대부분의 목본 조경 식물에서는 나타나지 않는다. 예외적으로, 야자수가 가끔 질소, 칼륨, 망간(manganese), 마그네슘(magnesium) 결핍을 보이고, 토양이 없는 배지(培地, medium)에서 자라는 목본 식물도 영양 결핍을 나타낸다. 이러한 문제가 발생하면 영양 결핍은 신초 생장과 잎의 크기를 감소시키고 잎의 황백화, 괴사와 식물 일부의 고사를 초래한다. 그러나 영양 결핍은 병징 하나만을 기준으로 신뢰할 만한 진단을 할 수 없는데, 이는 수많은 불리한 생장 여건이나 병해충에 의해 유발되는 식물 문제가 비슷한 병징을 만들기 때문이다. 일반적으로 잎과/이나 토양 시료는 결핍을 확인하기 위해 필요하다. 또한 양분유효도(養分有效度, nutrient availability)는 부분적으로 토양 pH의 영향을 받는다('pH 관련 문제' 참조).

질소 결핍

병징

질소 결핍(窒素缺乏, nitrogen deficiency)은 모든 식물에서 전반적인 활력 저하를 초래한다. 신초(新梢, shoot)는 짧고 직경이 가늘며, 잎은 작다. 질소가 결핍된 활엽 식물(闊葉植物, broadleaf plant)에서는 오래된 잎이 전반적으로 황백화(획일적으로 황록색)되는 반면, 어린잎은 자신들의 전형적인 녹색을 유지할 수도 있다(**그림 5.35**). 가을에는, 잎의 붉은색이 더 선명해지고, 정상보다 일찍 낙엽이 발생한다. 복엽(複葉, compound leaves)인 종은 작은 잎의 수가 더 적을 수 있다.

그림 5.35. 감귤의 질소 결핍 병징은 용기(A)와 노지(B)에서 발견될 수 있다. 질소는 식물체 내에서 이동성이기 때문에, 황백화는 오래된 잎에서 더 선명하다. 질소 결핍 병징은 뿌리 병원체, 토양 답압, 배수 불량 등과 같이 뿌리 생장을 억제하여 양분 흡수를 감소시키는 작인에 의해 유발되는 병징과 혼동될 수도 있다.

꽃이 피는 식물은 보통 꽃이 정상적으로 피지만 시기가 늦어질 수 있다.

질소가 결핍된 침엽수(針葉樹, conifers)에서는, 침엽(針葉, needle)이 황화되고, 짧아지고, 서로 붙어난다. 노령의 침엽수의 경우 낮은 수관은 황화되지만 위쪽 부분은 녹색을 유지한다. 어린 침엽수는 질소가 결핍되면 측지(側枝, side branch)를 발달시키지 못할 수도 있다.

질소가 결핍된 야자수(椰子樹, palm tree)는 활력이 저하되고 잎이 작아지고 연한 녹색에서 황색이 된다. 가장 오래된 잎이 가장 황백화된 형태로, 오래된 잎에서 어린잎으로 잎의 색깔이 점진적으로 변화한다. 심한 경우에는, 잎이 거의 완벽하게 황화되거나 하얗게 변하고 생장이 멈춘다.

발생

야자수를 제외하고, 질소 결핍은 활착된 목본 조경 식물에서는 드물다. 이 결핍은 새로 식재된 교목과 관목, 모래성분이 매우 높거나 용탈이 심한 토양에서 자라는 지피식물(地皮植物, ground cover), 용기에서 자라는 식물에서 발생할 수 있다. 분해되지 않은 유기 개량제(有機改良劑, organic amendment)를 대량으로 토양에 혼합하면 천근성(淺根性, shallow-rooted) 식물에서 일시적인 질소 결핍을 유발할 수도 있다. 야자수는, 용기에서 자란 개체와 모래성분이 많고 용탈이 심함 토양에서 질소 결핍이 흔하게 발생한다.

유사 장애

질소 결핍 병징은 뿌리병, 해충, 뿌리 절단, 토양 답압, 불리한 토양 온도, 통기 불량, 배수 불량 등 뿌리 생장을 제한하여 양분 흡수를 감소시키는 모든 원인에 의해 유발되는 병징과 혼동될 수 있다.

진단

질소 결핍은 가시적인 병징, 잎 분석, 이들 두 방법을 종합하여 진단될 수 있다. 그러나 질소 결핍 병징은 다양한 요인에 의해 유발될 수 있기 때문에 육안 진단(肉眼診斷, visual diagnosis)만으로는 믿을 수 없다.

식물 요소

- 식물 전체를 조사하여 전반적인 건강을 확인하라. 활력 약화와 황백화된 잎의 원인이 되는 뿌리 절단과 같은 기계적인 피해가 있는가?
- 병징이 있는 식물이 어리고, 활력이 좋고, 모래나 용탈이 심한 토양에서 자라고 있는가? 얕고 미발달 뿌리 시스템을 가진 어린 식물은 사질토양에서 일시적으로 질소 결핍이 발생할 수 있다.
- 잎의 병징을 주의 깊게 조사하라. 병징이 나타나는 잎이 오래된 것인가, 어린 것인가? 질소 결핍 병징은 오래된 잎에서 먼저 발생한다.

부지 요소

육안 조사

- 토양을 평가하라. 젖어 있고 배수가 불량한가? 통기가 불량한 토양에서 자라는 식물은 뿌리 생장이 감소하고 뿌리썩음병에 감염되기 쉬워 질소 결핍을 닮은 병징을 일으킬 수 있다.
- 교목 아래에서 자라는 잔디가 있는가? 일반적으로 잔디에는 주기적으로 질소비료를 적용하는데, 이는 해당 교목에게도 가용하다.
- 해당 식물이 토양이 없는 배지가 담긴 용기에서 자라고 있는가? 이러한 식물은 질소 결핍에 더 감수성이다.

잎 분석

육안 진단은 잎 분석과 함께하는 것이 좋다. 잎 분석을 수행하는 방법은 두 가지가 있다:

- 질소 결핍이 의심되는 수목과 인접하여 자라는 같은 종의 건강한 수목으로부터 잎 시료를 채취하라. 해당 시료를 실험실로 보내라(시료 채취에 관한 자세한 정보는 제2장 참조). 질소 결핍이 의심되는 수목의 결과와 건강한 수목의 결과를 비교하라.
- 질소 결핍이 의심되는 수목에서 잎 시료를 채취한 후, 분석 결과를 표 5.3에 나와 있는 잎의 질소 범위와 비교하라. **표 5.3**의 값은 건강하고 성숙한 교목에서 시료를 채취하여 얻은 것이기 때문에, 건강한 조경 교목의 절대적인 잎의 최소 질소 농도를 나타내는 것은 아니다. 이 표에 나타난 최소치 아래 값이 반드시 질소 결핍을 확인해주는 것은 아니다. 그러나 최소치보다 큰 값은 문제가 되는 질소 결핍 가능성을 배제할 가능성이 매우 높다.

토양 분석

토양 분석(土壤分析, soil analysis)이 pH와 염분(鹽分, salinity)을 확인하는 데는 유용하지만, 질소 요구나 수목의 상태를 확인하는 데는 신뢰도가 낮다. 질소가용성(窒素可用性, nitrogen availability)은 토양분석 보고서로는 해석이 어려운 토양 여건과 뿌리 부피에 의해 정해진다. 예를 들면, 질소의 무기화(無機化, mineralization) 속도는 자주 관수되는 경관에서의 흔한 문제인 토양 산소 부족에 의해 영향을 받고, 토양 내 가용 질소의 양도 빠르게 변한다.

교정

확인된 질소 결핍은 질소가 포함된 비료를 토양에 적용하여 교정할 수 있을 것이다.

표 5.3. 발표된 자료에서 발췌한 조경 식물 잎의 총 질소(% total N)*

		총 질소 (% total N)		
학명	보통명	Perry & Hickman 2001†	Mills & Jones 1996§	Kopinga & van den Burg 1995‡
Acer sacchrinum	은단풍	2.0~3.4	2.3~2.6	1.9~2.7
Alnus rhombifolia	흰오리나무	1.9~2.6	—	—
Betula pendula	은자작	2.2~3.4	4.0~4.6	2.3~3.3
Cedrus deodara	히말라야시더	1.0~1.4	—	—
Celtis sinensis	팽나무	1.4~2.8	—	—
Cinnamomum camphora	녹나무	1.2~2.0	—	—
Eucalyptus spp.	유칼리나무	1.8~2.1	1.1~1.2	—
Fraxinus angustifolia 'Raywood'	레이우드 좁은잎물푸레	2.1~2.9	—	—
Fraxinus velutina var. glabra 'Modesto'	모데스토물푸레	1.8~2.7	—	—
Ginkgo biloba	은행나무	1.4~2.4	—	—
Gleditsia triacanthos	미국주엽나무	2.3~3.1	2.4~4.0	2.0~2.5
Koelreuteria paniculata	모감주나무	1.9~3.5	2.5~2.8	—
Lagerstroemia indica	배롱나무	1.1~3.5	1.6~2.1	—
Liriodendron tulipifera	튤립나무	1.2~2.8	1.9~4.3	2.6~3.0
Magnolia trandiflora	태산목	1.0~3.5	—	—
Morus alba	뽕나무	2.0~3.6	1.2~2.4	—
Olea europaea	올리브	1.3~1.9	—	—
Pistacia chinensis	황련목	1.6~3.0	2.1~2.8	—
Platanus acerifolia	런던버즘나무	1.4~2.6	2.0~2.7	2.0~2.6
Pyrus calleryana 'Badford'	브래드포드 콩배나무	1.1~1.9	1.6~2.5	—
Quercus ilex	호랑가시참나무	1.3~2.8	—	—
Quercus lobata	계곡참나무	2.1~2.9	—	—
Quercus suber	코르크참나무	1.5~2.2	—	—
Sapium sebiferum	조구나무	1.7~2.7	—	—
Zelkova serrata	느티나무	1.8~2.8	2.3~3.1	—

주:
* 이 표는 건강한 조경 교목의 절대적인 최소 잎 질소 농도를 제시하지 않는다. 어떤 잎 시료 값이 이 표에 나타난 최솟값보다 낮다고 반드시 해당 수목이 질소가 결핍하다는 것을 뜻하는 것은 아니다.
† 경관에서 자라는 교목으로부터 시료 채취.
§ 식물원, 현장 연구부지, 노지/용기 생산 농장에서 자라는 교목으로부터 시료 채취.
‡ 시료의 출처를 제시하지 않음.

그림 5.36. 배 잎에 나타난 인 결핍 병징. 잎은 정상보다 약간 작고 뒤틀려 있다.

인 결핍

병징

인 결핍(燐缺乏, phosphorus deficiency)은 가시적인 병징이 있다. 활엽 식물에서는, 잎이 특히 어릴 때에는 어두운 녹색이다. 잎의 맥은, 특히 잎의 뒷면에서 자주색이다. 잎은 성기고, 정상보다 약간 작고, 뒤틀리고, 가을에 일찍 떨어진다(**그림 5.36**). 오래된 잎은 자줏빛 갈색으로 변하고 끝이 죽는다. 신초의 경우 길이는 정상이지만 굵기가 정상보다 가늘다. 꽃이 피는 식물에 인이 결핍되면 꽃의 수가 적다.

인이 결핍된 침엽수에서는, 오래된 잎의 침엽이 흐린 청록색이나 회록색이다. 결핍이 악화됨에 따라 침엽이 죽고, 해당 수목의 아래에서 시작하여 위로 진행된다. 이차 침엽이 거의 또는 전혀 자라지 않을 수 있다. 실생묘에서는, 침엽이 자줏빛으로 변하고, 이러한 변화는 아래쪽 침엽의 끝에서 시작하여 안쪽으로 그리고 위로 향하여 진행된다.

발생

인이 결핍된 토양은 거의 없기 때문에 조경 식물에서 인 결핍 문제는 드물다. 어리거나 천근성 식물은 표토(表土, topsoil)가 제거된 곳에서 인이 결핍될 수 있다.

유사 장애

일부 제초제가 잎 뒤틀림과 잎의 적색 또는 자주색으로의 변화를 유발하고, 가장자리 괴사로 이어진다. 병징은 질소 결핍과 같이 오래된 잎에서 먼저 발생한다.

진단

인 결핍은 잎 분석과 가시적인 병징을 종합하여 진단될 수 있다.

- 해당 토양이 정지되었는가? 인은 토양 내에서 쉽게 이동하지 않으며, 표토에 농축되어 잔류하는 경향이 있다. 어리고 천근성 식물은 표토가 제거된 곳에서 인이 결핍될 수 있다.
- 인 결핍이 의심되는 교목과 인근에서 자라는 같은 종의 건강한 교목에서 잎 시료를 채취하라(잎 시료 채취 정보는 제2장 참조). 이들 두 잎의 분석 결과를 비교하라.
- 당년 잎의 수준이 0.1% 미만인 침엽수나 활엽수는 인 결핍 상태일 수 있다.

교정

확인된 인 결핍은 인이 함유된 비료를 토양에 적용함으로서 교정할 수 있다.

칼륨 결핍

병징

칼륨 결핍(-缺乏, potassium deficiency) 활엽 식물의 잎은 가장자리와 엽맥 사이가 황백화되고 괴사로 이어진다. 괴사는 잎 몸 전체가 말라죽을 때까지 안쪽으로 진행된다. 가장 최근에 성숙된 잎이 먼저 영향을 받는다. 시간이 경과함에 따라 병징은 오래된 잎에서 더욱 뚜렷해진다. 잎은 오그라들고 위로 말린다. 당년에 발생한 신초의 끝이 생육기 말에 죽어 들어간다. 꽃눈 형성이 크게 감소한다.

칼륨이 결핍된 침엽수는, 가장 오래된 잎이 어두운 청록색으로 변하고 황갈색과 적갈색으로 진행된다. 침엽은 가끔 생육이 부진하고 침엽의 끝이 괴사한다.

야자수의 칼륨 결핍 병징은 종에 따라 차이가 많지만 항상 가장 오래된 잎에서 먼저 나타난다(**그림 5.37~39**). 야자수에서 가장 공통적인 병징은 잎에 황색 반점이 나타나는 것이며, 결핍이 악화되면 더 어린잎으로 진행된다. 황색 반점은 밑에서 보면 반투명(半透明, translucent)으로 보인다. 어떤 종에서는, 황색 반점이 없거나 거의 없는 상태에서, 오래된 잎의 가장자리나 끝이 괴사

그림 5.37. 잎에 발생한 노란 반점이 여왕야자의 칼륨 결핍 병징을 나타낸다. 이 야자수의 칼륨 결핍 병징은 종에 따라 차이가 많지만 항상 가장 오래된 잎에서 먼저 나타난다.

그림 5.38. 여왕야자(*Arecastrum romanzoffianum*)의 칼륨 결핍 병징. 야자수에서 가장 흔한 병징은 오래된 잎의 황색 반점으로 결핍이 악화됨에 따라 어린잎으로 진행된다.

하는 병징이 나타난다. 가장 심각하게 피해를 받는 잎이나 잎사귀는 완전히 괴사하여 말라죽는다. 잎의 주맥(主脈, midrib)은 녹색이 아닌 주황색일 것이다. 대추야자(—椰子, date palm; *Phoenix* spp.)에서는, 오래된 잎의 끝이 흐린 황갈색으로 변색된다. 대부분의 야자수가 칼륨 결핍에 감수성이며, 이 중에서 대왕야자류(*Roystonea* spp.), 여왕야자(*Syagrus romanzoffianum*), 코코넛(*Cocos nucifera*), 대추야자류(*Phoenix* spp.), 아레카야자류(*Areca* spp.)가 가장 심각하다.

발생

칼륨 결핍은 활엽 및 침엽의 조경 식물에는 극히 드물지만 야자수에서는 상대적으로 흔하다. 야자수의 경우, 모래 토양, 빠르게 배수되는 토양, 특히 자주 관수되는 곳이나 용기 배지에서는 쉽게 발생한다. 점토질 토양에서 자라는 야자수에서는 상대적으로 흔하지 않다.

그림 5.39. 젤리야자(*Butia capitata*)의 칼륨 결핍 병징. 야자수는 사질토, 빠르게 배수되는 토양, 특히 자주 관수되는 곳이나 용기 배지에서 자라는 야자수에서 칼륨 결핍이 쉽게 발달한다.

유사 장애

칼륨 결핍의 초기 병징은 가끔 잎 반점병(leaf spot disease)이나 흡즙성 해충(吸汁性害蟲, sucking insects)에 의해 유발된 황색과 갈색 반점과 혼동된다. 특정 발아전(發芽前, preemergence) 제초제는 괴사로 이어지는 가장자리와 엽맥 사이 황백화를 유발한다. 발아전 이행성(移行性, systemic) 제초제 병징은 칼륨 결핍과 마찬가지로 오래된 잎에서 먼저 발생한다.

진단

칼륨 결핍은 주로 가시적인 병징을 통해 진단된다. 칼륨은 식물체 내에서 이동성이고 비나 스프링클러 관수로 잎에서 용탈될 수 있기 때문에, 잎 분석을 믿기 어렵다.

- 토양이 정지되었는가? 토양에서 가장 높은 칼륨 농축이 일반적으로 지표면 가까이에서 나타난다. 어리거나 천근성 식물은 표토가 제거된 곳에서 칼륨이 결핍될 수 있다.
- 야자수에서 칼륨 결핍에 의심되면, 토양을 조사하라. 사질, 빠르게 배수되는 토양은 칼륨 결핍이 발생할 가능성이 가장 높다.

감수성 종

대왕야자류(*Roystonea* spp.), 여왕야자(*Syagrus romanzoffianum*), 코코넛(*Cocos nucifera*), 대추야자류(*Phoenix* spp.), 아레카야자류(*Areca* spp.)를 포함한 많은 야자수가 칼륨 결핍에 감수성이다.

교정

야자수에서 칼륨 결핍이 확인되면 칼륨이 함유된 비료를 토양에 적용하여 교정할 수 있을 것이다. 모래 성분이 매우 높은 토양에서는 용탈로 인한 손실을 방지하기 위해 지효성(遲效性, slow-release) 형식의 칼륨 비료를 적용하는 것이 좋다. 유기물에서 칼륨이 쉽게 용탈되기 때문에, 유기 멀칭 자재를 이용하여 식물 주위 토양을 덮어주어라. 야자수는, 병징이 나타난 잎은 회복되지 않기 때문에 재생(再生, regrowth)에 의해 대체되어야 한다. 그러나 병징이 나타난 잎을 제거하면 결핍이 악화될 수 있기 때문에 이들을 제거하지 마라.

그림 5.40. 미국풍나무의 철 결핍 병징; 오른쪽 잎이 건전한 잎이다. 철은 식물체 내에서 비이동성이기 때문에 오래된 아래쪽 잎은 녹색으로 유지되는 데 비해 어린잎은 엽맥 사이가 황백화된다. 7.0 이상의 토양 pH, 차고/습하고/배수가 불량한 토양 등 다양한 토양 상태가 항상 식물이 철을 이용하지 못하도록 하는 요인이 된다.

철 결핍

병징

철 결핍(鐵缺乏, iron) 또는 철 황백증(鐵黃白症, iron chlorosis)은 철 부족으로 인해 잎이 황화되는 것이다. 철 결핍 활엽 식물에서는, 어린잎의 엽맥 사이 부위가 황백화되고 녹색 엽맥이 뚜렷하게 좁게 보인다(**그림 5.40**). 철은 식물체 내에서 비이동성(非移動性, immobile)이기 때문에, 어린잎이 황백화되어도 오래된 기부의 잎은 녹색을 유지하고 있다. 철 결핍이 극심하면, 어린잎은 작고 거의 하얗게 되며, 가장자리와 끝에 괴사가 발생할 수 있다. 신초의 경우, 길이는 정상이지만 직경이 가늘다. 결핍의 정도가 심해짐에 따라 잔가지가 말라 들어가고 잎이 떨어진다(**그림 5.41**).

철이 결핍된 침엽수에서는, 오래된 침엽과 아래쪽 수관은 녹색을 유지하고 있는 데 비해 새로운 침엽의 발육이 부진하고 황백화된다. 철이 결핍된 야자수의 새로운 잎은, 특히 토양의 통기가 불량하거나 수목을 너무 깊게 식재된 경우, 획일적으로 황백화된다.

발생

많은 지역에서 철 황백화가 조경 식물에서 보이는 가장 흔한 영양 결핍 병징이다. 토양에서의 철의 농도는 일반적으로 식물 생장에 적합하지만, 다양한 토양 상태가 철이 식물에 가용하지 못하게 만들 수 있다. 예를 들면, 토양 철의 가용성은 토양 pH가 7.0 위로 올라감에 따라 감소하고, 차고/습하고/배수가 불량한 토양에서 줄어든다. 철 결핍 병징은 수목 내에서, 인접한 수목 사이에서, 종 사이에서 차이가 크다. 야자수의 철 결핍은 흔하지 않은데, 통기가 불량한 토양에서 자라거나 너무 깊게 식재된 야자수에서는 나타날 수 있다. pH가 7.0을 초과하는 토양에서는, 산성 토양(酸性土壤, acidic soil)에 적응한 종(호산성/acid loving 식물)은 일반적으로 철 결핍에 의해 피해를 받는다.

유사 장애

철 결핍 병징은 망간 결핍이나 토양에 적용된 발아 전 이행성 제초제에 의한 피해와 매우 흡사하다. 그러나 철 결핍은 새로운 입에 나타나지만, 발아 전 제초제 피해는 주로 오래된 잎에서 발생한다. 토양 답압, 공사에 의한 뿌리 손상, 배수 불량도 철 결핍 병징을 악화시키거나 철 황백증과 비슷한 병징을 유발할 수 있다.

그림 5.41. 철 결핍 병징이 진행된 미국풍나무. 결핍의 심각성이 높아짐에 따라 이 나무의 잔가지가 죽어가고 잎이 떨어지고 있다.

진단

철 결핍은 가시적인 병징과 토양 분석을 종합하여 진단할 수 있다.

식물 요소

- 해당 식물의 종을 동정하라. 특정 호산성(好酸性, acid loving) 종은 알칼리성 토양(alkaline soil)에서 철 결핍에 감수성이다.
- 잎의 병징을 조심스럽게 살펴보라. 병징이 나타나는 곳이 오래된 잎인가 어린잎인가? 철은 식물체 내에서 비이동성이기 때문에 철분 결핍 병징은 가장 어린잎에서 먼저 나타난다.
- 빨리 자라는 활력이 좋은 어린 교목은 가끔 봄에 일시적인 철 결핍이 나타난다.
- 철 결핍 병징은 같은 경관에 있는 같은 종의 그룹 내에서 극히 소수의 식물에서 발생하기도 한다. 또는 동일 개체의 교목이나 관목 내에서도 일부 가지에 피해가 나타날 수도 있다.

토양 요소

- 토양의 pH를 분석하라. 토양 pH가 7.0 이상으로 증가함에 따라 철 가용성이 감소한다.
- 토양을 평가하라. 토양이 습하고 배수가 불량한가? 산소가 낮은 토양에서 자라는 식물은, 특히 토양 온도가 낮은 봄에, 철 결핍 병징이 발생하기 쉽다.

감수성 종

산성 토양(酸性土壤, acidic soil; 표 5.15 참조)에 적응한 식물은 가끔 알칼리성 토양에서 철 결핍 피해가 나타난다.

교정

확인된 철 결핍은 철 함유 비료를 토양에 적용하여 교정할 수 있다. 보다 빠른 교정을 위해서는, 철 킬레이트(iron chelates; 철 성분과 유기 성분이 결합되어 있는 형태)를 토양이나 잎에 적용할 수 있지만, 철 킬레이트의 효과는 상대적으로 오래가지 못한다. 철의 수간 주사(樹幹注射, trunk injec-

그림 5.42. 적단풍의 망간 결핍 병징. 새로운 잎이 노랗게 되고, 엽맥을 따라 넓은 녹색 띠가 생긴다.

tion)도 철 황백증을 일시적으로 교정할 수 있지만 수간에 상처를 유발한다. 철 결핍이 부적합한 토양 여건 때문에 유발된 경우에는, pH를 낮추기 위해(토양 산성화) 토양 개량제를 첨가하거나, 과도한 수분공급을 피하고 토양 통기를 향상시키는 등 재배적인 관행을 통해 장기적인 교정을 추진해야 한다.

망간 결핍

병징

망간 결핍(-缺乏, manganese deficient) 활엽 식물에서는, 새로운 잎이 엽맥을 따라 넓은 녹색 띠를 형성하면서 노랗게 된다(**그림 5.42**). 영양소 농도가 낮아짐에 따라 엽맥 간 괴사 반점이 발달한다. 어떤 식물에서는, 잎의 가장자리가 물결 모양이 되고, 주름지거나 뒤틀릴 수 있다. 신초 생장은 줄어들 수 있다.

침엽수에서의 망간 결핍 병징은 철 결핍 병징과 매우 비슷하다. 새로운 생장이 부진하고 황백화되며, 오래된 잎과 수관의 아랫부분이 녹색으로 유지된다.

망간이 결핍된 야자수의 새 잎은 엽맥 사이 괴사된 선이 있으면서 일괄적으로 황백화되고 오래된 잎보다 작다. 결핍이 악화됨에 따라 새로 나오는 잎은 고사되고, 뒤틀리고, 시든다. 오래된 잎은 완전히 시들고 뒤틀리고, 타고, 크기가 크게 줄어들 수 있다. 피해를 입은 여왕야자(*Arecastrum romanzoffianum*)와 피그미대추야자(*Phoenix roebelenii*)는 잎 생육 부진으로 인해 접시머리(flat-headed)와 같은 모습이 된다. 심각하게 결핍된 야자수는 생장이 중단되고 새로 나오는 잎은 괴사되고 생장이 부진한 잎자루(petiole)로만 되어 있다.

발생

토양 내 망간의 총량은 일반적으로 식물 생장에 적합하지만, 가끔 토양 요소가 이 영양소를 식물이 활용하지 못하게 한다. 조경 식물에서의 결핍은 가끔 철보다 적지만, 망간은 보통 비슷한 여건과 다양한 조경 식물에서 결핍될 수 있다. 식물에 대한 망간 가용성은 토양 pH가 6.5 위로 올라감에 따라 감소하고, 유기물이 많은 배수가 불량한 토양에서 감소한다. 결핍은 가끔 배수가 잘 되는 토양에서 발생한다. 병징은 가뭄 피해를 받는 식물에서 발생하는 것과 유사하다. 야자수의 망간 결핍은 알칼리성 토양에서 매우 흔하지만 배수가 불량한 토양이나 토양 온도가 서늘한 곳에서도 발생할 수 있다.

유사 장애

망간 결핍 병징은 철 결핍과 매우 닮았고, 토양에 적용된 발아전 제초제에 의해 유발된 병징과 혼동될 수 있다. 그러나 망간 결핍은 새로운 잎에 발생하는 데 비해 발아 전 제초제 피해는 주로 오래된 잎에서 먼저 발생한다.

진단

망간 결핍은 가시적인 병징과 토양 분석을 종합하여 진단할 수 있다.

식물 요소

- 피해 식물의 종을 동정하라. 특정 호산성 종은 알리성 토양에서 망간 결핍에 감수성이다.
- 잎의 병징을 주의 깊게 살펴보라. 병징이 나타난 곳이 오래된 잎인가, 어린잎인가? 망간은 식물체 내에서 이동성이 아니기 때문에 결함 병징은 가장 어린잎에서 먼저 발생한다.

토양 요소

- 토양을 분석하여 pH를 확인하라. 토양 pH가

6.5 이상으로 높아지면, 망간의 가용성은 감소한다.

- 토양을 평가하라. 습하고 배수가 불량한가? 통기가 불량한 토양에서 자라는 식물은 망간이 결핍되기 쉽다.

감수성, 저항성 종

진달래와 치자나무처럼 산성 토양(酸性土壤, acidic soil)에 적응한 식물은 알칼리성 토양에서 종종 망간 결핍이 발생한다. 야자수의 경우, 여왕야자(*Arecastrum romanzoffianum*), 피그미대추야자(*Phoenix roebelenii*), 소철(*Cycas revoluta*)에서는 망간 결핍이 대부분 흔하지만, 워싱턴야자류(*Washingtonia* spp.)에서는 흔하지 않다.

교정

확인된 망간 결핍은 망간이 함유된 비료를 토양과 잎에 적용하여 교정할 수 있다. 병징은 일반적으로 pH를 떨어뜨리는(토양 산성화) 토양 개량제를 추가하거나 과도한 관수를 피하고 토양 배수를 향상시키는 것과 같은 재배적인 작업으로 완화될 수 있다.

그림 5.43. 아몬드(*Prunus dulcis*)의 아연 결핍 병징. 이 결핍은 매우 짧은 절간을 유발하여 직경이 가는 신초의 끝에 잎의 다발(로제트 또는 빗자루)을 만들었다.

아연 결핍

병징

아연 결핍(亞鉛缺乏, zinc deficiency) 활엽 식물은, 잎이 균일하게 황화되고 때로는 괴사 반점으로 얼룩진다. 잎은 작고('작은 잎' 병징), 매우 좁고, 뾰족하다. 결핍은 절간(節間, internode)을 짧아지게 하기 때문에, 잎은 직경이 가는 신초의 끝에 모여 다발(로제트 또는 빗자루)을 만든다(**그림 5.43**). 오래된 잎은 결국 떨어진다.

아연이 결핍된 침엽수는, 침엽의 생장이 부진하고 황백화된다. 가지도 생장이 부진할 수 있고, 말라죽을 수도 있다. 교목은 1년차 또는 2년차 침엽을 제외한 모든 잎을 잃을 수도 있다.

발생

토양 내 아연의 양은 일반적으로 식물이 생장하기에 적정하지만, 토양 요소가 종종 이를 식물에 가용하지 못하도록 만든다. 아연의 식물에 대한 가용성은 토양 pH가 올라갈수록(알칼리성이 될수록) 감소한다. 병징은 해당 교목 내에서, 그리고 인접한 교목 간에도 차이가 많다. 아연의 수준은 표토에서 가장 높기 때문에, 정지와 기타 표토에 있는 뿌리를 감소시키는 작업은 아연 결핍을 악화시킬 수 있다. 야자수에서는 아연 결핍이 드물다.

유사 장애

아연 결핍 병징은 글리포세이트(glyphosate, 이행성 제초제) 피해 병징과 혼동될 수 있다.

진단

아연 결핍은 가시적인 병징과 토양분석을 종합하여 진단할 수 있다.

식물 요소

- 잎의 병징을 주의 깊게 살펴보라. 신초의 끝에 작고 노란색의 잎 다발은 아연 결핍의 분명한 병징이다.

그림 5.44. 피그미대추야자(*Phoenix roebelenii*)의 마그네슘 결핍 병징. 야자수의 전형적인 마그네슘 결핍 병징으로, 이들 잎사귀의 끝이 밝은 노란색이다.

그림 5.45. 세네갈대추야자(*Phoenix reclinata*)의 마그네슘 결핍 병징. 대추야자류(*Phoenix* spp.)는 이러한 결핍에 매우 감수성이다.

토양 요소

- 토양을 분석하여 pH를 확인하라. 토양 pH가 6.5 이상으로 높아지면, 아연의 가용성은 감소한다. 아연 결핍은 토양 내 인이 많아도 악화될 수 있다.
- 해당 토양이 정지되었는가? 아연의 수준은 표토에 가장 높기 때문에, 정지와 기타 얕은 경운을 빈번하게 하는 것과 같이 표토에 있는 뿌리를 감소시키는 작업은 아연 결핍을 악화시킬 수 있다.

교정

확인된 아연 결핍은 아연을 함유한 비료를 적용하여 교정할 수 있다. 보다 신속한 교정을 위해, 아연 킬레이트를 토양이나 잎에 적용할 수 있지만, 아연 킬레이트의 효과는 상대적으로 오래 가지 못한다. 병징은 pH를 낮추는(토양 산성화) 토양 개량제를 추가하여 경감시킬 수 있다.

마그네슘 결핍

병징

야자수는 잎의 끝이 밝은 노란색이 된다. 개별 잎사귀(frond)는 바깥 외곽 둘레에 노란 띠가 생기지만, 주맥(主脈, midrib)과 주맥 부근의 잎 부위는 녹색이 유지된다. 아래쪽 잎사귀는 조기에 노화된다(**그림 5.44~45**).

발생

마그네슘 결핍(magnesium deficiency)은 미국 남동부에 자라는 야자수에서 흔하다. 대추야자(*Phoenix* spp.)는 매우 감수성이다. 이러한 결핍은 활엽과 침엽의 조경 식물에는 드물다.

유사 장애

없음.

교정

야자수에서의 마그네슘 결핍은 황산마그네슘(magnesium sulfate, $MgSO_4$)을 토양에 적용하여 바로잡을 수 있다. 병징이 나타난 잎은 회복되지 않기 때문에 새로운 생장에 의해 대체되어야 한다. 병징이 있는 잎은 갈색으로 변하기 전에는 제거하지 마라.

염분(염해)과 특정 이온 독성

토양은 식물 생장과 기능에 필요한 수용성염(水溶性鹽, water-soluble salt)의 혼합물을 함유하고 있다. 그러나 염(鹽, salt)이 고농도로 존재하면 민감한 식물에 피해를 줄 수 있다. 식물 피해를 초래하는 염은 주로 염화물(鹽化物, chlorides), 황산염(黃酸鹽, sulfates)이며, 다음으로 빈번하지는 않지만 칼슘, 마그네슘, 나트륨, 칼륨 등의 질산염(窒酸鹽, nitrates)이 피해를 초래한다. 염은 바위와 광물이 풍화되면서 형성될 수도 있고, 강우, 관수, 시비, 염류토양 개량제의 혼합, 눈이 많이 오는 지역에서의 해빙염 적용 등을 통해 토양에 추가될 수 있다. 고농도의 염을 함유하고 있는 토양을 염류토양(鹽類土壤, saline soil)이라고 부른다.

치환성나트륨(置換性-, exchangeable sodium) 함량이 높은 토양은 나트륨성 또는 알칼리성 토양(-性土壤, sodic/alkali soil)이라고 부른다. 나트륨성 토양은 칼슘과 마그네슘에 비해 나트륨의 농도가 높다(나트륨이 치환용량[置換容量, exchange capacity]의 15% 이상). 나트륨은 식물에 두 가지 방법으로 문제를 일으킨다. 나트륨은 중간 또는 세립질 토성의 토양에 대해 입단 구조(粒團構造, aggregated structure)를 파괴하여 공기와 수분이 투과하지 못하게 한다. 또한 나트륨은 민감한 식물에 유독할 수 있다. 나트륨 토양의 pH는 보통 8.5를 초과한다. 염과 높은 수준의 치환성나트륨을 함유하고 있는 토양을 염류나트륨성 토양(鹽類性土壤, saline-sodic soil)이라고 부른다.

그림 5.46. 이들 코에드 헤베(*Hebe* 'Coed')는 염분 효과를 보여주고 있다. 왼쪽 식물은 낮은 염분(1 mmhos/cm)으로 정상적인 생장을; 가운데 식물은 3 mmhos/cm에서 줄어든 생장을; 오른쪽 식물은 높은 염분(6 mmhos/cm)으로 잎의 괴사와 낙엽을 각각 보여준다.

식물은 잎과 뿌리를 통해 염을 흡수한다. 잎에 적용된 염의 가장 흔한 공급원은 바다 물보라(ocean spray), 저품질의 물을 이용한 스프링클러 관수, 추운 지역에서 도로 해빙염(解氷鹽, deicing salt)의 튀김 등이다.

개별 원소나 화합물도 피해를 유발할 수 있다. 염화물, 붕소(硼素, boron), 암모늄(ammonium)은 이들 농도가 민감한 식물에 대해 임계 수준에 이르면 해롭다. 이것이 특정 이온 독성(特定-毒性, specific ion toxicity)으로 알려져 있다.

병징

뿌리로 흡수된 염

염 독성(鹽毒性, salt toxicity)은 먼저 생장 부진과 잎의 황화로 나타난다. 활엽 식물에서는, 일반적으로 잎의 괴사와 낙엽이 뒤따른다(**그림 5.46**). 전형적으로, 염의 축적이 가장 크게 일어나는 오래된 잎의 가장자리와 끝에서 일반적으로 가장 심각하고, 새잎은 덜 심각하다(**그림 5.47**). 침엽수에서는, 침엽이 끝에서 아래로 노랗게 변한 다음 갈색으로 변하여 떨어진다(**그림 5.48**). 심각한 경우에는, 식물이 죽는다. 병징의 정도는 염에 대한 해당 식물의 내성과 토양에 축적된 염의 농도에 따라 다르다.

잎에 적용된 염

식물은 자신의 잎과 뿌리를 통해 염을 흡수한다. 염 분무 피해는 일반적으로 바람에 실린 분무에 노출된 수관 부위로 한정된다. 예를 들면, 해안을 따라 피해가 가장 크게 나타나는 곳은 해당 식물의 바람받이 쪽이다. 도로에 적용된 염인 경우, 병징은 해당 식물의 도로를 향한 측면과 통행에 의해 발생되는 튀김의 높이까지 가장 심각하다(**그림 5.49**). 침엽수는 겨울철 몇 달 동안 해빙염에 의한 잎 피해를 보일 가능성이 있다. 침엽이 끝으로부터 아래로 적갈색으로 변한 다음 더 어두운 갈색이 되고 잘 부서지게 되어 바람에 부러지기도 한다. 활엽 식물의 잎은 가장자리 괴사, 낙엽, 조기 단풍, 봄에 잎 발생의 지연 등을 보일 수도 있다.

그림 5.47. 활엽 식물에 대한 염 독성 병징에는, 잎 황백화와 끝과 가장자리 괴사가 있고, 이 남팽나무에서처럼, 병징은 오래된 잎에서 더 심하다.

그림 5.48. 침엽수에서는, 과도한 염이 침엽의 끝에서 아래로 괴사를 유발한다. 병징은 오래된 생장에 더 심하다.

침엽수와 활엽수에서, 눈(bud), 잔가지, 가지, 식물 전체가 죽을 수도 있다. 낙엽활엽수종에서는, 정아나 잔가지가 죽어서 이듬해 봄에 빗자루 생장으로 이어질 수 있다(Laemmlen 1980). 병징의 심각성은 해당 종의 감수성, 노출된 기간, 분무에 포함된 염의 농도에 따라 다를 수 있다.

나트륨성(알칼리성) 토양

나트륨성 토양에서 자라는 식물은 생장 부진과 황백화로부터 괴사와 죽음에 이르기까지 피해가 지속될 것이다. 지표면에 흰색이나 검은색 딱지(crust)가 존재한다는 것은 알칼리성 상태를 나타내는 지표 중 하나이다. 수분 침투가 점점 더 느려지면 과도한 나트륨을 의심할 수 있다.

특정 이온 독성

특정 이온의 독성 병징은 종종 서로 간에 구분하기 어렵다. 잎의 황백화, 끝과 가장자리의 괴사가 전형적이다. 염화물 독성(鹽化物毒性, chloride toxicity) 병징에는 줄어든 잎 크기와 느린 생장속도, 잎 끝이나 가장자리의 괴사, 갈색화, 잎의 조기 황화와 낙엽, 황백화 등이 있다(Chapman 1965)(**그림 5.50**).

초기에는, 나트륨 독성(sodium toxicity)이 잎의 반점이나 엽맥 사이 황백화로 나타난다(**그림 5.51**). 피해는 잎의 끝, 가장자리 또는 엽맥 사이의 괴사로 진행된다.

붕소 독성(boron toxicity)의 초기 단계는 일반적으로 잎 끝이 황화되는 것이 특징이고, 이어서 가장자리와 측맥 사이의 황백화와 괴사로 진행된다(Chapman 1965). 붕소와 관련된 괴사는 종종 검고 잎 가장자리 근처에 작은 점으로 나타난다(**그림 5.52**). 급성인 경우, 조기 낙엽이 발생한다. 침엽수에서는 침엽이 끝에서부터 아래로 죽는데, 이는 오래된 잎이 더 심각하다(**그림 5.53**).

암모늄 독성(ammonium toxicity) 병징에는 생장속도 감소, 황백화, 잎에 작은 괴사 반점 발생, 줄기의 흑변(黑變, blackening) 등이 있다(Bunt

1976) (**그림 5.54**).

발생

토양 염분

독성은 식물 뿌리가 토양으로부터 염을 흡수하면 발생할 수 있다. 염분은 건조하고, 해안을 끼고 있고, 눈이 많이 오는 지역에 문제가 된다. 염은 토양 모재(母材, parent material)로부터 유래하거나 관수되는 물, 높은 지하수위, 해빙염 등에 의해 토양에 축적될 수 있다(Harris, Clark, and Matheny 1999). 염류토양은 강우/증발비율(precipitation-to-evaporation ratio)이 0.75 이하인 지역과 더 높은 고지로부터 침윤(浸潤, seepage)이 발생할 수 있는 낮고 평평한 지하수위가 높은 지역에서 매우 자주 발견된다(Brady and Weil 1996).

도로 염은 눈이 많이 오는 지역에서 도로 여건

그림 5.49. 잎에 적용된 염은 침엽수의 침엽 끝이 붉게 타는 피해를 준다(A). 피해 패턴은 분무 및 토양에 적용된 염을 분산시키는 통행으로부터의 튀김 패턴을 확인시켜준다(B).

그림 5.50. 염화물 독성 병징은, 미국풍나무(A)와 남팽나무(B)에 대한 줄어든 잎 크기, 황백화, 잎의 끝과 가장자리 괴사 등이다.

그림 5.51. 털마삭줄(*Trachelospermum jasminoides*)에 대한 나트륨 독성 병징은 먼저 잎 반점이나 엽맥 사이 황백화로 나타난다.

그림 5.52. 붕소 독성은 이 뽕나무의 잎 가장자리를 따라 어둡고 괴사된 부위를 유발한다.

그림 5.53. 레드우드에 대하 심각한 붕소 독성 병징은 침엽의 고사를 유발하였다. 병징은 오래된 잎에서 먼저 나타났고 더욱 심각하였다.

을 향상시키기 위해 사용한다. 염화나트륨(NaCl)과 염화칼슘($CaCl_2$)이 흔히 사용되는 염이다. 처리된 도로에 인접한 낮은 지역이 전형적으로 염 농도가 가장 높다. 해빙염은, 비가 염을 뿌리층 아래로 용탈시키기 때문에, 봄 날씨가 건조한 것보다 비가 오는 것이 뿌리층에 문제를 덜 일으킨다(Michigan State Univ. Ext. 1996).

염류 토양은 예상치 않은 곳에서 발견될 수도 있다. 어떤 부지에 들여온 염류 토양은 평소에는 염류 토양이 아닌 지역에 염을 도입한다. 또한 정지를 위한 절토도 아래에 있는 염류 토양을 노출시킬 수 있다. 토양의 성질을 평가할 때에는 자연적인 지형에 대한 변화를 고려하라.

염수(鹽水, saline water)로 관수하면 시간이 지나면 토양 염분이 증가한다. 만약 관개용수(灌

그림 5.54. 암모늄 독성이 금관국화(*Chrysanthemum morifolum*)의 생장 부진과 괴사 반점을 유발하였다(왼쪽은 병징이 없는 개체).

漑用水, irrigation water)가 토양으로 깊게 침투하지 않으면, 그 용수에 함유된 염의 대부분이 해당 식물의 뿌리층에 남아서 민감함 식물에 피해를 줄 것이다. 물의 염분이 높을수록 더 자주 관수하고, 배수가 불량할수록 염류토양이 발달될 가능성이 높다. 재활용수(再活用水, recycled water), 얕은 우물의 물, 건조한 농업지역을 통과한 강물은 염분을 함유하고 있을 가능성이 있다.

과도한 비료 적용은 염 독성(鹽毒性, salt toxicity)을 유발할 수 있다. 또한 비료의 제형도 토양 염도(土壤鹽度, soil salinity)를 높이는 데 영향을 준다. 예를 들면, 염화칼륨(KCl)은 황산칼륨(K_2SO_4)보다 염분 위험이 더 높다(**표 5.4**). 동물 배설물, 버섯 퇴비(mushroom compost), 하수오니(下水汚泥, sewage sludge)와 같이 흔히 사용하는 토양 개량제는 염분이 매우 높을 수 있다(**표 5.5**). 토양에 섞어줄 때, 이러한 자재로 인해 토양 염도가 식물의 내성을 초과하면 식물에 피해를 줄 수 있다.

잎에 적용된 염

독성은 잎에 적용된 염으로부터도 발생할 수 있다. 사실, 식물은 일반적으로 염이 토양보다 잎에 적용되었을 때 더 낮은 염 농도에서 피해를 입는다. 염은 바람에 날린 바다 물보라나 도로 해빙염의 튀김을 통해 잎에 쌓일 수 있다. 민감한 종에 대한 바다 물보라 피해는 20~30 km 내륙에서 관찰되었다. 해빙염에 의한 식물 피해는 도로로부터 18 m 이내에서 가장 심각하였지만(Johnson and Sucoff 1995), 교통량이 많은 뉴잉글랜드 고속도로의 경우, 바람이 불어가는 방향으로 275 m 거리에서도 발생하였다(Pennsylvania Sate Univ. 1987). 수질이 나쁜 물로 스프링클러 관수를 하면 민감한 종에 피해를 유발할 수 있다.

나트륨성(알칼리성) 토양

나트륨성 토양은 일반적으로 지하수위가 높은 저지대나 염수와 알칼리성 물이 오랜 기간 동안 고여 있었던 지역에서 발달한다. 나트륨 함량이 높은 물로 관수를 해도 나트륨성 토양이 형성된다.

유사 장애

염 피해는 영양 결핍, 수분 부족, 제초제 독성, 바람 화상/탈수(wind burn/desiccation), 급성 대기오염 피해, 높은 햇빛 노출 등과 같은 다른 여러 장애와 비슷하게 보일 수 있다.

표 5.4. 발췌된 비료의 토양 염분에 미치는 효과

비료	% 성분	염류 지수*	상대 염도†
질산암모늄(ammonium nitrate)	35 N	104.7	49.4
황산암모늄(ammonium sulphate)	21 N	69.0	53.7
질산칼슘(calcium nitrate)	11.9 N	52.5	30.1
인산이암모늄(diammonium phosphate)	21 N, 23 P	34.2	12.7
일인산암모늄(Monoammonium phosphate)	12 N, 27 P	29.9	12.7
염화칼륨(potassium chloride)	49.8 N	116.3	38.5
질산칼륨 (potassium nitrate)	13 N, 38 K	73.6	23.6
황산칼륨(potassium sulfate)	45 K	46,1	17.0
질산나트륨(sodium nitrate)	15.5 N	100.0	100.0
과인산석회/단일(superphosphate/single)	7.8 P	7.8	16.5
과인산석회/3중(superphosphate/triple)	19.6 P	10.1	8.5
요소(urea)	46 N	75.4	26.7

출처: Bunt 1976

주:

* 염류지수는, $NaNO_3$의 효과를 기준으로, 같은 무게 비료의 삼투압 증가로부터 계산되었다.

† 상대염도는, $NaNO_3$의 효과를 기준으로, 비료의 단위당 삼투압 증가로부터 계산되었다.

그림 5.55. 이 유칼리나무는 깊이 1.2 m에서의 높은 토양 염분에 의해 피해를 입었다. 지표면의 염분은 내성 범위 이내였다.

염 또는 특정 이온 독성이 발생할 수 있는 여건

특정 이온 독성은 염분에서 기술한 것과 같은 여건 하에서 발생할 수 있다. 대부분의 독성은 이온이 토양과 물에 자연적으로 고농도로 존재하기 때문에 발생한다. 식물은 잎과 뿌리를 통해 나트륨과 염화물을 흡수한다.

칼슘을 나트륨으로 대체한 연화된 물로 관수하거나, 연화된 물을 여상(濾床, leach field)이나 정화조로 배출하는 것은 식물에 피해를 줄 수 있다. 토양 배수 문제는 나트륨이 칼슘과 마그네슘에 의해 충분히 균형을 이루지 못하면 나타날 수 있다(p. 85 "나트륨성 토양" 참조). 해빙염으로 염화나트륨을 사용하면 나트륨도 높을 수 있다.

염화물 독성은 해빙염으로 염화나트륨과 염화칼슘을 사용할 때 발생할 수 있다. 염소로 소독하는 수영장에 인접하여 자라는 감수성 식물은 튀기는 물과 여과기 역세척(filter backwash)에 의해 피해를 입을 수 있다. 염화물(예, 잿물, 염화칼륨)을 함유하고 있는 비료의 다량 또는 반복적인 적용도 독성 병징을 유발할 수 있다.

붕소는 해양 퇴적물에서 유래하거나 붕소 함량이 많은 모재로부터 유래한 토양, 건조한 토양, 지리학적으로 어린 퇴적물에서 유래한 토양 등에서 발생한다. 붕소 독성을 유발하는 토양 관리작업은 중성 또는 알칼리성 토양의 산성화, 붕소 함량이 높은 물로 관수, 하수 폐기물의 적용 등이다(Chapman 1965). 붕소 함유 제초제를 처리한 토양도 유독할 수 있다.

암모늄 독성은 암모늄 비료(표 5.4 참조)를 과도하게 적용하거나 암모늄이 높은 토양 개량제를 혼합함으로써 발생할 수 있다.

진단

토양 염도는 뿌리층에서 토양 시료를 채취하여 전기전도도(電氣傳導度, electrical conductivity, EC_e)를 측정함으로써 진단할 수 있다. 적절한 깊이에서 시료를 채취하라; 시료 채취 깊이를 결정할 때에는 뿌리가 위치한 곳을 확인하라. 염은 종종 토양의 위쪽 1.3 cm에 축적된다. 지표면 시료에 대한 시험은 해당 지역이 파종상(播種床, seed bed)인 경우에만 식물 생장 여건을 나타낼 것이다. 식물이 뿌리를 깊이 내리면 시료도 깊어야 한다. 샌프란시스코만 근처의 저지대에서의 유칼리나무 가지마름 진단에서는, 염분이 토양 깊이에 따라 증가하여 1.2 m 깊이에만 독성 수준에 도달했다(**그림 5.55**).

EC_e는 센티미터당 밀리호스(mmhos/cm)나 미터당 데시지멘(dS/m)으로 표시하는데, 1 dS/m는 1 mmhos/cm와 같다. 토양의 염 함량이 낮을수록 EC_e는 낮고 식물 피해 가능성도 낮다. 토양은 일반적으로 EC_e가 3 mmhos/cm를 초과하면 염류토양이라고 간주된다. 이 농도에서는, 민감한 식물은 피해를 입는다. 저항성이라고 간주되는 목본식물은 EC_e가 10 mmhos/cm에 도달할 때까지 피해가 나타나지 않을 수도 있다.

물의 염분(鹽分, salinity)은 총 용존 고형물(總溶存固形物, TDS/total dissolved solids)과 EC_w로 표현한다. 대부분의 식물은, TDS가 1,000 ppm 미만이어야 하고, EC_w는 2 mmhos/cm 미만이어야 한다.

염분은 총 염함량을 표현하지만, 이는 염화물, 나트륨, 붕소, 암모늄과 같은 특정 이온에 의한 잠재적인 독성을 확인하는 데는 적합하지 않다. 특히 붕소는 별도로 평가되어야 하는데, 이는 붕소의 존재가 정상적인 염분 측정에서는 나타나지 않는 매우 낮은 농도에서(1 ppm 미만)도 유독하기 때문이다.

특정 이온 독성을 진단하기 위해서는 물과 잎 시료를 채취하고, 염의 공급원과 가능한 처리에 관해 보다 잘 이해하라(설명적인 지침은 **표 5.6**을 참조). 조직 분석을 위해서는 오래되고 노출된 잎을 채취하라: 염은 나이가 들어감에 따라 식물 조직 내 축적되기 때문에, 오래된 잎과 대기에 노출된 오래된 잎이 어리거나 안쪽 잎보다 염 농도가 더 높을 것이다. 자료를 해석할 때에는 병징이 없

표 5.5. 상업적으로 가용한 유기 토양 개량제의 염분 함량, EC_e 순으로 정렬

제품	실험된 상표 수	EC_e(mmhos/cm)*
닭똥(chicken manures)	2	17.0~23.0
소똥(steer manures)	3	12.0~14.0
버섯비료(mushroom composts)	1	13.0
유기질퇴비(떖rganic composts)	4	2.9~7.9
분 식재용 혼합물(planting mixes)	2	0.6~2.0
이탄(peat)	1	0.3
레드우드퇴비(redwood composts)	2	0.2~1.8

출처: Hesketh and Hickman 1984.
주: *EC_e 0~2 mmhos/cm는 대부분의 식물에 안전하다고 간주된다.

표 5.6. 토양, 물, 식물 조직의 염에 대한 시험결과 해석을 위한 지침

	안전	약간-중간	심각
토양 분석			
염분(ECe), mmhos/cm*	0.5~2.0	2.0~4.0	>4.0
나트륨흡착비(SAR)	<6	7~9	>9
나트륨, mg/l		>230	
붕소, mg/l	0.1~0.5	1~5	>5
염화물, mg/l	<100	100~200	>250
암모늄, mg/l	0~25	>25	
물 분석			
총 용존 고형물(TDS), mg/l	<450	450-2,000	>2,000
염분(EC_w), mmhos/cm	<0.7	0.7~3.0	>3.0
붕소, mg/l	<0.5	0.5~1.0	>1.0
염화물			
지표 관수, mg/l	<140	140-300	>350
스프링클러 관수, mg/l	<100	>100	
나트륨			
지표 관수(SAR)	<3	3~9	>9
스프링클러 관수, mg/l	<70	>70	
조직 분석			
붕소, ppm			>200
나트륨, %	0.1~0.3		>5
염화물, %	0.2~0.4		>1

주: *1 mmhos/cm = 1 dS/m.
출처: Pettygrove and Asano 1985.

는 같은 나이, 위치, 종의 잎을 분석한 자료와 비교하라.

나트륨 상태는 토양 내 칼슘, 마그네슘, 나트륨을 측정하고, 나트륨흡착비(SAR, sodium adsorption ratio)나 치환성나트륨백분율(ESP, exchangeable sodium percentage)을 계산하여 시험하라. SAR는 6.0 미만, ESP는 15 미만이어야 한다.

토양, 물, 식물 조직 시료 채취 방법은 제2장을 참고하라.

감수성과 내성 종

식물의 염에 대한 내성은 매우 다양하다; 토양의 EC_e와 종의 내성을 아는 것이 염 독성으로 인한 피해를 진단하는 데 핵심이다(**표 5.7~10** 참조). 더구나 토양 염분에 내성이 있는 식물이 염 분무에 민감할 수 있다.

식물은 특정 이온에 대해 다른 내성을 가지고 있다. 예를 들면, 어떤 식물은 붕소에 상대적으로 내성이 있지만 염화물에는 매우 민감하다. 더구나, 같은 종 내에서 감수성에서의 유전적인 변이도 발견되고 있다. 특정 이온에 대한 식물의 감수성에 대한 목록을 만드는 데 도움을 줄 수 있는 정보는 제한적이다. 반면, 염 내성 목록은 염화물 감수성을 평가하기에 적절한 편이다. 붕소에 민감하고 내성이 있는 식물의 목록은 표 5.9에 제시되어 있고, 나트륨 토양에 내성이 있는 식물은 표 5.15에 나열되어 있다.

교정

염류토양(鹽類土壤, saline soil)은 어떤 화학적 토양개량제, 조정제(調整劑, conditioner), 비료로도 교정할 수 없다(Cardon and Mortvedt 1999). 간척(干拓, reclamation)의 핵심은 배수와 양질의 물을 통해 염을 식물의 뿌리층 아래로 용탈시키는 것이다. 배수와 관련된 문제는 용탈 처리를 하기 전에 바로잡아야 한다(Harris, Clark, and Matheny 1999). 관개수의 염분이 감수성 식물이 견딜 수 있는 수준보다 높을 경우, 용탈을 통해 피해 수준 이하로 염분을 낮추지 못할 것이다(**그림 5.56**).

표 5.7. 발췌한 조경 식물의 염분과 붕소 내성

학명	일반명	식물 유형	염분 내성	붕소 내성	참고자료[*]
Abelia × grandiflora	꽃댕강나무	관목	저	중	Francois 1980, 1982; Skimina 1980
Abelia × grandiflora 'Edward Goucher'	꽃댕강나무(품종)	관목	저	—	Wu et al. 1999
Abies balsamea	발삼전나무	교목	저	—	Dirr 1997
Acacia farnesiana	스위트아카시아	교목	중	—	Cal Poly n.d.
Acacia greggii	고양이발톱아카시아	교목	고	—	Cal Poly n.d.
Acacia longifolia	긴잎아카시아	관목	저	—	Farnham, Ayers, and Hasek 1985
Acacia melanoxylon[†]	호주흑목	교목	고	—	Roewekamp 1941
Acacia melanoxylon[†]	호주흑목	교목	중	중	Bernstein, Francois, and Clark 1972; Van Arsdel 1980
Acacia redolens	눈아카시아	지피	고	—	Wu et al. 1999
Acacia spp.	아카시아류	교목	중	고	Cal Poly n.d.; San Diego 1966
Acalypha wilkesiana	아칼리파	관목	저	—	Cal Poly n.d.
Acanthus mollis 'Oak Leaf'	아칸서스(품종)	관목	저	—	Skimina 1980
Acer buergerianum	중국단풍	교목	고	—	Cornell Coop. Ext. 1999
Acer campestre	캄페스트레단풍	교목	고	—	Cornell Coop. Ext. 1999
Acer macrophyllum	큰잎단풍나무	교목	저	—	Donaldson, Hasey, and Davis 1983
Acer platanoides	노르웨이단풍	교목	중	—	Donaldson, Hasey, and Davis 1983
Acer pseudoplatanus[†]	버즘단풍나무	교목	고	—	Cornell Coop. Ext. 1999
Acer pseudoplatanus[†]	버즘단풍나무	교목	저	—	Butin 1995
Acer rubrum	적단풍	교목	저	—	Cornell Coop. Ext. 1999
Acer saccharinum	은단풍	교목	저	저	Bernstein, Francois, and Clark 1972; Van Arsdel 1980
Achillea spp.	톱풀류	초본	중	—	Glattstein 1989
Aesculus carnea	붉은칠엽수	교목	—	저	Questa 1987
Aesculus spp.	칠엽수류	교목	저	—	Butin 1995
Agapanthus orientalis	동양아가판서스	초본	중	—	Skimina 1980
Agapanthus umbellatus	아프리카백합	초본	중	—	Skimina 1980
Agave attenuata	얇은잎용설란	관목	중	—	Farnham, Ayers, and Hasek 1985
Agave spp.	용설란류	관목	고	—	Van Arsdel 1980
Ageratum spp.	불로화류	초본	중	—	Morris and Devitt 1990
Agrostis tenuis	콜로니얼벤트그래스	잔디	저	—	Harivandi 1988
Ailanthus altissima	가죽나무	교목	고	—	Butin 1995
Albizia julibrissin	자귀나무	교목	저	—	Questa 1987; Wu et al. 1999
Albizia lophantha (*syn. A. distachya*)	깃털자귀나무	교목	고	—	Cal Poly n.d.
Allamanda cathartica	황금트럼펫	덩굴	중	—	Cal Poly n.d.
Alnus incana	잉카나오리나무	교목	저	—	Dirr 1997
Alnus rhombifolia	흰오리나무	교목	저	저	Bernstein, Francois, and Clark 1972; Van Arsdel 1980
Aloe arborescens	나무알로에	관목	고	—	Cal Poly n.d.

학명	일반명	식물 유형	염분 내성	붕소 내성	참고자료*
Aloe vera	알로에베라	초본	고	—	Cal Poly n.d.
Alyssum saxatile	황금돌바위꽃	초본	저	—	—
Antirrhinum majus	금어초	초본	저	—	—
Araucaria araucana	칠레소나무	교목	저	—	Van Arsdel 1980
Araucaria heterophylla†	아라우카리아	교목	고	—	Farnham, Ayers, and Hasek 1985; Skimina 1980
Araucaria heterophylla†	아라우카리아	교목	중	—	Van Arsdel 1980
Arbutus unedo†	딸기나무	교목	중	—	Skimina 1980
Arbutus unedo	딸기나무	교목	고	고	Cal Poly n.d.; Roewekamp 1941; Questa 1987
Arbutus unedo 'Compacta'	딸기나무(품종)	관목	저	—	Francois and Clark 1978; Skimina 1980
Arctotheca calendula	케이프민들레	지피	고	—	Farnham, Ayers, and Hasek 1985
Ardisia paniculata	자금우	관목	중	—	Cal Poly n.d.
Arecastrum romanzoffianum†	여왕야자	야자수	중	—	Skimina 1980
Arecastrum romanzoffianum†	여왕야자	야자수	저	—	Cal Poly n.d.; Branson and Davis 1965
Artemisia frigida	동토쑥	관목	중	—	Donaldson, Hasey, and Davis 1983
Artemisia pycnocephala	모래언덕쑥	관목	고	—	Perry 1989
Artemisia stelleriana	흰쑥	초본	중	—	Glattstein 1989
Arundo donax	무늬물대	관목	고	—	Cal Poly n.d.
Asclepias tuberosa	투베로사	초본	중	—	Glattstein 1989
Asparagus densiflorus	고사리아스파라가스	초본	중	—	Skimina 1980
Asparagus densiflorus 'Sprengeri'	고사리아스파라가스(품종)	초본	고	—	Skimina 1980
Atriplex lentiformis ssp. *breweri*	케일부쉬	지피	고	—	Cal Poly n.d.
Atriplex spp.	갯능쟁이류	지피	고	—	Perry 1989
Baccharis pilularis	눈코요테브러쉬	지피	고	—	Farnham, Ayers, and Hasek 1985
Baccharis pilularis ssp. *consanguinia*	코요테브러쉬	지피	고	고	Cal Poly n.d.
Baccharis sarothroides	사막바카리스	관목	고	—	Cal Poly n.d.
Baccharis viminea	뮬사슴먹이바카리스	관목	고	—	Cal Poly n.d.
Bauhinia purpurea†	난초나무	교목	중	—	Francois 1982
Bauhinia purpurea†	난초나무	교목	저	저	Cal Poly n.d.; Roewekamp 1941
Berberis × *mentorensis*	멘토매자나무	관목	저	—	Skimina 1980
Berberis thunbergii	일본매자나무	관목	저	—	—
Berberis spp.	매자나무류	관목	저	—	—
Betula nigra	흑자작나무	교목	저	—	Van Arsdel 1980
Betula papyrifera	종이자작나무	교목	저	—	—
Betula pendula	은자작	교목	저	저	Bernstein, Francois, and Clark 1972
Bougainvillea brasiliensis 'Orange King'	브라질부겐빌레아(품종)	덩굴	고	—	Skimina 1980
Bougainvillea glabra	종이꽃부겐빌레아	덩굴	중	—	Cal Poly n.d.
Bougainvillea spectabilis	큰부겐빌레아	덩굴	고	고	Bernstein, Francois, and Clark 1972; Skimina 1980

표 5.7. 발췌한 조경 식물의 염분과 붕소 내성성—계속

학명	일반명	식물 유형	염분 내성	붕소 내성	참고자료*
Bouteloua gracilis	푸른그라마	잔디	중	—	Berstein 1958; Harivandi 1988
Brahea edulis	과달루프야자	야자수	중	—	Skimina 1980
Brunfelsia pauciflora 'Floribunda'	브룬펠시아(품종)	관목	중	—	Skimina 1980
Buddleia davidii†	부들레야	관목	저	—	Wu et al. 1999
Butia capitata	젤리야자나무	야자수	고	—	Van Arsdel 1980
Buxus microphylla var. *japonica*†	회양목	관목	고	—	Wu et al. 1999
Buxus microphylla var. *japonica*†	회양목	관목	중	고	Bernstein, Francois, and Clark 1972; Skimina 1980
Buxus sempervirens	서양회양목	관목	저	—	Cal Poly n.d.
Buxus spp.	회양목류	관목	저	—	—
Calendula officinalis	금잔화	초본	중	중	Maas 1984; Morris and Cevitt 1990
Callistemon citrinus	레몬병솔나무	관목	고	고	Skimina 1980; Francois and Clark 1979
Callistemon rigidus	병솔나무	관목	고	—	Perry 1989
Callistemon viminalis†	처진병솔나무	교목	중	—	Bernstein, Francois, and Clark 1972
Callistemon viminalis†	처진병솔나무	교목	고	고	Bernstein, Francois, and Clark 1972; Van Arsdel 1980
Callistephus chinensis	과꽃	초본	저	중	Farnham, Ayers, and Hasek 1985; Maas 1984
Calocedrus decurrens	인센스시더	교목	저	—	Branson and Davis 1965
Calocephalus brownii	쿠션부쉬	초본	고	—	Cal Poly n.d.
Calodendrum capense	케이프밤나무	교목	—	고	Roewekamp 1941
Camellia japonica	동백나무	관목	중	—	Cal Poly n.d.
Caragana arborescens	시베리아골담초	교목	고	—	Cornell Coop. Ext. 1999
Carissa macrocarpa	카리사자스민	관목	고	고	Bernstein, Francois, and Clark 1972; Skimina 1980
Carpinus betulus	유럽서어나무	교목	저	중	Questa 1987
Carpinus spp.	서어나무류	교목	저	—	Butin 1995
Carya illinoensis	피칸나무	교목	저	저	Van Arsdel 1980
Carya spp.	카리아류	교목	저	—	Dirr 1997
Cassia artemisioides	은색카시아	관목	고	—	Cal Poly n.d.
Cassia spp.	카시아류	관목	고	고	Cal Poly n.d.; San Diego 1966
Casuarina spp.	목마황류	교목	중	—	Farnham, Ayers, and Hasek 1985; Branson and Davis 1965
Casuarina cunninghamiana	쉬오크	교목	고	—	Cal Poly n.d.
Casuarina stricta	처진쉬오크	교목	고	—	Cal Poly n.d.
Catalpa spp.	개오동나무류	교목	저	저	Cal Poly n.d.; San Diego 1966
Ceanothus arboreus	펠트잎시아노투스	관목	고	고	Cal Poly n.d.
Ceanothus gloriosus	포인트레이시아노투스	지피	고	고	Cal Poly n.d.
Ceanothus spp.	야생라일락류	관목	—	고	San Diego 1966
Ceanothus thyrsiflorus†	푸른꽃시아노투스	교목	중	—	Wu et al. 1999
Ceanothus thyrsiflorus†	푸른꽃시아노투스	교목	고	고	Cal Poly n.d.
Cedrus atlantica	아틀라스시더	교목	저	고	Skimina 1980; Questa 1987
Cedrus deodara†	히말라야시더	교목	저	—	Skimina 1980

학명	일반명	식물 유형	염분 내성	붕소 내성	참고자료*
Cedrus deodara†	히말라야시더	교목	고	고	Cal Poly n.d.; Questa 1987; Wu et al. 1999
Celosia argentea var. *cristata*	개맨드라미	초본	저	—	Morris and Devitt 1990; Donaldson, Hasey, and Davis 1983
Celtis australis	남팽나무	교목	저	중	Bernstein, Francois, and Clark 1972
Celtis sinensis	팽나무	교목	저	—	Wu et al. 1999
Cephalanthus occidentalis	세팔란투스	관목	저	—	Van Arsdel 1980
Ceratonia siliqua	캐럽콩나무	교목	중	중	Roewekamp 1941; Bernstein, Francois, and Clark 1972
Cercidium floridum	푸른팔로베르데	교목	고	—	Cal Poly n.d.
Cercidum spp.	팔로베르데	교목	고	—	Cal Poly n.d.
Cercis occidentalis	서양박태기	교목	고	—	Cal Poly n.d.
Cercis spp.	박태기류	교목	저	저	Cal Poly n.d.; San Diego 1966
Cercocarpus betuloides	산악마호가니	관목	고	—	Cal Poly n.d.
Cereus peruvianus	귀면각	초본	중	—	Cal Poly n.d.
Chamaerops humilis	유럽부채야자	야자수	고	—	Francois and Clark 1978
Chrysanthemum morifolium 'Bronze Kramer'	국화(품종)	초본	중	—	Farnham, Ayers, and Hasek 1985
Chrysobalanus icaco	코코플럼	교목	중	—	Cal Poly n.d.
Cinnamomum camphora†	녹나무	교목	저	—	Skimina 1980; Branson and Davis 1965
Cinnamomum camphora†	녹나무	교목	고	—	Roewekamp 1941
Citrus spp.†	감귤류	교목	저	저	Maas 1984; Eaton 1944
Citrus spp.†	감귤류	교목	저	저	San Diego 1966
Clivia miniata 'French Hybrid'	군자란(품종)	관목	저	—	Skimina 1980
Clytostoma callistegioides	트럼펫덩굴	덩굴	저	—	Wu et al. 1999
Coccoloba floridana	비둘기자두	교목	고	—	Cal Poly n.d.
Coccoloba uvifera	시그레이프	관목	중	—	Cal Poly n.d.
Coccothrinax spp.	수염야자류	야자수	고	—	Chase and Broschat 1991
Coccothrinax argentata	플로리다은야자	야자수	중	—	Cal Poly n.d.
Cocos nucifera	코코넛	야자수	고	—	Chase and Broschat 1991
Codiaeum punctatus	크로톤	초본	고	—	Cal Poly n.d.
Coleonema spp.	콜레오네마류	관목	고	—	Cal Poly n.d.
Coprosma spp.	코프로스마류	관목	고	—	Farnham, Ayers, and Hasek 1985
Cordyline australis	캐비지트리	야자수	저	—	Branson and Davis 1965
Cordyline indivisa	마운틴캐비지트리	야자수	고	고	Bernstein, Francois, and Clark 1972; Skimina 1980; Francois and Clark 1979
Coreopsis grandiflora	큰금계국	초본	중	—	Glattstein 1989
Cornus capitata	캐피타타산딸나무	관목	—	저	Roewekamp 1941
Cornus mas	미국산수유	관목	저	—	Wu et al. 1999
Cortaderia selloana	팜파스그래스	관목	고	고	Farnham, Ayers, and Hasek 1985
Corylus avellana	헤이즐럿	교목	저	—	Dirr 1997
Cosmos bipinnatus	코스모스	초본	저	—	Morris and Devitt 1990
Cotinus coggygria	안개나무	관목	중	—	Glattstein 1989

표 5.7. 발췌한 조경 식물의 염분과 붕소 내성—계속

학명	일반명	식물 유형	염분 내성	붕소 내성	참고자료*
Cotoneaster congestus	피레네섬개야광나무	관목	저	—	Francois and Clark 1978
Cotoneaster horizontalis	홍자단	관목	저	—	Farnham, Ayers, and Hasek 1985
Cotoneaster lacteus	파니섬개야광나무	관목	고	—	Cal Poly n.d.
Cotoneaster microphyllus 'Rockspray'	섬개야광나무(품종)	지피	저	—	Wu et al. 1999
Crassula ovata†	염좌	초본	중	—	Skimina 1980
Crassula ovata†	염좌	초본	저	—	Farnham, Ayers, and Hasek 1985
Crataegus × *lavallei*	라발레산사나무	교목	저	—	Branson and Davis 1965
Crataegus phaenopyrum	미국산사	교목	저	고	Bernstein, Francois, and Clark 1972; Van Arsdel 1980
Crinodendron patagua	계곡백합나무	교목	—	고	Roewekamp 1941
× *Cupressocyparis leylandii*	랠란디 사이프러스	교목	고	—	Skimina 1980
Cupressus forbesii	테카테사이프러스	교목	저	—	Branson and Davis 1965
Cupressus macrocarpa	몬트레이사이프러스	교목	저	—	Branson and Davis 1965
Cupressus sempervirens	이태리사이프러스	교목	고	고	Cal Poly n.d.; San Diego 1966
Cupressus sempervirens 'Glauca'	이태리사이프러스(품종)	교목	중	—	Skimina 1980
Cynodon dactylon	우산잔디	잔디	고	—	Bernstein 1958
Cytisus × *praecox* 'Moonlight'	양골담초(품종)	관목	저	—	Skimina 1980
Dactylis glomerata	오리새	잔디	중	—	Bernstein 1958
Delosperma alba	흰덩굴채송화	지피	고	—	Farnham, Ayers, and Hasek 1985; Bernstein, Francois, and Clark 1972
Delphinium spp.	참제비고깔류	초본	저	저	Maas 1984; Eaton 1944
Dianthus barbatus	수염패랭이꽃	초본	저	—	—
Dianthus caryophullus†	스프레이카네이션	초본	저	—	Farnham, Ayers, and Hasek 1985
Dianthus caryophullus†	스프레이카네이션	초본	고	—	Morris 1984; Morris and Devitt 1990
Dietes iridioides	아프리칸아이리스	관목	고	—	Skimina 1980
Diospyrus kaki	감나무	교목	—	저	Cal Poly n.d.
Diospyros virginiana	버지니아감나무	교목	저	—	Maas 1984; Eaton 1944
Dodonaea viscosa	호프씨나무	관목	중	—	Francois 1980
Dodonaea viscosa 'Purpurea'	호프씨나무(품종)	관목	중	—	Bernstein, Francois, and Clark 1972; Skimina 1980
Dracaena spp.	드라세나류	관목	중	—	Cal Poly n.d.
Drosanthemum hispidum	핑크채송화	지피	고	—	Farnham, Ayers, and Hasek 1985; Francois and Clark 1978
Echium fastuosum	에키움	관목	고	고	Cal Poly n.d.; San Diego 1966
Elaeagnus angustifolia	러시아 올리브	관목	고	—	Dirr 1978; Van Arsdel 1980
Elaeagnus pungens	풍겐스보리수	관목	중	저	Bernstein, Francois, and Clark 1972; Francois and Clark 1979
Elaeagnus umbellata	보리수나무	관목	저	—	Dirr 1978
Ensete ventricosum	나무바나나	초본	저	—	Skimina 1980
Eremochloa ophiuroides	센티페드그라스	잔디	저	—	Harivandi 1988
Eriobotrya deflexa	청동비파나무	교목	저	—	Branson and Davis 1965

학명	일반명	식물 유형	염분 내성	붕소 내성	참고자료*
Eriobotrya japonica	비파나무	교목	저	중	Maas 1984
Eriogonum arborescens	산타크루즈섬메밀	관목	고	—	Cal Poly n.d.
Eriogonum fasciculatum	캘리포니아메밀	관목	고	—	Cal Poly n.d.
Erythea armata	브라헤어부채야자	야자수	고	—	Cal Poly n.d.
Erythrina caffra	카프라닭벼슬나무	교목	—	저	Roewekamp 1941
Escallonia rubra	에스칼로니아	관목	중	—	Wu et al. 1999
Eschscholzia californica	금영화	초본	중	중	Farnham, Ayers, and Hasek 1985; Glattstein 1989
Eucalyptus camaldulensis	붉은유칼리나무	교목	고	고	Donaldson, Hasey, and Davis 1983; Perry 1989
Eucalyptus citriodora	레몬유칼리나무	교목	고	고	Cal Poly n.d.
Eucalyptus cladocalyx	설탕유칼리나무	교목	고	고	Cal Poly n.d.
Eucalyptus ficifolia†	붉은꽃유칼리나무	교목	고	—	Cal Poly n.d.
Eucalyptus ficifolia†	붉은꽃유칼리나무	교목	저	중	Bernstein, Francois, and Clark 1972; Van Arsdel 1980
Eucalyptus globulus 'Compacta'	푸른유칼리나무(품종)	교목	고	고	Cal Poly n.d.
Eucalyptus gunnii	사이더유칼리나무	교목	고	—	Donaldson, Hasey, and Davis 1983
Eucalyptus lehmannii	난장이유칼리나무	관목	고	고	Cal Poly n.d.
Eucalyptus microtheca	침수유칼리나무	교목	고	—	Donaldson, Hasey, and Davis 1983
Eucalyptus polyanthemos†	은화유칼리나무	교목	고	중	Cal Poly n.d.
Eucalyptus polyanthemos†	은화유칼리나무	교목	—	고	Questa 1987
Eucalyptus pulverulenta	은잎유칼리나무	교목	중	—	Cal Poly n.d.
Eucalyptus rudis	늪지유칼리나무	교목	고	고	Donaldson, Hasey, and Davis 1983; Perry 1989
Eucalyptus sargentii	솔트강유칼리나무	교목	고	—	Donaldson, Hasey, and Davis 1983
Eucalyptus sideroxylon†	붉은유칼리나무	교목	고	고	Cal Poly n.d.
Eucalyptus sideroxylon†	붉은유칼리나무	교목	중	중	Bernstein, Francois, and Clark 1972; Van Arsdel 1980
Eucalyptus tereticornis	숲유칼리나무	교목	중	—	Cal Poly n.d.
Eucalyptus torquata	산호유칼리나무	교목	고	—	Perry 1989
Euonymus alata	화살나무	관목	저	—	—
Euonymus japonica	사철나무	관목	고	저	Francois 1980; Francois and Clark 1979
Euonymus japonica 'Grandifolia'	사철나무(품종)	관목	중	저	Skimina 1980
Euonymus japonica 'Grandifolia'	사철나무(품종)	관목	고	—	Bernstein, Francois, and Clark 1972
Euonymus japonica 'Silver King'	사철나무(품종)	관목	저	—	Skimina 1980
Euphorbia lactea	제금	관목	고	—	Cal Poly n.d.
Euphorbia pulcherrima 'Barbara Ecke'	포인세티아(폼종)	초본	저	중	Maas 1984
Euphorbia tirucalli	밀크부쉬	교목	고	—	Cal Poly n.d.
Euryops pectinatus	유리오프스	초본	저	—	Wu et al. 1999
Fabiana imbricata	피치	관목	고	—	Cal Poly n.d.
Fagus sylvatica	유럽너도밤나무	교목	저	—	Butin 1995

표 5.7. 발췌한 조경 식물의 염분과 붕소 내성—계속

학명	일반명	식물 유형	염분 내성	붕소 내성	참고자료*
Fatsia japonica	팔손이	관목	저	—	Cal Poly n.d.
Feijoa sellowiana	파인애플구아바	관목	저	저	Bernstein, Francois, and Clark 1972; Francois and Clark 1979
Felicia amelloides	블루데이지	초본	저	—	Farnham, Ayers, and Hasek 1985
Festuca arundinacea	톨페스큐	잔디	중	—	Harivandi 1988
Festuca ovina var. *glauca*	김의털	잔디	저	—	Farnham, Ayers, and Hasek 1985; Skimina 1980
Festuca rubra	왕김의털	잔디	저	—	Harivandi 1988
Festuca rubra var. *commutata*	츄잉페스큐	잔디	중	—	Harivandi 1988
Ficus benjamina	벤자민고무나무	교목	저	—	Skimina 1980
Ficus carica	무화과나무	교목	중	저	Maas 1984; Eaton 1944
Ficus microcarpa	대만고무나무	교목	고	—	Skimina 1980
Ficus rubiginosa	녹잎고무나무	교목	저	—	Branson and Davis 1965
Forsythia × *intermedia*	서양개나리	관목	중	—	Wu et al. 1999
Forsythia × *intermedia* 'Spring Glory'	서양개나리(품종)	관목	저	—	Skimina 1980
Fraxinus americana	미국물푸레	교목	저	—	Van Arsdel 1980
Fraxinus oxycarpa 'Raywood'	레이우드물푸레	교목	저	고	Questa 1987; Wu et al. 1999
Fraxinus pennsylvanica† var. *lanceolata*	좁은잎물푸레	교목	고	—	Van Arsdel 1980
Fraxinus pennsylvanica† var. *lanceolata*	좁은잎물푸레	교목	중	—	—
Fraxinus velutina	벨루티나물푸레	교목	고	고	Van Arsdel 1980; Cal Poly n.d.
Fraxinus velutina var. *glabra* 'Modesto'†	모데스토물푸레	교목	—	저	Questa 1987
Fraxinus velutina var. *glabra* 'Modesto'†	모데스토물푸레	교목	고	고	Cal Poly n.d.
Fremontia mexicana	멕시코플래넬부쉬	관목	고	—	Cal Poly n.d.
Furcraea gigantea	녹색알로에	관목	고	—	Cal Poly n.d.
Gardenia augusta	치자나무	관목	저	중	Farnham, Ayers, and Hasek 1985; Maas 1984
Gazania aurantiacum	남아프리카데이지	지피	고	—	Farnham, Ayers, and Hasek 1985
Gazania splendens	가자니아	지피	중	—	Cal Poly n.d.
Gazania spp.	가자니아류	지피	고	고	Perry 1989
Gelsemium sempervirens	캐롤라이너자스민	덩굴	저	—	Skimina 1980
Genista spp.	양골담초류	관목	고	—	Cal Poly n.d.
Ginkgo biloba	은행나무	교목	저	—	Van Arsdel 1980; Donaldson, Hasey, and Davis 1983; Branson and Davis 1965
Gladiolus spp.†	글라디올러스	초본	저	—	Farnham, Ayers, and Hasek 1985
Gladiolus spp.†	글라디올러스	초본	중	중	Maas 1984
Gleditsia triacanthos 'Moraine'	미국주엽나무(품종)	교목	저	—	Branson and Davis 1965
Gleditsia triacanthos f. *inermis*	가시없는 미국주엽나무	교목	고	저	Questa 1987; Cornell Coop. Ext. 1999

학명	일반명	식물 유형	염분 내성	붕소 내성	참고자료*
Grevillea 'Canberra'	캔베라그레빌레아	교목	고	—	Donaldson, Hasey, and Davis 1983
Grevillea banksii	솔잎단사	교목	고	—	Cal Poly n.d.
Grevillea robusta	우의목	교목	고	—	Cal Poly n.d.
Hakea suaveolens	하케아	관목	중	—	Farnham, Ayers, and Hasek 1985
Halimodendron halodendron	러시아솔트트리	관목	고	—	Cal Poly n.d.
Hedera canariensis†	카나리아아이비	덩굴	저	—	Francois 1980; Farnham, Ayers, and Hasek 1985
Hedera canariensis†	카나리아아이비	덩굴	고	—	Cal Poly n.d.
Hedera canariensis 'Variegta'	카나리아아이비(품종)	덩굴	중	—	Cal Poly n.d.
Hedera helix	영국아이비	덩굴	고	—	Cal Poly n.d.
Helianthus annus	해바라기	초본	—	저	Maas 1984
Helianthus debilis	애기해바라기	초본	고	—	Cal Poly n.d.
Heteromeles arbutifolia	토우욘	관목	고	고	Cal Poly n.d.
Hibiscus rosa-sinensis	중국무궁화	관목	저	고	Francois 1980
Hibiscus rosa-sinensis 'Varillant'	중국무궁화(품종)	관목	저	—	Bernstein, Francois, and Clark 1972; Skimina 1980
Hibiscus rosa-sinensis 'President'	중국무궁화(품종)	관목	고	—	Skimina 1980
Hibiscus rosa-sinensis 'Ross Estey'	중국무궁화(품종)	관목	중	—	Skimina 1980
Hylocereus undatus	용과	덩굴	중	—	Cal Poly n.d.
Hymenocallis keyensis	거미백합	초본	중	—	Cal Poly n.d.
Hymenosporum flavum	호주프란지파니	교목	—	고	Roewekamp 1941
Hyophorbe spp.	주병야자류	야자수	고	—	Chase and Broschat 1991
Ilex × *altaclarensis* 'Wilsonii'	알타호랑가시(폼종)	관목	저	—	Skimina 1980
Ilex cornuta†	호랑가시나무	관목	저	—	Francois 1980
Ilex cornuta†	호랑가시나무	관목	고	—	Van Arsdel 1980
Ilex cornuta 'burfordii'	호랑가시나무(품종)	관목	저	저	Bernstein, Francois, and Clark 1972; Francois and Clark 1979
Ilex cornuta 'Dazzler'	호랑가시나무(품종)	관목	저	—	Skimina 1980
Ilex glabra	잉크베리호랑가시	관목	중	—	Cal Poly n.d.
Ilex opaca	미국호랑가시나무	관목	저	—	Van Arsdel 1980
Ilex vomitoria†	요폰호랑가시나무	관목	고	—	Van Arsdel 1980
Ilex vomitoria†	요폰호랑가시나무	관목	중	—	Cal Poly n.d.
Ipomoea pes-caprae	갯나팔꽃	지피	고	—	Cal Poly n.d.
Isomeris arborea	블래더포드	관목	고	—	Cal Poly n.d.
Jacaranda acutifolia	자카란다	교목	고	고	Cal Poly n.d.; Roewekamp 1941
Jacquinia armillaris	바르바스코자카란다	관목	중	—	Cal Poly n.d.
Jasminum polyanthum	핑크자스민	덩굴	저	—	Wu et al. 1999
Juglan nigra	흑호두나무	교목	저	저	Farnham, Ayers, and Hasek 1985
Juglan regia†	영국호두나무	교목	—	중	Questa 1987
Juglan regia†	영국호두나무	교목	저	저	Maas 1984
Juniperus californica	켈리포니아향나무	관목	고	—	Cal Poly n.d.
Juniperus chinensis	향나무	관목	중	—	Bernstein, Francois, and Clark 1972

표 5.7. 발췌한 조경 식물의 염분과 붕소 내성—계속

학명	일반명	식물 유형	염분 내성	붕소 내성	참고자료*
Juniperus chinensis 'Armstrong'	향나무(품종)	관목	중	저	Branson and Davis 1965
Juniperus chinensis 'Kazuka'	향나무(품종)	관목	중	고	Questa 1987
Juniperus chinensis 'Pfitzerana'	향나무(품종)	관목	중	고	Skimina 1980
Juniperus chinensis 'Robusta Green'	향나무(품종)	관목	고	—	Skimina 1980
Juniperus communis 'Hibernica'	노간주나무(품종)	관목	중	저	Cal Poly n.d.
Juniperus conferta	눈노간주	지피	중	—	Branson and Davis 1965
Juniperus horizontalis	눈향나무	지피	중	—	Glattstein 1989
Juniperus procumbens	섬향나무	지피	고	—	Cal Poly n.d.
Juniperus sabina 'Tamariscifolia'	사비나향나무(품종)	지피	고	—	Cal Poly n.d.
Juniperus scopulorum 'Moffettii'	로키산향나무(품종)	관목	저	—	Farnham, Ayers, and Hasek 1985
Juniperus virginiana	연필향나무	관목	중	—	Dirr 1997
Juniperus virginiana 'Skyrocket'	스카이로켓향나무	관목	고	—	Wu et al. 1999
Kalanchoe spp.	칼랑코에	초본	중	—	Cal Poly n.d.
Koelreuteria paniculata†	모감주나무	교목	고	—	Roewekamp 1941; Cornell Coop. Ext. 1999
Koelreuteria paniculata†	모감주나무	교목	저	—	Wu et al. 1999
Kopsia arborea	블루메	교목	중	—	Cal Poly n.d.
Lagerstroemia indica	배롱나무	교목	저	중	Francois 1980
Lagunaria patersonii	달맞이꽃나무	교목	고	고	Cal Poly n.d.; Roewekamp 1941
Lampranthus productus	핑크채송화	지피	고	—	Francois and Clark 1978; Francois 1980
Lampranthus spectabilis	송엽국	지피	고	—	Farnham, Ayers, and Hasek 1985
Lantana sp. 'Confetti'	콘페티 란타나	관목	저	—	Skimina 1980
Lantana camara	란타나	관목	중	저	Bernstein, Francois, and Clark 1972; Francois and Clark 1979
Lantana montevidensis	꼬리란타나	지피	중	고	Cal Poly n.d.; San Diego 1966
Lathyrus japonicus	갯완두	초본	고	—	Cal Poly n.d.
Lathyrus odoratus	스위트완두	초본	고	고	Maas 1984; Eaton 1944
Laurus nobilis	월계수	교목	—	고	Questa 1987
Lavatera assurgentiflora	나무아욱	관목	고	—	Perry 1989
Leptospermum laevigatum†	호주차나무	관목	저	—	Farnham, Ayers, and Hasek 1985
Leptospermum laevigatum†	호주차나무	관목	고	—	Cal Poly n.d.
Leucophyllum frutescens†	텍사스세이지	관목	중	중	Maas 1984
Leucophyllum frutescens†	텍사스세이지	관목	고	고	Francois and Clark 1978; Francois 1980
Ligustrum spp.	쥐똥나무류	관목	고	—	Van Arsdel 1980

학명	일반명	식물 유형	염분 내성	붕소 내성	참고자료*
Ligustrum japonicum[†]	광나무	관목	—	고	Roewekamp 1941
Ligustrum japonicum[†]	광나무	관목	중	저	Skimina 1980; Francois and Clark 1979; Branson and Davis 1965
Ligustrum lucidum[†]	당광나무	관목	중	중	Bernstein, Francois, and Clark 1972; Branson and Davis 1965
Ligustrum lucidum[†]	당광나무	관목	—	고	Questa 1987
Limonium perezii	갯질경	초본	저	—	Farnham, Ayers, and Hasek 1985
Liquidambar styraciflua[†]	미국풍나무	교목	저	—	Van Arsdel 1980; Wu et al. 1999
Liquidambar styraciflua[†]	미국풍나무	교목	중	중	Francois 1982
Liquidambar styraciflua 'Festival'	미국풍나무(품종)	교목	—	저	Questa 1987
Liriodendron tulipifera	튤립나무	교목	저	중	Francois 1982
Livistona chinensis	비로야자	야자수	중	—	Cal Poly n.d.
Lobularia maritima	알리섬	초본	중	—	Morris and Devitt 1990
Lolium perenne	페레니얼라이그래스	잔디	중	—	Bernstein 1958; Harivandi 1988
Lonicera hildebrandiana	큰인동덩굴	덩굴	고	—	Cal Poly n.d.
Lonicera japonica[†]	인동덩굴	덩굴	고	—	Cal Poly n.d.
Lonicera japonica[†]	인동덩굴	덩굴	중	—	—
Lonicera xylosteum	유럽인동	덩굴	고	—	—
Lotus corniculatus	서양벌노랑이	지피	고	—	Cal Poly n.d.; Bernstein 1958
Lupinus hartwegii	루핀	초본	—	저	Eaton 1944
Maclura pomifera	오세이지 오렌지	교목	중	—	Van Arsdel 1980
Magnolia grandiflora[†]	태산목	교목	중	—	Francois 1982; Van Arsdel 1980
Magnolia grandiflora[†]	태산목	교목	저	저	Skimina 1980; Roewekamp 1941
Magnolia spp. (deciduous)	목련류(낙엽성)	교목	저	저	San Diego 1966
Mahonia aquifolium	오레곤포도	관목	저	저	Francois and Clark 1978; Francois 1980
Mahonia aquifolium 'Compacta'	오레곤포도(품종)	관목	저	—	Skimina 1980
Mahonia nevinii	네빈마호니아	관목	고	—	Cal Poly n.d.
Mahonia pinnata	피나타뿔남천	관목	저	—	Wu et al. 1999
Malephora crocea	붉은막사국	지피	고	—	—
Malus spp.	사과나무류	교목	—	고	Questa 1987
Malus sylvestris	사과나무	교목	저	—	Maas 1984
Matthiola incana	비단향꽃무	초본	중	—	Farnham, Ayers, and Hasek 1985
Maytenus boaria	메이텐	교목	—	고	Questa 1987
Melaleuca armillaris	처닌멜라루카	교목	고	—	Cal Poly n.d.
Melaleuca nesophila	분홍멜라루카	교목	고	—	Cal Poly n.d.; Perry 1989
Melaleuca quinquenervia	호주자작나무	교목	중	—	Farnham, Ayers, and Hasek 1985
Mesembryanthemum spp. and var.	채송화류와 변종	지피	고	—	Cal Poly n.d.
Metrosideros excelsus	뉴질랜드크리스마스트리	교목	고	—	Perry 1989; Branson and Davis 1965
Monstera deliciosa	몬스테라	초본	저	—	Cal Poly n.d.
Morus alba	뽕나무	교목	—	중	Questa 1987

표 5.7. 발췌한 조경 식물의 염분과 붕소 내성—계속

학명	일반명	식물 유형	염분 내성	붕소 내성	참고자료[*]
Morus alba 'Fruitless'	뽕나무(품종)	교목	중	저	Cal Poly n.d.; San Diego 1966
Musa acuminata	바나나	관목	저	—	Cal Poly n.d.
Myoporum laetum[†]	미오포룸	관목	고	—	Farnham, Ayers, and Hasek 1985; Perry 1989
Myoporum laetum[†]	미오포룸	관목	중	—	Cal Poly n.d.; Branson and Davis 1965
Myoporum parvifolium	미오포룸	지피	고	—	Farnham, Ayers, and Hasek 1985; Donaldson, Hasey, and Davis 1983
Myrica pensylvanica	베이베리나무	관목	중	—	Glattstein 1989
Myrtus communis[†]	은매화	관목	고	중	Cal Poly n.d.; San Diego 1966
Myrtus communis[†]	은매화	관목	중	—	Wu et al. 1999
Myrtus communis 'Compacta'	은매화(품종)	관목	고	—	Cal Poly n.d.
Nandina domestica	남천	관목	저	—	Bernstein, Francois, and Clark 1972; Skimina 1980
Nerium oleander	협죽도	관목	고	고	Bernstein, Francois, and Clark 1972; Francois and Clark 1979
Nerium oleander 'Cherry Ripe'	협죽도(품종)	관목	중	—	Skimina 1980
Ochrosia elliptica	라빌	관목	중	—	Cal Poly n.d.
Oenothera speciosa childsii	멕시코달맞이꽃	초본	고	—	Cal Poly n.d.
Olea africana	아프리카올리브	관목	중	—	Donaldson, Hasey, and Davis 1983
Olea europaea[†]	올리브	교목	고	고	Bernstein, Francois, and Clark 1972
Olea europaea[†]	올리브	교목	중	중	Maas 1984; Farnham, Ayers, and Hasek 1985
Olea europaea 'Montra'	올리브(품종)	관목	고	—	Wu et al. 1999
Ophiopogon jaburan	맥문아재비	초본	중	—	Skimina 1980
Ophiopogon japonicus	소엽맥문동	초본	저	—	Skimina 1980
Ostrya virginiana	버지니아새우나무	교목	저	—	Cornell Coop. Ext. 1999
Oxalis bowiei	옥살리스	초본	—	고	Eaton 1944
Pachysandra terminalis	수호초	지피	저	—	Farnham, Ayers, and Hasek 1985
Parkinsonia aculeata	멕시코팔로베르데	교목	고	고	Cal Poly n.d.; San Diego 1966
Parthenocissus quinquefolia	미국담쟁이덩굴	덩굴	중	—	Cal Poly n.d.
Paspalum vaginatum	해변파스팔룸	잔디	고	—	Harivandi 1988
Passiflora edulis	패션프루트	덩굴	저	—	Maas 1984
Pelargonium × *hortorum*	제라늄	초본	저	저	Farnham, Ayers, and Hasek 1985; Maas 1984
Pelargonium domesticum 'Martha Washington'	제라늄(품종)	초본	저	저	San Diego 1966
Pelargonium peltatum	아이비제라늄	초본	중	중	San Diego 1966
Persea americana[†]	아보카도	교목	고	—	Maas 1984
Persea americana[†]	아보카도	교목	저	저	Maas 1984

학명	일반명	식물 유형	염분 내성	붕소 내성	참고자료*
Petunia hybrida	페튜니아	초본	고	—	Morris and Devitt 1990
Philodendron bipinnatifidum	나무필로덴드론	관목	저	—	Cal Poly n.d.
Philodendron selloum	셀로움	관목	중	—	Skimina 1980
Phoenix canariensis	카나리아야자	야자수	고	고	Farnham, Ayers, and Hasek 1985
Phoenix dactylifera	대추야자	야자수	고	고	Maas 1984; Farnham, Ayers, and Hasek 1985
Phoenix loureiri	피그미대추야자	야자수	저	—	Cal Poly n.d.
Phormium tenax†	신서란	관목	중	—	Farnham, Ayers, and Hasek 1985
Phormium tenax†	신서란	관목	고	—	Cal Poly n.d.
Phormium tenax 'Atropurpureum'	신서란(품종)	관목	저	—	Skimina 1980
Photinia × *fraseri*	홍가시나무	관목	저	저	Farnham, Ayers, and Hasek 1985; Francois and Clark 1979
Photinia serrulata	세룰라타홍가시	관목	저	저	Cal Poly n.d.; San Diego 1966
Phyla nodiflora	겹물망초	지피	고	—	Farnham, Ayers, and Hasek 1985
Picea abies	독일가문비	교목	저	—	Dirr 1997
Picea glauca	흰가문비	교목	저	—	Dirr 1997
Picea pungens	풍겐스가문비	교목	고	—	Dirr 1997
Pinus brutia	브루티아소나무	교목	고	—	Donaldson, Hasey, and Davis 1983
Pinus canariensis	카나리아섬소나무	교목	—	고	Questa 1987
Pinus cembroides	피뇬소나무	교목	고	—	Wu et al. 1999
Pinus eldarica	아프간소나무	교목	중	—	Donaldson, Hasey, and Davis 1983
Pinus elliottii	슬래쉬소나무	교목	중	—	Van Arsdel 1980
Pinus halepensis	알레포소나무	교목	고	중	Francois and Clark 1979; Perry 1989
Pinus nigra	유럽곰솔	교목	고	—	Van Arsdel 1980
Pinus pinea	이태리소나무	교목	고	중	Francois 1982
Pinus ponderosa	폰데로사소나무	교목	중	—	Dirr 1997
Pinus radiata	라디아타소나무	교목	고	고	Cal Poly n.d.; Questa 1987
Pinus resinosa	레지노사소나무	교목	저	—	Dirr 1997
Pinus strobus	스트로브잣나무	교목	저	—	Cornell Coop. Ext. 1999
Pinus sylvestris	구주소나무	교목	중	—	Van Arsdel 1980
Pinus taeda	테다소나무	교목	중	—	Van Arsdel 1980
Pinus thunbergii	곰솔	교목	중	중	Francois and Clark 1978; Skimina 1980
Pistacia chinensis†	황련목	교목	중	저	Bernstein, Francois, and Clark 1972; Van Arsdel 1980
Pistacia chinensis†	황련목	교목	저	—	Wu et al. 1999
Pittosporum crassifolium	상록 피토스포럼	관목	고	—	Farnham, Ayers, and Hasek 1985; Perry 1989
Pittosporum phillyraeoides†	처진피토스포럼	교목	중	—	Farnham, Ayers, and Hasek 1985
Pittosporum phillyraeoides†	처진피토스포럼	교목	고	—	Perry 1989
Pittosporum tobira†	돈나무	관목	저	고	Francois 1980

표 5.7. 발췌한 조경 식물의 염분과 붕소 내성—계속

학명	일반명	식물 유형	염분 내성	붕소 내성	참고자료*
Pittosporum tobira†	돈나무	관목	중	저	Bernstein, Francois, and Clark 1972; Francois and Clark 1979; Branson and Clark 1965
Pittosporum tobira†	돈나무	관목	고	—	Wu et al. 1999
Pittosporum tobira 'Variegata'	돈나무(품종)	관목	저	—	Skimina 1980
Pittosporum undulatum†	섬엄나무	관목	—	저	Roewekamp 1941
Pittosporum undulatum†	섬엄나무	관목	—	고	Questa 1987
Platanus × *acerifolia*	런던버즘나무	교목	고	중	Cornell Coop. Ext. 1999; Questa 1987
Platanus occidentalis	양버즘나무	교목	저	—	Van Arsdel 1980
Platanus racemosa	캘리포니아버즘나무	교목	고	고	Cal Poly n.d.; Questa 1987
Platycladus orientalis†	버즘나무	교목	저	—	Maas 1984
Platycladus orientalis†	버즘나무	교목	중	중	Bernstein, Francois, and Clark 1972
Platycladus orientalis 'Aureus Nana'	측백나무(품종)	관목	—	—	Skimina 1980
Plumbago auriculata	납풀	관목	고	—	Wu et al. 1999
Plumeria rubra	플루메리아	교목	중	—	Cal Poly n.d.
Poa annua	새포아풀	잔디	저	—	Harivandi 1988
Poa pratensis	왕포아풀	잔디	저	—	Harivandi 1988
Poa trivialis	큰새포아풀	잔디	저	—	Harivandi 1988
Podocarpus gracilior	옐로우우드	교목	—	고	Questa 1987
Podocarpus macrophyllus†	나한송	교목	저	중	Maas 1984; Francois 1980
Podocarpus macrophyllus†	나한송	교목	고	—	Van Arsdel 1980
Podocarpus macrophyllus var. *maki*	마키나한송	관목	저	중	Francois and Clark 1978, 1979; Skimina 1980
Populus × *canadensis*	캐롤라이나포플러	교목	고	—	Cal Poly n.d.
Populus alba	흰포플러	교목	고	—	—
Populus deltoides	미루나무	교목	중	—	—
Populus fremontii†	서부미루나무	교목	중	—	Van Arsdel 1980
Populus fremontii†	서부미루나무	교목	고	—	Cal Poly n.d.
Populus nigra 'Italica'	양버들	교목	저	—	—
Populus spp.	사시나무류	교목	—	고	Questa 1987
Portulaca grandiflora	채송화	지피	고	—	Morris and Devitt 1990
Prosopis grandulosa var. *torreyana*	허니메스키트	교목	고	—	Cal Poly n.d.
Prunus × *blireiana*	꽃자두	교목	중	—	Branson and Davis 1965
Prunus armeniaca	살구나무	교목	저	—	Maas 1984
Prunus avium	양앵두	교목	저	저	Maas 1984; Eaton 1944
Prunus besseyi	로키산체리	교목	저	—	Dirr 1978
Prunus caroliniana	케롤라이나체리	관목	중	고	Roewekamp 1941; Bernstein, Francois, and Clark 1972
Prunus cerasifera	케라시페라자두	교목	중	—	Francois 1982

학명	일반명	식물 유형	염분 내성	붕소 내성	참고자료*
Prunus cerasifera 'Atropurpurea'	케라시페라자두(품종)	교목	—	고	Questa 1987
Prunus domestica	자두	교목	저	저	Maas 1984
Prunus dulcis	아몬드	교목	저	—	Maas 1984
Prunus ilicifolia	켈리포니아야생자두	교목	고	고	Cal Poly n.d.; San Diego 1966
Prunus lyonii	카탈리나벚나무	교목	고	고	Bernstein, Francois, and Clark 1972
Prunus persica	복숭아	교목	저	저	Maas 1984, Eaton 1944
Prunus sargentii	산벚나무	교목	고	—	Cornell Coop. Ext. 1999
Prunus serrulata	벚나무	교목	—	중	Questa 1987
Prunus tomentosa	앵두나무	교목	저	—	Dirr 1978
Pseudotsuga menziesii	미송	교목	중	—	Dirr 1997
Psidium cattleianum	스트로베리구아바	관목	고	고	Cal Poly n.d.; San Diego 1966
Puccinellia spp.	각시미꾸리광이류	잔디	고	—	Harivandi 1988
Punica granatum†	석류나무	관목	저	—	Farnham, Ayers, and Hasek 1985
Punica granatum†	석류나무	교목	중	—	Maas 1984
Punica granatum 'Wonderful'	석류나무(품종)	관목	고	고	Cal Poly n.d.
Pyracantha cernatoserrata	피라칸타	관목	중	—	Francois 1980
Pyracantha cernatoserrata 'Graberi'†	피라칸타(품종)	관목	고	—	Bernstein, Francois, and Clark 1972
Pyracantha cernatoserrata 'Graberi'	피라칸타(품종)	관목	중	—	Cal Poly n.d.
Pyracantha coccinea†	파이어혼피라칸타	관목	고	—	Van Arsdel 1980
Pyracantha coccinea†	파이어혼피라칸타	관목	중	—	—
Pyracantha koidzumii 'Victory'	코이즈미피라칸타	관목	저	—	Skimina 1980
Pyrus calleryana	콩배나무	교목	고	—	Cornell Coop. Ext. 1999
Pyrus communis	서양배나무	교목	저	—	Maas 1984
Pyrus kawakamii	상록배나무	교목	고	고	Bernstein, Francois, and Clark 1972
Quercus agrifolia	연안참나무	교목	중	고	Questa 1987; Wu et al. 1999
Quercus bicolor	저지참나무	교목	저	—	Cornell Coop. Ext. 1999
Quercus ilex	호랑가시참나무	교목	—	중	Questa 1987
Quercus lobata	계곡참나무	교목	—	고	Questa 1987
Quercus marilandica	블랙잭참나무	교목	중	—	Van Arsdel 1980
Quercus palustris†	대왕참나무	교목	중	—	Van Arsdel 1980
Quercus palustris†	대왕참나무	교목	저	—	Cornell Coop. Ext. 1999
Quercus robur	영국참나무	교목	고	—	Cornell Coop. Ext. 1999
Quercus rubra	루브라참나무	교목	고	—	Cornell Coop. Ext. 1999
Quercus suber	코르크참나무	교목	—	고	Questa 1987
Quercus virginiana	버지니아참나무	교목	고	—	Van Arsdel 1980
Rhamnus alaternus	이태리갈매나무	관목	저	—	Farnham, Ayers, and Hasek 1985
Rhamnus californica	캘리포니아갈매나무	관목	고	—	Cal Poly n.d.
Rhaphiolepis indica†	인도다정큼나무	관목	중	—	Farnham, Ayers, and Hasek 1985; Francois and Clark 1978, 1989
Rhaphiolepis indica†	인도다정큼나무	관목	고	—	Wu et al. 1999

표 5.7. 발췌한 조경 식물의 염분과 붕소 내성—계속

학명	일반명	식물 유형	염분 내성	붕소 내성	참고자료*
Rhaphiolepis indica 'Enchantress'	인도다정큼나무(품종)	관목	중	고	Skimina 1980; Francois and Clark 1979
Rhaphiolepis umbellata	다정큼나무	관목	중	—	Cal Poly n.d.
Rhododendron spp.	진달래류	관목	저	—	Cal Poly n.d.
Rhododendron spp.	진달래류	관목	저	—	Farnham, Ayers, and Hasek 1985
Rhus integrifolia	레모네이드옻나무	관목	고	—	Cal Poly n.d.
Rhus ovata	사탕나무	관목	고	—	Cal Poly n.d.
Rhus trilobata	스쿼부쉬	관목	고	—	—
Ribes spp.	까치밥나무류	관목	저	—	Maas 1984
Robinia pseudoacacia	아까시나무	교목	고	—	Cornell Coop. Ext. 1999
Rosa spp.	장미류	관목	저	—	Van Arsdel 1980; Francois 1980
Rosa chinensis 'Gloire des Rosomanes'	월계화(품종)	관목	—	중	Farnham, Ayers, and Hasek 1985
Rosa hybrida	장미	관목	고	—	Cal Poly n.d.
Rosa multiflora	찔레꽃	관목	저	—	—
Rosa rugosa	해당화	관목	고	—	Dirr 1978
Rosa 'Grenoble'	그레노블장미	관목	저	—	Bernstein, Francois, and Clark 1972
Rosmarinus officinalis†	로즈메리	지피	저	중	Maas 1984; Francois and Clark 1979
Rosmarinus officinalis†	로즈메리	지피	—	저	Maas 1984
Rosmarinus officinalis†	로즈메리	지피	고	고	Cal Poly n.d.
Rosmarinus officinalis 'Lockwood de Forest'	로즈메리(품종)	지피	고	—	Bernstein, Francois, and Clark 1972
Rosmarinus officinalis 'Postratus'	로즈메리(품종)	지피	중	—	Cal Poly n.d.
Sabal palmetto	캐비지야자	야자수	중	—	Cal Poly n.d.
Salix alba 'Vitellina'	백버들(품종)	교목	중	—	—
Salix babylonica	수양버들	교목	고	고	Cal Poly n.d.; Questa 1987
Salix matsudana 'Torutosa'	용버들(품종)	교목	—	고	Questa 1987
Salix purpurea var. *nana*	난쟁이키버들	관목	저	—	—
Salvia spp.	샐비어류	초본	고	—	Cal Poly n.d.
Sambucus nigra	엘더베리	관목	저	—	Wu et al. 1999
Sansevieria spp.	산세베리아류	초본	중	—	Cal Poly n.d.
Sapium sebiferum	조구나무	교목	고	고	Van Arsdel 1980; Questa 1987
Schinus molle	캘리포니아후추나무	교목	고	고	Bernstein, Francois, and Clark 1972
Schinus terebinthifolius	브라질후추나무	교목	고	고	Perry 1989; Questa 1987
Sedum spp.	세둠류	초본	중	—	Cal Poly n.d.
Sequoia sempervirens	레드우드	교목	—	저	Questa 1987
Serenoa repens	톱야자	야자수	고	—	Chase and Broschat 1991
Shepherdia argentea	실버버팔로베리	관목	중	—	—
Simmondsia chinensis	호호바	관목	고	—	Maas 1984
Sophora japonica	회화나무	교목	고	중	Butin 1995; Questa 1987
Sorbus aucuparia	유럽마가목	교목	저	—	Butin 1995

학명	일반명	식물 유형	염분 내성	붕소 내성	참고자료*
Spartium junceum	스파티움	관목	고	—	Skimina 1980
Spiraea vanhouttei	반호테조팝나무	관목	저	—	—
Stachys betonicifolia	램즈이어석잠풀	초본	중	—	Glattstein 1989
Stapelia gigantea	거성화	초본	중	—	Cal Poly n.d.
Stenotaphrum secundatum	세인트오그스틴잔디	잔디	고	—	Harivandi 1988
Strelitzia reginae†	극락조화	관목	저	—	Farnham, Ayers, and Hasek 1985
Strelitzia reginae†	극락조화	관목	중	중	Cal Poly n.d.; San Diego 1966
Syzygium paniculatum†	마젠타체리	관목	고	—	Francois and Clark 1978
Syzygium paniculatum†	마젠타체리	관목	중	중	Maas 1984; Skimina 1980; Francois and Clark 1979
Tamarix africanus	아프리카위성류	관목	중	—	Cal Poly n.d.
Tamarix aphylla	아델위성류	관목	고	고	Farnham, Ayers, and Hasek 1985
Tamarix gallica	프랑스위성류	관목	고	—	—
Tamarix parviflora	분홍위성류	관목	고	고	Cal Poly n.d.; San Diego 1966
Taxodium distichum	낙우송	교목	고	—	Branson and Davis 1965
Tetrastigma harmandii	하만드포도	덩굴	중	—	Cal Poly n.d.
Teucrium chamaedrys	월저맨더	관목	중	중	Cal Poly n.d.; San Diego 1966
Thrinax microcarpa	키부채야자	야자수	고	—	Chase and Broschat 1991
Thrinax parviflora	마운틴태치야자	야자수	고	—	Chase and Broschat 1991
Thuja occidentalis	서양측백	관목	중	—	Dirr 1997
Thuja orientalis	측백나무	관목	중	—	Cal Poly n.d.
Thuja orientalis 'Aurea'	측백나무(품종)	관목	고	—	Branson and Davis 1965
Thunbergia erecta	아프리카나팔꽃	덩굴	저	—	Cal Poly n.d.
Tilia × *euchlora*	크림피나무	교목	저	—	Cornell Coop. Ext. 1999
Tilia americana 'Redmond'	미국피나무(품종)	교목	저	—	Cornell Coop. Ext. 1999
Tilia cordata	작은잎피나무	교목	저	—	Cornell Coop. Ext. 1999
Tilia spp.	피나무류	교목	저	—	Van Arsdel 1980
Trachelospermum jasminoides†	털마삭줄	지피	저	—	Bernstein, Francois, and Clark 1972; Francois 1980
Trachelospermum jasminoides†	털마삭줄	지피	중	—	Cal Poly n.d.
Trachycarpus fortunei	당종려	야자수	중	—	Van Arsdel 1980
Tribulus terrestris	남가새	덩굴	고	—	Cal Poly n.d.
Trifolium fragiferum	스트로베리클로버	지피	중	—	Bernstein 1958
Trifolium repens	토끼풀	지피	저	—	Bernstein 1958
Tropaeolum majus	한련화	초본	중	—	Galttstein 1989
Tsuga canadensis	캐나다솔송나무	교목	저	—	Dirr 1997
Ulmus alata	날개느릅나무	교목	저	—	Van Arsdel 1980
Ulmus americana	미국느릅나무	교목	저	저	Van Arsdel 1980; Maas 1984
Ulmus carpinifolia	유럽느릅나무	교목	고	—	—
Ulmus Crassifolia	시더느릅나무	교목	저	—	Van Arsdel 1980
Ulmus glabra	스카치느릅나무	교목	고	—	Butin 1995
Ulmus Parvifolia†	참느릅나무	교목	—	저	Roewekamp 1941
Ulmus Parvifolia†	참느릅나무	교목	—	중	Questa 1987

표 5.7. 발췌한 조경 식물의 염분과 붕소 내성—계속

학명	일반명	식물 유형	염분 내성	붕소 내성	참고자료*
Ulmus pumila†	비술나무	교목	고	중	Van Arsdel 1980; Roewekamp 1941
Ulmus pumila†	비술나무	교목	—	저	Questa 1987
Uniola paniculata	바다귀리	잔디	고	—	Cal Poly n.d.
Viburnum tinus	티너스백당	관목	저	저	Francois 1980
Viburnum tinus 'Robustum'	티너스백당(품종)	관목	중	—	Bernstein, Francois, and Clark 1972; Branson and Cavis 1965
Vinca major	빈카	지피	고	—	Cal Poly n.d.
Vinca minor	빈카마이너	지피	저	—	Farnham, Ayers, and Hasek 1985
Viola ordorata	향제비꽃	초본	—	저	Eaton 1944
Viola tricolor	삼색제비꽃	초본	저	저	Maas 1984; Eaton 1944
Vitex lucens	푸리리	교목	—	고	Roewekamp 1941
Washingtonia filifera†	캘리포니아부채야자	야자수	중	—	Van Arsdel 1980; Branson and Davis 1965
Washingtonia filifera†	캘리포니아부채야자	야자수	고	—	Wu et al. 1999
Washingtonia robusta†	멕시코부채야자	야자수	저	—	Skimina 1980
Washingtonia robusta†	멕시코부채야자	야자수	중	—	Branson and Davis 1965
Woodwardia spp.	싹눈고사리류	관목	중	—	Cal Poly n.d.
Xylosma congestum	산유자나무	관목	중	저	Bernstein, Francois, and Clark 1972; Branson and Davis 1965
Yucca aloifolia	천수란	관목	고	—	Skimina 1980
Yucca filamentosa†	실유카	관목	저	—	Skimina 1980
Yucca filamentosa†	실유카	관목	고	—	Cal Poly n.d.; Glattstein 1989
Yucca spp.	유카류	관목	고	—	Van Arsdel 1980
Zamia spp.	소철류	야자수	중	—	Cal Poly n.d.
Zanthoxylum fagara	미주산초나무	관목	중	—	Cal Poly n.d.
Zelkova serrata	느티나무	교목	—	중	Questa 1987
Zinnia elegans	백일홍	초본	저	저	Maas 1984; Eaton 1944
Ziziphus jujuba	대추나무	교목	고	—	Perry 1989
Zoysia tenuifolia	금잔디	잔디	고	—	Cal Poly n.d.

출처: Matheny and Clark 1998.

주:

—: 자료 없음.

*염분과 붕소에 대한 내성 평가에 사용된 방법과 범주는 표 5.10을 참고하라.

†해당 종에 대한 내성 등급에서 차이가 있는 보고.

표 5.8. 발췌된 조경 식물의 내염성(일반명과 참고자료는 표 5.7 참조)

지피(地皮, groundcover)		
고	중	저
Acacia redolens	*Gazania splendens*	*Cotoneaster microphyllus* 'Rockspray'
Arctotheca calendula	*Juniperus conferta*	*Ophiopogon japonicus*
Atriplex lentiformis spp. *breweri*	*Juniperus horizontalis*	*Pachysandra terminalis*
Atriplex spp.	*Lantana montevidensis*	***Rosmarinus officinalis***
Baccharis pilularis	*Ophiopogon jaburan*	***Trachelospermum jasminoides***
Baccharis pilularis spp. *consanguinia*	*Rosmarinus officinalis* 'Prostratus'	*Trifolium repens*
Ceanothus gloriosus	***Trachelospermum jasminoides***	*Vinca minor*
Delosperma alba	*Trifolium fragiferum*	
Drosanthemum hispidum		
Gazania aurantiacum		
Gazania spp.		
Ipomoea pes-caprae		
Juniperus procumbens		
Juniperus sabina 'Tamariscifolia'		
Lamprathus productus		
Lanpranthus spectabilis		
Lotus corniculatus		
Malephora crocea		
Mesembryanthemum spp. and var.		
Myoporum parvifolium		
Phyla nodiflora		
Portulaca grandiflora		
Rosmarinus officinalis		
Rosmarinus officinalis 'Lockwood de Forest'		
Vinca major		
초본 식물(草本植物, herbaceous plants)		
Aloe vera	*Achillea* spp.	*Alyssum saxatile*
Asparagus densiflorus 'Sprengeri'	*Agapanthus orientalis*	*Antirrhinum majus*
Calocephalus brownii	*Agapanthus umbellatus*	*Callistephus chinensis*
Codiaeum punctatus	*Ageratum* spp.	*Celosia argentea* var. *cristata*
Dianthus caryophyllus	*Artemesia stellerana*	*Cosmos bipinnatus*
Helianthus debilis Nutt.	*Asclepias tuberosa*	***Crassula ovata***
Lathyrus japonicus	*Asparagus densiflorus*	*Delphinium* spp.
Lathyrus odoratus	*Calendula officinalis*	*Dianthus barbatus*
Oenothera speciosa childsii	*Cereus peruvianus*	***Dianthus caryophyllus***
Petunia hybrida	*Chrysanthemum morifolium* 'Bronze Kramer'	*Ensete ventricosum*
Salvia spp.	*Coreopsis grandiflora*	*Euphorbia pulcherrima* 'Barbara Ecke'
	Crassula ovata	*Euryops pectinatus*
	Eschscholzia californica	*Felicia amelloides*
	***Gladiolus* spp.**	***Gladiolus* spp.**
	Hymenocallis keyensis	*Limonium perezii*

표 5.8. 발췌된 조경 식물의 내염성—계속

고	중	저
	초본—계속	
	Kalanchoe spp. *Lobularia maritima* *Matthilola incana* *Pelargonium peltatum* *Sansevieria* spp. *Sedum* spp. *Stachys betonicifolia* *Stapelia gigantea* *Tropaeolum majus* *Zamia* spp.	*Monstera deliciosa* *Pelargonium* × *hortorum* *Pelargonium domesticum* 'Martha Washington' *Viola tricolor*
	덩굴	
Bougainvillea spectabilis *Bougainvillea brasiliensis* 'Orange King' ***Hedera canariensis*** *Hedeta helix* *Lonicera hildebrandiana* ***Lonicera japonica*** *Lonicere xylosteum* *Tribulus terrestris*	*Allamanda cathartica* *Bougainvillea glabra* *Hedeera canariensis* 'Variegata' ***Lonicera japonica*** *Parthenocissus quinquefolia* *Tetrastigma harmandi*	*Clytostoma callistegioides* *Gelsemium sempervirens* ***Hedera canariensis*** *Jasminum polyanthum* *Passiflora edulis* *Thunbergia erecta*
	관목	
Agave spp. *Aloe arborescens* *Artemesia pycnocephala* *Arundo donax* *Baccharis sarothroides* *Baccharis viminea* ***Buxus microphylla* var. *Japonica*** *Callistemon citrinus* *Callistemon rigidus* *Carissa macrocarpa* *Cassia artemisioides* *Cassia* spp. *Ceanothus arboreus* *Cercocarpus betuloides* *Coleonema* spp. *Coprosma* spp. *Cortaderia selloana* *Cotoneaster lacteus* *Dietes iridiodes* *Echium fastuosum* *Elaeagnus angustifolia* *Eriogonum arborescens*	*Agave attenuta* *Ardisia paniculata* *Artemesia frigida* *Brunfelsia pauciflora* 'Floribunda' ***Buxus microphylla* var. *Japonica*** *Camellia japonica* *Coccolobis uvifera* *Cotinus coggygria* *Dodonaea viscosa* *Dodonaea viscosa* 'Purpurea' *Dracaena* spp. *Elaeagnus pungens* *Escallonia rubra* ***Euonymus japonica* 'Grandifolia'** *Forsythia* × *intermedia* *Hakea suaveolens* *Hibiscus rosa-sinensis* 'Ross Estey' *Ilex glabra* ***Iex vomitoria***	*Abellia* × *grandiflora* *Abelia* × *grandiflors* 'Edward Goucher' *Acacia longifolia* *Acalypha wilkesiana* *Acanthus mollis* 'Oak Leaf' *Arbutus unedo* 'Compacta *Berberis* spp. *Berberis* × *mentorensis* *Berberis thunbergii* *Buddleia davidii* *Buxus sempervirens* *Buxus* spp. *Cephalanthus occidentalis* *Cilvia miniata* 'French Hybrid' *Cornus mas* *Cotoneaster congestus* *Cotoneaster horizontalis* *Cytisus* × *praecox* 'Moonlight' *Elaeagnus umbellata* *Euonymus alata*

관목—계속

고	중	저
Eriogonum fasciculatum	*Jacquinia armillaris*	*Euonymus japonica* 'Silver King'
Eucalyptus lehmannii	*Juniperus chinensis*	*Fatsia japonica*
Eunoymus japonica	*Juniperus chinensis* 'Armstrong'	*Feijoa sellowiana*
***Euonymus japonica* 'Grandifolia'**	*Juniperus chinensis* 'Kazuka'	*Forsythia* × *intermedia* 'Spring Glory'
Euphorbia lactea	*Juniperus chinensis* 'Pfitzerana'	*Gardenia augusta*
Fabiana impricata	*Juniperus communis* 'Hibernica'	*Hibiscus rosa-sinensis*
Fremontia mexicana	*Juniperus vriginiana*	*Hibiscus rosa-sinensis* 'Brillant'
Furcraea gigantea	*Lantana camara*	*Ilex* × *altaclarensis* 'Wilsonii'
Genista spp.	***Leucophyllum frutescens***	***Ilex cornuta***
Heteromeles arbutifolia	*Ligustrum japonicum*	*Ilex cornuta* 'Burfordii'
Hibiscus rosa-sinensis 'President'	*Ligustrum lucidum*	*Ilex cornuta* 'Dazzler'
Ilex cornuta	*Myrica pensylvanica*	*Ilex opaca*
Ilex vomitoria	***Myrtus communis***	*Juniperus scopulorum* 'Moffetti'
Isomeris arborea	*Nerium oleander* 'Cherry Ripe'	*Lantana* 'Confetti'
Juniperus californica	*Ochrosia elliptica*	***Leptospermum laevigatum***
Juniperus chinensis 'Robusta Green'	*Olea africana*	*Mahonia aquifolium*
Juniperus virginiana 'Skyrocket'	*Philodendron selloum*	*Mahonia aquifolium* 'Compacta'
Lavatera assurgentiflora	***Phormium tenax***	*Mahonia pinnata*
Leptospermum laevigatum	***Pittosporum tobira***	*Musa acuminata*
Leucophyllum frutescens	*Prunus caroliniana*	*Nandina domestica*
Ligustrum spp.	*Pyracantha cernato-serrata*	*Philodendron bipinnatifidum*
Mahonia nevinii	***Pyracantha cernato-serrata* 'Graberi'**	*Phormium tenax* 'Atropurpureum'
Myoporum laetum	***Pyracantha coccinea***	*Photinia* × *fraseri*
Myrtus communis	***Rhaphiolepis indica***	*Photinia serrulata*
Myrtus communis 'Compacta'	*Rhaphiolepis indica* 'Enchantress'	***Pittosporum tobira***
Nerium oleander	*Rhaphiolepis umbellata*	*Pittosporum tobira* 'Variegata'
Olea europaea 'Montra'	*Shepherdia argentea*	*Podocarpus macrophyllus* var. *maki*
Phormium tenax	***Strelitzia reginae***	*Punica granatum*
Pittosporum crassifolium	***Syzygium paniculatum***	*Rhamnus alaternus*
Pittosporum tobira	*Teucrium chamadrys*	*Rhododendron* spp.
Plumbago auriculata	*Thuja occidentalis*	*Ribes* spp.
Psidium cattleianum	*Thuja orientalis*	*Rosa* 'Grenoble'
Punica granatum 'Wonderful'	*Viburnum tinus* 'Robustum'	*Rosa multiflora*
***Pyracantha cernato-serrata* 'Graberi'**	*Woodwardia* spp.	*Rosa* spp.
Pyracantha coccinea	*Xylosma congestum*	*Salix purpurea* var. *nana*
Rhamnus californica	*Zanthoxylum fagara*	*Sambucus nigra*
Rhaphiolepsis indica		*Spiraea vanhouttei*
Rhus integrifolia		***Strelitzia reginae***
Rhus ovata		*Viburnum tinus*
Rhus trilobata		***Yucca filamentosa***
Rosa hybrida		
Rosa rugosa		
Simmondsia chinensis		
Spartium junceum		
Syzygium paniculatum		

표 5.8. 발췌된 조경 식물의 내염성—계속

관목—계속		
고	중	저
Tamarix aphylla		
Tamarix gallica		
Tamarix parviflora		
Thuja orientalis 'Aurea'		
Yucca aloifolia		
Yucca filamentosa		
Yucca spp.		
교목		
Acacia greggii	*Acacia farnesiana*	*Abies balsamea*
Acacia melanoxylon	***Acacia melanoxylon***	*Acer macrophyllum*
Acer buergerianum	*Acacia* spp.	***Acer pseudoplatanus***
Acer campestre	*Acer platanoides*	*Acer rubrum*
Acer pseudoplatanus	***Araucaria heterophylla***	*Acer saccharinum*
Albizia lophantha	***Arbutus unedo***	*Aesculus* spp.
(syn. *A. distachya*)	***Bauhinia purpurea***	*Albizia julibrissin*
Araucaria heterophylla	***Callistemon viminalis***	*Alnus incana*
Arbutus unedo	*Casuarina*	*Alnus rhombifolia*
Butia capitata	***Ceanothus thyrsiflorus***	*Araucaria araucana*
Callistemon viminalis	*Ceratonia siliqua*	***Bauhinia purpurea***
Caragana arborescens	*Chrysobalanus icaco*	*Betula nigra*
Casuarina cunninghamiana	***Cupressus sempervirens***	*Betula papyrifera*
Casuarina stricta 'Glauca'	*Eucalyptus pulverulenta*	*Betula pendula*
Ceanothus thyrsiflorus	***Eucalyptus sideroxylon***	*Calocedrus decurrens*
Cedrus deodata	*Eucalytus tereticornis*	*Carpinus betulus*
Cercidium floridum	*Ficus carica*	*Carpinus* spp.
Cercidium spp.	***Fraxinus pennsylvanica* var.**	*Carya illinoensis*
Cercis occidentalis	***lanceolata***	*Carya* spp.
Cinnamomum camphora	*Kopsia arborea*	*Catalpa* spp.
Coccoloba floridana	***Liquidambar styraciflua***	*Cedrus atlantica*
X Cupressocyparis leylandii	*Maclura pomifera*	***Cedrus deodara***
Cupressus sempervirens	***Magnolia grandiflora***	*Celtis australis*
Erythea armata	*Melaleuca quinquenervia*	*Celtis sinensis*
Eucalyptus camaldulensis	*Morus alba* 'Fruitless	*Cercis* spp.
Eucalyptus citriodora	*Myoporum laetum*	***Cinnamomum canphora***
Eucalyptus caldocalyx	***Olea europaea***	***Citrus* spp.**
Eucalyptus ficifolia	*Pinus eldarica*	*Corylus avellana*
Eucalyptus globulus 'Compacta'	*Pinus elliottii*	*Crataegus* × *lavallei*
Eucalyptus gunnii	*Pinus ponderosa*	*Crataegus phaenopyrum*
Eucalyptus microtheca	*Pinus sylvestris*	*Cupressus forbesii*
Eucalyptus polyanthemos	*Pinus taeda*	*Cupressus macrocarpa*
Eucalyptus rudis	*Pinus thungergiana*	*Diospyros virginiana*
Eucalyptus sargentii	***Pistacia chinensis***	*Eriobotrya deflexa*
Eucalyptus sideroxylon	***Pittosporum phillyraeoides***	*Eriobotrya japonica*
Eucalyptus torquata	***Platycladus orientalis***	***Eucalyptus ficifolia***
Euphorbia tirucalis	*Plumeria rubra*	*Fagus sylvatica*

교목—계속		
고	중	저
Ficus microcarpa	*Populus deltoides*	*Ficus benjamina*
Fraxinus pennsylvanica **var. *lanceolata***	***Populus fremontii***	*Ficus rubiginosa*
Fraxinus velutina	*Prunus* × *blireiana*	*Fraxinus americana*
Fraxinus velutina var. *glabra* 'Modesto'	*Prunus cerasifera*	*Fraxinus oxycarpa* 'Raywood'
Gleditsia triacanthos f. *inermis*	*Punica granatum*	*Ginkgo biloba*
Grevillea banksii	*Quercus agrifolia*	*Gleditsia triacanthos* 'Moraine'
Grevillea 'Canberra'	*Quercus marilandica*	*Juglans nigra*
Grevillea robusta	***Quercus palustris***	*Juglans regia*
Hyophorbe spp.	*Salix alba* 'Vitellina'	***Koelreutaria paniculata***
Jacaranda acutifolia		*Lagerstroemia indica*
Koelreutaria paniculata		***Liquidambar styraciflua***
Lagunaria patersonii		*Liriodendron tulipifera*
Melaleuca armillaris		***Magnolia grandiflora***
Melaleuca nesophila		*Magnolia* spp. (낙엽성)
Metrosideros excelsus		*Malus sylvestris*
Olea europaea		*Ostrya virginiana*
Parkinsonia aculeata		***Persea americana***
Persea americana		*Picea abies*
Pinus brutia		*Picea glauca*
Pinus cembroides		*Picea pungens*
Pinus halepensis		*Pinus resinosa*
Pinus nigra		*Pinus strobus*
Pinus pinea		***Pistacia chinensis***
Pinus radiata		*Platanus occidentalis*
Pittostorum phillyraeoides		***Platycladus orientalis***
Platanus × *acerifolia*		***Podocarpus macrophyllus***
Platanus racemosa		*Populs nigra* 'Italica'
Podocarpus macrophyllus		*Prunus armeniaca*
Populus × *canandensis*		*Prunus avium*
Populus alba		*Prunus besseyi*
Populus fremontii		*Prunus domestica*
Prunus ilicifolia		*Prunus dulcis*
Prunus lyonii		*Prunus persica*
Prunus sargentii		*Prunus tomentosa*
Pyrus calleryana		*Pseudotsuga menziesii*
Pyrus kawakamii		*Pyrus communis*
Quercus robur		*Quercus bicolor*
Quercus rubra		***Quercus palustris***
Quercus virginiana		*Sorbus aucuparia*
Robinia pseudoacacia		*Tilia* × *euchlora*
Salix babylonica		*Tilia americana* 'Redmond'
Sapium sebiferum		*Tilia cordata*
Schinus molle		*Tilia* spp.
Schinus terebinthifolius		*Tsuga canadensis*
Sophora japonica		*Ulmus alata*
Taxodium distichum		*Ulmus americana*
		Ulmus crassifolia

표 5.8. 발췌된 조경 식물의 내염성—계속

고	중	저
교목—계속		
Ulmus carpinifolia		
Ulmus glabra		
Ulmus pumila		
Zizyphus jujuba		
야자수		
Chamaerops humilis	***Arecastrum romanzoffianum***	***Arecastrum romanzoffianum***
Coccothrinax spp.	*Brahea edulis*	*Cordyline australis*
Cocos nucifera	*Coccothrinax argentata*	*Phoenis loureiri*
Cordyline indivisa	*Livistonia chinensis*	***Washingtonia robusta***
Phoenix canariensis	*Sabal palmetto*	
Phoenix dactylifera	*Trachycarpus fortunei*	
Serenoa repens	***Washingtonia filifera***	
Thrinax microcarpa	***Washingtonia robusta***	
Thrinax parviflora		
Washingtonia filifera		
잔디류		
Cynodon dactylon	*Bouteloua gracilis*	*Agrostis tenuis*
Paspalum vaginatum	*Dactylis glomerata*	*Eremochloa ophiuroides*
Puccinellia spp.	*Festuca arundinacea*	*Festuca ovina* var. *glauca*
Stenotaphrum secundatum	*Festuca rubra* var. *commutata*	*Festuca rubra*
Uniola paniculata	*Lolium perenne*	*Poa annua*
Zoysia tenuifolia		*Poa pratensis*
		Poa trivialis

출처: Matheny and Clark 1998.
주: 진한 글씨는 하나 이상의 범주에 나열된 식물임.

표 5.9. 발췌된 조경 식물의 붕소 내성(일반명과 참고자료는 표 5.7 참조)

고	중	저
	지피	
Baccharis pilularis consanguinia	***Rosmarinus officinalis***	***Rosmarinus officinalis***
Ceanothus gloriosus		
Gazania spp.		
Lantana montevidensis		
Rosmarinus officinalis		
	초본	
Lathyrus odoratus	*Calendula officinalis*	*Delphinium* spp.
Oxalis bowiei	*Callistephus chinensis*	*Helianthus annus*
	Eschscholzia californica	*Lupinus hortwegi*
	Euphorbia pulcherrima 'Barbara Ecke'	대부분의 양치류
	Gladiolus spp.	*Pelargonium* × *hortorum*
	Pelargonium peltatum	*Pelargonium domesticum*
		Viola ordorata
		Viola tricolor
		Zinna elegans
	덩굴	
Bougainvillea spectabilis		
	관목	
Buxus microphylla var. *japonica*	*Abelia* × *grandiflora*	*Cornus capitata*
Callistemon citrinus	*Gardenia augusta*	*Elaeagnus pungens*
Carissa macrocarpa	***Leucophyllum frutescens***	*Euonumus japonica*
Cassia spp.	***Ligustrum lucidum***	*Euonymus japonica* 'Grandifolia'
Ceanothus arboreus	*Myrtus communis*	*Feijoa sellowiana*
Ceanothus spp.	*Podocarpus macrophylus* var. *maki*	*Juniperus communis* 'Hibernica'
Ilex cornuta 'Burfordii'	*Rosa chinensis* 'Gloire des Rosomanes'	*Lantana camara*
Cortaderia selloana	*Strelitzia reginae*	***Ligustrum japonicum***
Echium fastuosum	*Syzygium paniculatum*	*Mahonia aquifolium*
Eucalyptus lehmannii	*Teucrium chamadrys*	*Photinia x fraseri*
Heteromeles arbutifolia		*Photinia serrulata*
Hibiscus rosa-sinensis		***Pittosporum tobira***
Juniperus chinensis 'Armstrong'		***Pittosporum undulatum***
Juniperus chinensis 'Kaizuka'		*Viburnum tinus*
Juniperus chinensis 'Pfitzerana'		*Xylosma congestum*
Leucophyllum frutescens		
Ligustrum japonicum		
Ligustrum lucidum		
Nerium oleander		
Pittosporum tobira		
Pittosporum undulatum		
Prunus caroliniana		
Psidium cattleianum		
Punica granatum 'Wonderful'		
Rhaphiolepis indica 'Enchantress'		

표 5.9. 발췌된 조경 식물의 붕소 내성—계속		
	관목—계속	
고	**중**	**저**
Tamarix aphylla		
Tamarix parviflora		
	교목	
Acacia spp.	*Acacia melanoxylon*	*Acer saccharinum*
Arbutus unedo	*Carpinus betulus*	*Aesculus carnea*
Callistemon viminalis	*Celtis australis*	*Alnus rhombifolia*
Calodendrum capense	*Ceratonia siliqua*	*Bauhinia prupurea*
Ceanothus thyrsiflorus	*Eriobotrya japonica*	*Betula pendula*
Cedrus atlantica	*Eucalyptus ficifolia*	*Carya illinoensis*
Cedrus deodara	***Eucalyptus polyanthemos***	*Catalpa* spp.
Crataegus phaenopyrum	***Eucalyptus sideroxylon***	*Cercis* spp.
Crinodendron patagua	***Juglans regia***	*Citurs* spp.
Cupressus sempervirens	*Lagerstroemia indica*	*Diosporus kaki*
Eucalyptus camaldulensis	*Liquidambar styraciflua*	*Erythrina caffra*
Eucalyptus citriodora	*Liriodendron tulipifera*	*Ficus carica*
Eucalyptus cladocalyx	*Morus alba*	*Fraxinus velutina* var. *glabra* 'Modesto'
Eucalyptus globulus 'Compacta'	*Olea europaea*	*Gleditsia triacanthos* f. *inermis*
Eucalyptus polyanthemos	*Pinus halepensis*	*Jugans nigra*
Eucalyptus rudis	*Pinus pinea*	***Jugrans regia***
Eucalyptus sideroxylon	*Pinus thunbergiana*	*Liquidamgar styraciflua* 'Festival'
Fraxinus oxycarpa 'Raywood'	*Platanus* × *acerifolia*	*Magnolia grandiflora*
Fraxinus velutina	*Platycladus orientalis*	*Magnolia* spp. (낙엽성)
***Fraxinus velutina* var. *glabra* 'Modesto'**	*Podocarpus macrophyllus*	*Morus alba* 'Fruitless'
Hymenosporum flavum	*Prunus serrulata*	*Persea americana*
Jacaranda acutifolia	*Quercus ilex*	*Pistacia chinensis*
Lagunaria patersonii	*Sophora japonica*	*Prunus avium*
Laurus nobilis	***Ulmus parvifolia***	*Prunus domestica*
Malus spp.	***Ulmus pumila***	*Prunus persica*
Maytenus boaria	*Zelkova serrata*	*Sequoia sempervirens*
Olea europaea		*Ulmus americana*
Parkinsonia aculeata		***Ulmus parvifolia***
Pinus canariensis		***Ulmus pumila***
Pinus radiata		
Platanus racemosa		
Podocarpus gracillior		
Populus spp.		
Prunus cerasifera 'Atropurpurea'		
Prunus ilicifolia		
Prunus lyonii		
Pyrus kawakamii		
Quercus agrifolia		
Quercus lobata		
Quercus suber		
Salix babylonica		
Salix matsudana 'Tortosa'		

교목—계속		
고	중	저
Sapium sebiferum *Schinus molle* *Schinus terebinthifolius* *Vitex luscens*		
야자수		
Cordyline indivisa *Phoenix canariensis* *Phoenix dactylifera*		

출처: Matheny and Clark 1998.
주: 진한 글씨는 하나 이상의 범주에 나열된 식물임.

표 5.10. 표 5.7에 인용된 참고자료에서 염분과 붕소의 내성을 평가하는 데 사용된 방법과 범주

	상대적인 내성			
참고자료	저	중	고	방법/범주
관개 용수의 염도: EC_w				
Bernstein 1958	0.75~1.5	1.5~3.0	>3.0	소구역은 0.7, 4.4, 7.8 mmhos/cm의 관개수를 제공하여 염화나트륨(NaCl)과 염화칼슘($CaCl_2$)으로 염화했다. 내성은 생장 감소와 외관으로 평가했다.
Cal Poly n.d.	—	—	1.0~2.5	캘리포니아 San Bernadino County의 경관에서 관찰함. 1.0~2.5 mmhos/cm의 전도성을 가진 물을 식물에 관수함.
Farnham, Ayers, and Hasek 1985	0.75~1.5	1.5~3.0	>3.0	캘리포니아대학 대외협력처 Branson and Davis(1965)가 수행한 실험 결과임.
Skimina 1980	180~300 mhos × 10^{-5}	400~800	1,000~1,200	염 공급원: 비료 50%, 염화나트륨 50%. 용기에서 키운 식물. 토양 염도는 관개수보다 보통 2~3배 높음. 분류는 50% 미만의 상대적인 생장 감소, 엽소 피해가 없고, 무시할 수 있는 고사율을 기준함.
Van Arsdel 1980	—	—	—	염소 48~140 ppm, 나트륨 188~445 ppm을 함유한 물에 대한 개인적인 경험을 기준으로 등급 부여.
Wu et al. 1999	—	—	—	휴대용 실험: 노지의 양토 토양과 스프링클러/점적관수 하의 용기에서 자라고 있는 식물에 저염도(500 mg/l NaCl)와 고염도(1,500 mg/l NaCl) 관수.
토양의 염도: EC_e				
Bernstein 1958	2.0~3.0 mmhos/cm	4.0~6.0	6.0~12.0	방법이 기술되어 있지 않음.
Dirr 1978	—	—	—	용기 식물에 매일 염화나트륨 0.25 N으로 관수함. 식물은 외관적인 지수로 평가함.
Francois 1980	2.0~4.0 dS/m	6.0~8.0	8.0~10.0	방법 미 제시. EC_e 6.0~8.0에서 견딘 식물은 내성이 좋은 것으로 평가함.
Francois 1982	< 4.0	4.0~6.0	7.0~9.0	잎에 피해를 주지 않는 최대 뿌리층 염도. 방법은 Francois and Clark 1978과 유사.

표 5.10. 표 5.7에 인용된 참고자료에서 염분과 붕소의 내성을 평가하는 데 사용된 방법과 범주—계속

참고자료	상대적인 내성 저	상대적인 내성 중	상대적인 내성 고	방법/범주
		토양의 염도: EC_e—계속		
Francois and Clark 1978	< 3.0	3.0~6.0	6.0~9.0	등급 범주: < 50% 생장 감소; 잎 손상 없음; 식물의 미적인 매력. 실험은 사양토에서 3년간 진행. 식물은 EC_w가 0.7(대조구), 4.4, 7.8이 되도록 NaCl과 $CaCl_2$를 첨가하여 관수함. 평균 EC_e는 1.0, 4.3, 7.0 mmhos/cm였음. 토양 염도는 여름 동안 뿌리층 깊이에서 일정하였음.
Glattstein 1989	—	—	—	방법 미 기술; 저자가 평가한 목록의 식물은 중 범주에 있음.
Harivandi 1988	<4.0 dS/m	4.0~8.0	8.0~16.0	—
Morris and Devitt 1990	—	—	—	지하수가 염분이 있는 미사질식양토에서 8년 동안 자란 식물. 90 cm 깊이에서 EC_w가 26.0~40.0임. 뿌리층의 EC_e가 8.0~13.0 mmhos/cm임. 저자는 교목을 외관으로 평가함.
		붕소: EC_w		
Eaton 1944	<1.0	5	10.0~25.0	대규모 모래 재배에서 씨앗, 야외에서 키운 식물. 붕소 0.03, 1, 5, 10, 15, 15 ppm 함량으로 관수함.
Farnham, Ayers, and Hasek 1985	0.5~1.0 mg/l	1.0~2.0	2.0~10.0	Eaton 1935 활용.
Francois and Clark 1978	0.5	2.5	7.5	사경재배에서 옥외에서 키운 식물. 생장 감소와 전반적인 식물 외관을 기준으로 평가.
Questa 1987	—	—	—	붕소함량이 높은 물로 관수하는 캘리포니아 콩코드시 공원에서 자라는 식물 조사. 토양과 물의 붕소함량과, 독성 병징의 심도를 기준으로, 종별 피해를 평가하고 민감도에 따라 구분하였음.
San Diego 1963	—	0.75~3.0	—	붕소가 포함된 물로 관수되는 캘리포니아 San Bernadino의 경관에서 관찰함. 등급은 생장과 잎의 피해를 기준으로 함.

출처: Matheny and Clark 1998.

토양 염분은 관수 관리에 영향을 미친다. 토양이 건조해짐에 따라 염의 농도가 증가하고 이는 독성 가능성을 높인다. 토양 수분을 유지하면 독성 가능성을 낮춘다. 또한 삼투장력(滲透張力, osmotic tension)은 염류토양에서 식물에 대한 물의 가용량을 감소시킨다. 염수(鹽水, saline water)로 관수를 하거나 염류토양을 관리할 때에는 관수 주기와/나 지속기간을 늘릴 필요가 있다.

비료가 토양 염분을 증가시키기 때문에 과도한 시비를 하지 않도록 주의해야 한다. 염분을 조심해야 하는 곳에서는 염 위해가 낮은 고성분제제(高成分製劑, high analysis formulation)를 선택하라. 동물의 배설물, 버섯 퇴비, 하수 슬러지는 경관에 적용하기 전에 염을 분석해야 한다. 비료를 잘못 적용하였거나 염분 함유 토양 개량제를 적용한 경우에는, 양질의 물로 용탈(溶脫, leaching)하여 염을 뿌리층 아래로 이동시켜야 한다.

잎에 축적된 염은 양질의 물로 씻어줄 수 있다. 염수로 관수를 할 때에는 스프링클러로 적용하지 마라.

나트륨 토양을 치료하기 위해서는 녹는 칼슘 공급원을 제공해야 한다. 석고(石膏, gypsum, $CaSO_4 \cdot 2H_2O$)는 흔히 사용되는 물질이다. 석고에 있는 칼슘은 토양 내 나트륨을 대체하여 그 나트륨이 해당 식물의 뿌리층 아래로 용탈되도록 유리시킨다. 그러나 과도한 석고 사용도 문제를 유발할 수 있으므로, 나트륨이 과도한지를 확실히 하기 위해 먼저 토양을 검정하라. 토양 분석 실험

그림 5.56 이 연안참나무의 아래쪽 잎들은 관수 시스템을 통해 공급되는 염수로 젖게 되어 염 피해를 받고 있다.

실은 나트륨 토양을 교정하기 위해 필요한 석고량을 결정할 수 있다. 나트륨 토양이 또한 염류 토양일 경우, 용탈 처리가 적용되기 전에 석고를 혼합해주어야 한다. 단순 알칼리(pH가 높은) 또는 칼슘이 많은 토양에는 석고를 적용할 필요가 없다. 칼슘이 많은 토양($CaCO_3$ 함유)이면, 나트륨 치환용 칼슘을 배출하기 위해 황을 적용할 수 있다. 반응은 수개월에서 수년이 걸릴 수도 있다(Cardon and Mortvedt 1999). 추가적인 정보는 'pH 관련 문제'를 참고하라. 염분 관련 문제를 요약한 것은 **표 5.11**에 기술되어 있다.

표 5.11. 염분 관련 피해 요약

문제/여건	병징	진단	발생 및 악화 요소	유사 장애	치료
			토양		
염류토양 (saline)	생장 부진, 황백화, 잎 끝/가장자리 탐, 낙엽, 죽음.	토양 EC_e 분석; 염류토양이면 EC_e가 4 dS/m 초과. 관개수가 염의 공급원이면, 물의 총 용존 고형물(TDS)과 EC_w를 분석.	염에 대한 해당 종의 감수성, 낮은 토양 수분, 높은 지하수위, 배수 불량, 염수 관수, 해빙염 적용, 비료나 염류 토양 개량제의 과도한 적용.	영양 결핍, 가뭄, 제초제 독성, 바람 화상, 급성 대기오염, 과도한 햇빛 노출.	배수문제 교정, 양질의 물로 용탈, 내성 식물 선택.
나트륨 토양 (sodic)	생장 부진, 황백화, 괴사, 죽음. 지표면에 희거나 검은 딱지, 물고임 발생 가능.	토양의 나트륨흡착비(SAR)나 치환성 나트륨백분율(ESP)을 분석. 나트륨 토양은 SAR이 >6이고 ESP가 >10임.	나트륨에 민감한 종, 높은 지하수위, 배수 불량, 고나트륨 물 관수, 연화수 사용, 해빙염으로 염화나트륨 적용.	영양 결핍, 가뭄, 제초제 독성, 바람 화상, 급성 대기오염, 과도한 햇빛 노출.	칼슘 토양에 석고나 황 혼합, 양질의 물로 용탈.
염류 나트륨 토양 (saline-sodic)	생장 부진, 황백화, 괴사, 죽음. 지표면에 희거나 검은 딱지, 물고임 발생 가능.	토양의 EC_e와 나트륨흡착비(SAR)를 분석. 염류나트륨 토양은 EC_e가 >4.0이고, SAR이 >6임.	나트륨과 염에 민감한 종, 높은 지하수위, 배수 불량, 고나트륨/염의 물 관수, 연화수 사용, 해빙염으로 염화나트륨 적용, 낮은 토양 수분.	영양 결핍, 가뭄, 제초제 독성, 바람 화상, 급성 대기오염, 과도한 햇빛 노출.	칼슘 토양에 석고나 황 혼합, 양질의 물로 용탈.
염화물 (chloride)	생장 부진, 잎 끝/가장자리 괴사, 갈변, 잎의 조기 황화와 낙엽, 황백화.	토양과 조직의 염소 분석.	염에 대해 민감한 종, 낮은 토양 수분, 높은 지하수위, 배수 불량, 고염소 물 관수, 해빙염 과도한 적용, 염화물 함유 비료 과도 적용, 수영장에 인접.	영양 결핍, 가뭄, 제초제 독성, 바람 화상, 급성 대기오염, 과도한 햇빛 노출.	배수 문제 교정, 양질의 물로 용탈, 내성 식물 선택.

표 5.11. 염분 관련 피해 요약—계속

문제/여건	병징	진단	발생 및 악화 요소	유사 장애	치료
			토양—계속		
붕소	잎 끝이 황화된 후 가장자리와 엽맥 사이가 점차 황백화와 괴사됨. 괴사부위는 검고, 잎 가장자리에 작은 점으로 나타남.	토양이나 잎의 붕소 분석.	붕소에 민감한 종, 붕소 함량이 높은 물 관수, 특정 하수 유출물 적용, 붕산염 함유 제초제 적용.	영양 결핍, 가뭄, 제초제 독성, 바람 화상, 급성 대기오염, 과도한 햇빛 노출.	배수문제 교정, 양질의 물로 용탈, 내성 식물 선택.
나트륨	반점과 엽맥 사이 황백화에 이어 잎 끝, 가장자리, 엽맥 사이의 괴사 진행.	토양과/또는 잎의 나트륨 분석.	나트륨에 민감한 종, 화학적으로 연화된 물이나 나트륨 함량이 높은 물 관수, 해빙염으로 염화나트륨 적용.	영양 결핍, 가뭄, 제초제 독성, 바람 화상, 급성 대기오염, 과도한 햇빛 노출 .	칼슘 토양에 석고나 황 혼합, 양질의 물로 용탈.
암모늄	생장 부진, 황백화, 잎에 작은 괴사 반점.	토양의 암모늄 분석.	암모늄에 민감한 종, 암모늄 비료의 과도한 적용, 암모늄 함량이 높은 토양개량제의 토양 혼합.	영양 결핍, 가뭄, 제초제 독성, 과도한 햇빛 노출.	양질의 물로 용탈.
			잎		
해빙염	해당 식물 도로쪽 면의 물 튀김 높이에서 피해 발생. 침엽이 끝에서 아래로 갈변함. 활엽수와 침엽수의 눈, 잔가지, 전체 식물의 고사가 발생할 수 있음.	잎의 염을 분석.	종의 민감성, 노출 기간과 살포 염의 농도.	제초제 독성.	잎 세척, 저독성 해빙염 사용.
스프링클러 관수	잎 괴사, 스프링클러로 젖는 잎에 피해 발생.	잎과 물의 염화물 분석.	염소 함량이 100 mg/l 미만의 물 관수.	가뭄, 제초제 독성, 바람 화상, 급성 대기오염.	양질의 물로 잎 세척
바다 물보라	식물의 바람이 불어오는 쪽 잎의 괴사.	잎의 염화물 분석.	염 민감성 종이 바람에 실려 오는 물보라에 노출.	영양 결핍, 가뭄, 제초제 독성, 바람 화상, 급성 대기오염.	양질의 물로 잎 세척.

pH 관련 문제

pH로 표현되는 토양반응(土壤反應, soil reaction)은 토양의 산성이나 알칼리성을 나타내는 것으로, 수소(水素, hydrogen) 이온(산)과 수산화(水酸化, hydroxide) 이온(알칼리)의 상대적인 농도이다. pH를 표현하는 데는 0부터 14까지의 대수 기반 척도가 사용된다. 수소와 수산화 이온의 농도가 동일하면 pH 7.0의 중립적인 반응이 나온다. 토양이 산성화됨에 따라 pH는 떨어지고, 알칼리화됨에 따라 pH는 올라간다. 토양 pH는,

- 토양의 식물 영양소 유효성에 영향을 미친다.
- 토양 내 유독할 수 있는 특정 원소(예, 알루미늄, 망간)의 용해성에 영향을 준다.
- 토양 미생물의 개체수와 활동에 영향을 미친다.
- 뿌리 세포의 기능에 직접적인 영향을 미쳐, 수분과 양분의 흡수에 영향을 줄 수 있다.

토양 pH는 대부분의 여건 하에서 식물에 대해 일차적인 영양학적 영향(nutritional effect)을 준다. 유독하지 않고 식물 생장에 필수적인 영양소의 유효성에 최적인 pH는 5.5에서 7.0이다. 이 좁은 pH 수준의 위와 아래에서는 하나 이상의 영양소 유효성이 유의하게 감소되거나 증가될 수 있다. 강한 산성 토양(pH 5.5 아래)에서는, 칼슘, 마그네슘, 인, 질소, 황, 몰리브덴, 붕소의 유효성이 감소한다. 동시에 알루미늄, 철, 망간, 아연, 구리의 유효성이 증가하여 식물과 미생물에 유독할 수 있다. 몰리브덴과 염화합물을 제외하고, 토양 알칼리성이 증가함에 따라 미량원소(微量元素, micronutrients)의 유효성은 감소한다. 강한 알칼리성 토양(pH 7.5 초과)에서는, 철, 망간, 아연, 구리가 식물이 사용할 수 없게 된다. 영양소 결핍에 관한 자세한 정보는 '영양 결핍'을 참고하라.

미생물 활동도 pH에 의해 영향을 받는다. 곰팡이는 넓은 pH 범위에 걸쳐 활동하지만, 박테리아와 방선균류(放線菌類, actinomycetes)는 약한 산성으로부터 알칼리성 범위의 pH를 선호한다. 질화세균(窒化細菌, nitrifying bacterium)은 pH가 5.5 아래로 떨어지면 억제되고 강산성 토양에서는 찾아볼 수 없다(Craul 1992).

통기와의 상호작용

토양 pH와 통기 간의 상호작용은 미량원소의 유효성에 영향을 줄 수 있다. 철, 망간, 구리는 일반적으로 배수가 불량하거나 침수된 산성 토양에서 더 많이 가용하여, 유독한 수준에 이를 수 있다(Brady and Weil 1996).

석회질 토양

석회질, 또는 석회 성분이 많은 토양은 탄산칼슘($CaCO_3$)을 함유하고 있다. 석회질 토양(石灰質土壤, calcareous soil)은 전형적으로 색상이 밝고, 질감이 미사질(silty)이고, 가끔 배수가 불량하다. pH는 알칼리성이어서 일반적으로 범위가 7.5~8.5이다.

병징

토양 pH는 영양소의 유효성에 영향을 주기 때문에, 일차적인 병징은 민감한 식물에서 영양 과다나 결핍처럼 보인다. 공통적인 병징은 **표 5.12**에 기술되어 있다.

산성(酸性, acid) pH

낮은 pH에서 세 가지 미량원소가 유독하게 된다: 알루미늄, 망간, 구리. pH 4.5 미만에서 발생하는 알루미늄 독성은 가시적인 병징이나 잎의 알루미늄 함량으로 진단할 수 없다(Chapman 1965). 뿌리가 전형적으로 변색되고, 짧고, 뭉툭하지만, 일부 토양에서 자라는 식물에서는 이를 구별해내지 못할 수 있다. 생장이 감소되지만, 이것만으로 진단하기에는 충분하지 못하다. 발육이 부진한 뿌리는 인(燐, phosphorus)과 같은 불가동 영양소(不可動營養素, immobile nutrients)를 흡수하는 데 어려움을 겪는다. 뿌리 생장 부진과 알루미늄과 인의 반응 때문에, 식물의 알루미늄 독성은 인 결핍과 비슷하다(Singer and Munns 1987). **그림 5.57**은 강산성 토양과 약산성 토양에서의 식물 생장 차이를 보여주고 있다.

망간 독성은 식물 종에 따라 잎의 뒤틀림, 황화, 괴사 등 다양한 패턴을 나타낸다. 감귤나무에서는, 잎의 가장자리가 황화되고 작은 괴사 반점이 발달한다(Labanauskas 1966).

구리 독성은 먼저 생장 부진으로 나타난다. 이는 잎에서의 철 농도를 억제함으로써 철 황백화 병징을 유발할 수도 있다. 알루미늄 독성처럼 이는 많은 식물에서 발육 부진, 가지 파생 감소, 뿌리가 굵어지고 변색되는 것과 관련이 있다(Reuther and Labanauskas 1966).

그림 5.57. 이 절토 경사지의 pH는 식물이 거의 자라지 않는 3.2(사진 왼쪽)부터 정상적으로 생장하는 6.2(사진 오른쪽)까지의 범위에 걸쳐 있다.

알칼리성 pH

알칼리성(-性, alkaline) pH와 관련된 일차 병징은 철, 아연, 망간의 결핍이다. 이들 결핍은 새로운 생장의 황백화로 나타난다(**그림 5.58**). 황백화의 패턴은 약간 차이가 있다. 활엽의 관목과 교목에서는, 철 결핍은 엽맥을 따라 녹색의 좁은 띠를 만들면서 엽맥 사이 황백화를 유발한다. 망간이 결핍됨에 따라 녹색 띠는 전형적으로 더 넓어진다. 아연 결핍은 더 얼룩진 황백화 패턴, 비정상적으로 작은 잎과 짧은 마디 사이를 유발한다. 이들 영양소 결핍은, 병징이 너무 비슷하기 때문에, 구분하는 것이 가끔 어렵다. 진단을 더욱 까다롭게 만드는 것은 하나 이상의 영양소가 결핍되는 것으로, 병징이 겹쳐서 나타난다. 이 경우 조직 분석(組織分析, tissue analysis)으로 진단하는 것이 최선이

표 5.12. 토양의 pH 범위와 발생 가능한 관련 식물 문제

	pH 척도	발견되는 토양	병징/문제	일반적인 식물 병징
	12			
	11			
	10	나트륨성 토양	토양 표면에 흰 지각; 배수불량; 지표면에 웅덩이. 나트륨 독성 가능.	잎 가장자리가 타고, 황백화, 고사.
	9			
	8			
	7	석회질 토양	토양이 전형적으로 밝은색, 세립질. 철, 아연, 망간 결핍.	엽맥 사이 황백화와 새로운 생장의 표백화.
대부분 식물에 적정한 수준	6	경작에 적합한 습한 지역	대부분 식물 내성.	없음.
	5	산림토양	더 낮은 범위에서, 알루미늄 독성, 칼슘과 망간 결핍 발생할 수 있음.	더 낮은 범위에서 민감한 식물에 생장 부진, 황백화 병징.
	4			
	3	산성 황산염 토양	알루미늄 독성, 칼슘과 마그네슘 결핍.	생장 부진과 황백화 병징, 괴사 부위가 있는 뒤틀린 새로운 생장.
	2			
	1			

출처: Brady and Weil 1996

그림 5.58. 알칼리성 토양에서 자라는 식물의 일반적인 병징은 어린잎의 엽맥 사이 황백화이다. 이는 알칼리성 pH에서 철, 아연, 망간이 불용화되기 때문이다.

다('영양 결핍' 참조).

석회질 토양에서 자라는 민감한 식물은, 철이 산화되어 식물에 불용하게 되기 때문에, 가끔 철, 아연, 망간이 결핍된다(**그림 5.59**). 새로운 생장은 괴사 부위가 있으면서 완전히 황백화된다.

발생

토양 pH는 해당 토양이 유래한 모재, 강우의 양, 식생, 토양 배수에 의해 결정된다. 산성 토양은 강우량이 많고 습도가 높은 지역, 또한 침엽수림에서 발달하는 경향이 있다. 알칼리성토양은 강우량이 작고 배수가 불량한 지역, 또한 잔디 아래에서 발달하기 쉽다.

캘리포니아의 대부분 토양은 약산성에서 중간 정도의 알칼리성이다. 석회질 상태는 침수되는 평원과 계곡에서 흔하고 가끔 낮은 pH 토양과 마주치기도 한다(**표 5.13**). 산성의 심토(心土, subsoil)는 부지 정지를 하는 동안 절토를 할 때 노출될 수 있다. 경관토양은 가끔 고도로 교란되어 원 토양과 다를 수 있다.

그림 5.59. 석회질 토양에서 자라는 민감한 식물의 공통적인 병징은 생장 부진(A), 뱀딸기(*Duchesnea indica*)의 엽맥 간 황백화(B)와, 홍가시(*Photinia fraseri*)의 표백(C) 등이다.

유사 장애

칼슘 결핍, 구리 독성, 제초제 독성(예, 서플란/surflan에 의해 유발된)이 낮은 pH와 유사한 생장이 부진한 뿌리 병징을 유발한다. 생장이 부진한 뿌리가 인을 흡수하지 못하기 때문에 식물은 인이 결핍한 것처럼 보일 수 있다. 철, 아연, 망간 결핍 병징도 여러 요인에 의해 유발될 수 있다('영양 결핍' 참조)

그림 5.60. 비정상적으로 낮거나 높은 pH에 대한 식물의 내성은 다양하다. 이 토양의 pH는 4.5이다. 왼쪽의 가자니아(*Gazania* spp.)는 정상적으로 보이는 반면, 오른쪽의 금영화(*Eschscholzia californica*)는 황백화되고 생장이 부진하다.

진단

토양 pH로 인해 발생한 문제는 뿌리지역으로부터 토양 시료를 채취하여 pH를 시험함으로써 진단할 수 있다. 시험할 때에는 관련된 요소인 탄산칼슘 농도(석회/lime 구성비)를 포함하는 것이 좋은데, 이는 탄산칼슘의 존재가 가능한 치료 방법과 민감한 식물 종에 영향을 미치기 때문이다. 석회의 존재 여부는 토양 내 석회의 양을 확인하는 것보다 문제를 진단하기 위해 더 필요하다. 탄산칼슘의 양은 산성화 처리를 고려할 때 산성화에 저항하는 토양의 완충능력(緩衝能力, buffering capacity)을 가리킨다(p. 121 "교정" 참조). 낮은 pH에서 발생할 수 있는 의심스러운 광물 독성을 진단하는 데 조직 분석이 도움을 줄 수 있다(**표 5.14**).

감수성 종과 내성 종

대부분의 식물이 pH 5.5에서 7.0 범위에서 만족스럽게 자라지만, 산성과 알칼리성 상태에 대한 내성은 식물에 따라 차이가 매우 크다(**표 5.15, 그림 5.60**). 일반적으로 개별 종은 이들이 진화해온 토양에 내성이 있다; pH 요구는 해당 식물의 원산지 지역의 토양을 평가하여 추정할 수 있다. 대부분의 소나무들은 일반적으로 강한 산성 토양에 내성이 있다. 가문비나무는 덜 산성인 토양에서 가장 잘 자란다. 반면, 활엽수는 일반적으로 알칼리 토양에 내성이 있다.

대부분이 산성 토양이 원산인 호산성 식물은

표 5.13. 캘리포니아에서 산성, 알칼리성, 석회질 토양의 발생

토양 상태	토지 유형	위치
석회질	사막지역의 선상지(扇狀地, alluvial fan)와 범람원(flood plain) 토양	Imperial Valley Palo Verde Valley Mojave Desert 일부 San Joaquin Valley 남서부
염류, 나트륨	불완전하게 배수되는 분지 토양	San Joaquin Valley 일부 Surprise Valley(Modoc County) Honey Lake Valley(Lassen Co.) Mojave Desert 지역의 저지대
약~중간 산성	단구(段丘, terrace) 토지, 계곡 분지의 유기질 토양, 산맥	Del Norte Co.~San Luis Obispo Co.간 해안 Sacramento-San Joaquin Delta Sierra Nevada 산맥과 기타 Northern and Southern California의 고 고도산맥
강산성	해안 지역	Southern California(Capistrano formation)의 절토지에서 노출된 심토

표 5.14. 토양과 조직 분석을 통한 독성 평가

		토양 분석			조직 분석	
원소	pH	무독성	독성 가능	독성 높음	정상	독성
알루미늄	<4.5	<0.5 ppm	0.5~1.0 ppm	>1.0 ppm	—	—
구리	<5.0	—	—	>150 ppm	—	>20 ppm
망간	<5.5	—	—	—	—	>1,000 ppm

출처: Chapman 1965.

철을 흡수하는 데 어려움을 겪으며 토양 내 높은 수준의 가용성 철(soluble iron)을 요구한다. 이들은 pH 5인 토양에서 가장 잘 자라며, 더 높은 pH에서는 철, 아연, 망간 결핍 병징을 보이는 경향이 있다(**그림 5.61**). 산성이 강한 토양(pH 5 미만)에서 생육이 부진한 식물은 일반적으로 알루미늄 독성에 영향을 받는다.

석회질 토양에서는 약/중 알칼리성 토양에 정상적으로 적응한 종은 생장이 제한되고 철 결핍 병징을 유발할 수 있다.

교정

캘리포니아에서는 드문 문제지만, 산성 토양의 pH를 높이기 위해 석회를 혼합할 수 있다. 필요한 석회의 양은 해당 토양의 pH, 토성(土性, soil texture), 양이온치환능력(CEC, cation exchange capacity)에 따라 다르다.

토양 pH는 일반적으로 황(黃, sulfur)이나 황을 함유하고 있는 석고(石膏, gypsum)와 같은 산성화시키는 물질을 혼합함으로써 낮춘다. 황을 토양에 혼합하면 박테리아가 이를 황산으로 변환한다. 박테리아가 활동하기 위해서는 따뜻한 기온, 촉촉한 토양과 산소가 필요하다. 반응은 최적의 상태에서 6~8주에 걸쳐 천천히 일어난다.

토양 내 탄산칼슘은 pH를 낮추는 데 저항하는 완충 역할을 한다. 석회질 토양에 황이 혼합되면, 탄산칼슘은 황산과 반응하여 물, 이산화탄소, 황산칼슘을 산출한다. 따라서 수소 이온 농도가 증가하지 않기 때문에, 토양 pH에는 변화가 없다. 즉, 석회질 토양과 탄산칼슘을 함유하고 있는 물을 관수한 토양의 pH는 의미 있게 낮아지지 않는다. 따라서 pH가 높은 석회질 토양에는 교정 방법이 없기 때문에, 여기에는 내성이 있는 종을 식재하는 것이 좋다. 미량원소 결핍 병징은 적합한 원소를 잎에 적용하여 치료할 수 있다(p. 71 '영양 결핍' 참조). 토양 pH 문제는 **표 5.16**에 요약되어 있다.

그림 5.61. 대왕참나무는 산성 토양을 선호한다. 알칼리 토양(이 그림에서는 pH 7.8)에서 자라는 경우에는 잎이 생육 부진, 황백화, 괴사(왼쪽은 정상) 병징을 보인다.

표 5.15. 발췌된 조경 식물의 pH 내성

학명	일반명	pH 내성*			출처†
		약 산성	약 알칼리	강 알칼리	
		교목			
Acacia longifolia	긴잎아카시아			X	Perry 1989
Acacia melanoxylon	호주흑목		X	X	Hoyt 1978; Perry 1989; Svihra and Coate 1996
Acer campestre	캄페스트레단풍		X		Kuhns and Rupp 2000
Acer negundo	네군도단풍		X		Kuhns and Rupp 2000
Acer nigrum	흑단풍나무		X		Kuhns and Rupp 2000
Acer platanoides	노르웨이단풍		X		Kuhns and Rupp 2000
Acer pseudoplatanus	버즘단풍나무		X		Kuhns and Rupp 2000
Acer rubrum	적단풍	X			Wysong et al. 2000
Acer saccharinum	은단풍	X			Wysong et al. 2000
Acer saccharum	설탕단풍	X	X		Kuhns and Rupp 2000; Wysong et al. 2000
Acer saccharum grandidentatum	그랜디덴타툼설탕 단풍		X		Kuhns and Rupp 2000
Agonis flexuosa	페퍼민트나무		X		Hoyt 1978; Perry 1989; EBMUD 1990
Ailanthus altissima	가죽나무		X	X	Hoyt 1978; Kuhns and Rupp 2000
Albizia distachya	깃털자귀나무			X	Hoyt 1978
Annona cherimola	체리모야		X		Hoyt 1978
Brachychiton populneus	호주병나무			X	Hoyt 1978; Perry 1989
Calocedrus decurrens	인센스시더		X		Kuhns and Rupp 2000
Casuarina cunninghamiana	트로피칼 오크		X		Svihra and Coate 1996
Casuarina stricta	처진쉬오크		X		Svihra and Coate 1996
Catalpa bignonioides	꽃개오동	X	X		Kuhns and Rupp 2000; Wysong et al. 2000
Catalpa speciosa	미국개오동	X	X		Kuhns and Rupp 2000; Wysong et al. 2000
Cedrus atlantica	아틀라스시더		X		EBMUD 1990
Cedrus deodara	히말라야시더		X		Svihra and Coate 1996
Celtis australis	남팽나무			X	Hoyt 1978; EBMUD 1990
Celtis occidentalis	서양팽나무		X		Kuhns and Rupp 2000
Cercidium floridum	푸른팔로베르데		X		Perry 1989
Cercis canadensis	캐나다박태기		X		Kuhns and Rupp 2000
Cercis occidentalis	서양박태기		X		Kuhns and Rupp 2000
Cercocarpus ledifolius	곱슬잎마호가니		X		Kuhns and Rupp 2000
Chilopsis linearis	사막버드나무		X	X	Hoyt 1978; Kuhns and Rupp 2000
Cinnamomum camphora	녹나무			X	Hoyt 1978
Cladrastis lutea	옐로우우드		X		Kuhns and Rupp 2000
Cornus florida	미국산딸나무	X			Wysong et al. 2000
Corylus colurna	터키개암나무		X		Kuhns and Rupp 2000
Corylus cornuta	미국개암나무		X		Kuhns and Rupp 2000
Cotinus obovatus	미국안개꽃나무		X		Kuhns and Rupp 2000
Crataegus × lavallei	라벨레산사나무		X		Kuhns and Rupp 2000
Crataegus crus-galli	크루스갈리산사		X		Kuhns and Rupp 2000
Crataegus phaenopyrum	워싱턴산사		X		Kuhns and Rupp 2000
Crataegus viridis	비리디스산사		X		Kuhns and Rupp 2000
Cupressus arizonica	아리조나사이프러스		X		EBMUD 1990; Svihra and Coate 1996; Kuhns and Rupp 2000
Cupressus sempervirens	이태리사이프러스		X		Kuhns and Rupp 2000

학명	일반명	pH 내성* 약 산성	약 알칼리	강 알칼리	출처†
		교목—계속			
Cupressus spp.	사이프러스류		X		Perry 1989
Diospyrus kaki	감나무		X		Hoyt 1978
Embothrium coccineum	칠레파이어트리	X			Hoyt 1978
Eriobotrya japonica	비파나무		X		EBMUD 1990; Kuhns and Rupp 2000
Eriobotrya spp.	비파나무류		X		Hoyt 1978; Perry 1989
Eucalyptus camaldulensis	붉은유칼리		X		EBMUD 1990; Perry 1989; Svihra and Coate 1996
Eucalyptus cladocalyx	난쟁이 유칼리		X		Perry 1989
Eucalyptus globulus	푸른유칼리		X		Perry 1989
Eucalyptus leucoxylon 'Rosea'	로세아 유칼리	X			EBMUD 1990; Perry 1989
Eucalyptus microtheca	침수유칼리		X		EBMUD 1990
Eucalyptus polyanthemos	은화유칼리		X		Perry 1989
Eucalyptus rudis	늪지유칼리		X		Perry 1989
Eucalyptus saligna	시드니블루검		X		Svihra and Coate 1996
Ficus macrophylla	큰잎고무나무			X	Hoyt 1978
Fraxinus americana	미국물푸레		X		Kuhns and Rupp 2000
Fraxinus excelsior	구주물푸레		X		Kuhns and Rupp 2000
Fraxinus oxycarpa 'Raywood'	레이우드물푸레		X		Svihra and Coate 1996
Fraxinus pennsylvanica	좁은잎물푸레		X		Kuhns and Rupp 2000
Fraxinus uhdei	우데이물푸레		X		EBMUD 1990
Fraxinus velutina	벨루티나물푸레			X	Hoyt 1978
Ginkgo biloba	은행나무	X	X		Kuhns and Rupp 2000; Wysong et al. 2000
Gleditsia triacanthos	미국주엽나무		X		Kuhns and Rupp 2000
Grevillea robusta	우의목			X	Hoyt 1978
Gymnocladus dioicus	켄터키커피나무		X		Kuhns and Rupp 2000
Juglans cinerea	버터호두		X		Kuhns and Rupp 2000
Juglans nigra	흑호두나무		X		Kuhns and Rupp 2000
Juglans regia	영국호두나무		X		Kuhns and Rupp 2000
Juglans spp.	호두나무류		X		Hoyt 1978
Juniperus spp.	향나무류		X		Hoyt 1978
Juniperus virginiana	연필향나무		X		Kuhns and Rupp 2000
Koelreuteria paniculata	모감주나무		X	X	Hoyt 1978; EBMUD 1990; Kuhns and Rupp 2000
Laburnum × *watereri*	금사슬나무		X		Kuhns and Rupp 2000
Lagerstroemia indica	배롱나무		X		Kuhns and Rupp 2000
Lagunaria patersonii	달맞이꽃나무			X	Hoyt 1978
Laurus 'Saratoga'	사라토가베이		X		EBMUD 1990
Laurus nobilis	월계수		X		Perry 1989
Liquidambar spp.	풍나무류	X			Hoyt 1978
Liriodendron tulipifera	튤립나무	X			Wysong et al. 2000
Litchi chinensis	리치	X			Hoyt 1978
Lophostemon confertus	브리스베인박스		X		Svihra and Coate 1996
Maclura pomifera	오세이지오렌지		X	X	Hoyt 1978; Kuhns and Rupp 2000
Magnolia grandiflora	태산목	X			Hoyt 1978
Malus spp.	사과나무류		X		Kuhns and Rupp 2000
Melaleuca quinquenervia	호주자작나무		X	X	EBMUD 1990; Svihra and Coate 1996; Hoyt 1978; Perry 1989

표 5.15 발췌된 조경 식물의 pH 내성—계속

학명	일반명	pH 내성* 약 산성	약 알칼리	강 알칼리	출처†
		교목—계속			
Melaleuca styphelioides	흑차나무		X	X	Hoyt 1978; Perry 1989; Svihra and Coate 1996
Melia azedarach	멀구슬나무		X	X	Hoyt 1978; Kuhns and Rupp 2000; Svihra and Coate 1996
Morus alba	뽕나무		X		Kuhns and Rupp 2000
Morus rubra	붉은뽕나무			X	Hoyt 1978; Kuhns and Rupp 2000
Olea europaea	올리브		X		Hoyt 1978; Perry 1989; Svihra and Coate 1996
Parkinsonia aculeata	멕시코팔로베르데		X	X	Hoyt 1978; Perry 1989
Persea thunbergii	후박나무		X		Hoyt 1978
Phoenix spp.	야자나무류			X	Hoyt 1978
Pinus edulis	피뇬소나무		X		Kuhns and Rupp 2000
Pinus eldarica	아프간소나무		X		EBMUD 1990
Pinus halepensis	알레포소나무		X	X	Hoyt 1978; Perry 1989; Kuhns and Rupp 2000
Pinus monophylla	일엽송		X		Kuhns and Rupp 2000
Pinus mugo	뮤고소나무		X		Kuhns and Rupp 2000
Pinus nigra	유럽곰솔		X		Kuhns and Rupp 2000
Pinus pinea	이태리소나무		X		Svihra and Coate 1996
Pinus sabiniana	회색소나무		X		Svihra and Coate 1996
Pinus sylvestris	구주소나무		X		EBMUD 1990
Pinus thunbergiana	곰솔		X		Svihra and Coate 1996
Pistacia chinensis	황련목		X	X	Hoyt 1978; Kuhns and Rupp 2000
Pittosporum phillyraeoides	처진피토스포럼			X	Perry 1989
Pittosporum spp.	피토스포럼류		X		Hoyt 1978
Platanus occidentalis	양버즘나무		X		Kuhns and Rupp 2000
Platanus racemosa	캘리포니아버즘			X	Hoyt 1978
Podocarpus macrophyllus	나한송		X		Svihra and Coate 1996
Populus × *canadensis*	캐롤라이나포플러		X		Kuhns and Rupp 2000
Populus alba	흰포플러		X		Kuhns and Rupp 2000
Populus fremontii	서부미루나무		X	X	Hoyt 1978; Kuhns and Rupp 2000; Svihra and Coate 1996
Populus nigra 'Italica'	양버들		X		Kuhns and Rupp 2000
Populus trichocarpa	흑사시나무		X		Kuhns and Rupp 2000
Prosopis glandulosa	꿀메스키트		X		Kuhns and Rupp 2000
Pseudotsuga menziesii	미송	X	X		Kuhns and Rupp 2000; Wysong 2000
Pyrus calleryana	콩배나무		X		EBMUD 1990; Kuhns and Rupp 2000; Svihra and Coate 1996
Pyrus communis	서양배나무		X		Kuhns and Rupp 2000
Quercus agrifolia	연안참나무			X	Hoyt 1978
Quercus alba	백참나무	X			Wysong et al. 2000
Quercus cerris	터키참나무		X		Kuhns and Rupp 2000
Quercus chrysolepis	계곡참나무	X			Hoyt 1978
Quercus coccinea	스칼렛참나무	X			Wysong et al. 2000
Quercus gambelii	감벨참나무		X		Kuhns and Rupp 2000
Quercus ilex	호랑가시참나무		X		Hoyt 1978; EBMUD 1990; Svihra and Coate 1996

학명	일반명	pH 내성*			출처†
		약 산성	약 알칼리	강 알칼리	
		교목—계속			
Quercus lobata	계곡참나무			X	Hoyt 1978
Quercus macrocarpa	가시참나무	X	X		Kuhns and Rupp 2000; Wysong et al. 2000
Quercus muehlenbergii	친카핀참나무		X		Kuhns and Rupp 2000
Quercus palustris	대왕참나무	X			Wysong et al. 2000
Quercus robur	영국참나무		X		Kuhns and Rupp 2000
Quercus rubra	루브라참나무	X			Wysong et al. 2000
Quercus shumardii	슈마드참나무		X		Kuhns and Rupp 2000
Quercus suber	코르크참나무			X	Hoyt 1978
Quercus virginiana	버지니아참나무	X			Hoyt 1978
Rhus lancea	아프리카옻나무		X		Svihra and Coate 1996
Robinia × *ambigua*	아이다호아까시		X		Kuhns and Rupp 2000
Robinia pseudoacacia	아까시나무			X	Hoyt 1978; Kuhns and Rupp 2000
Salix babylonica	수양버들		X		Kuhns and Rupp 2000
Salix matsudana	용버들		X		Kuhns and Rupp 2000
Salix nigra	엘더베리		X		Kuhns and Rupp 2000
Schinus molle	캘리포니아후추		X	X	Hoyt 1978; EBMUD 1990; Svihra and Coate 1996
Schinus spp.	페퍼나무류		X		Hoyt 1978; Perry 1989
Sequoia sempervirens	레드우드	X			Hoyt 1978
Sequoiadendron giganteum	자이언트세쿼이아	X			Hoyt 1978
Sophora japonica	회화나무		X		Kuhns and Rupp 2000
Stenocarpus sinuatus	파이어휠나무	X			Hoyt 1978
Syringa reticulata	개회나무		X		Kuhns and Rupp 2000
Tamarix aphylla	아델위성류			X	Hoyt 1978
Taxodium distichum	낙우송	X			Hoyt 1978
Taxodium mucronatum	몬테주마낙우송		X		Hoyt 1978
Thuja occidentalis	서양측백		X		Kuhns and Rupp 2000
Thuja orientalis	측백나무		X		Kuhns and Rupp 2000
Thuja plicata	웨스턴측백		X		Kuhns and Rupp 2000
Tilia × *euchlora*	크림피나무		X		Kuhns and Rupp 2000
Tilia americana	미국피나무		X		Kuhns and Rupp 2000
Tilia cordata	작은잎피나무		X		Kuhns and Rupp 2000
Tilia tomentosa	은피나무		X		Kuhns and Rupp 2000
Tipuana tipu	티푸나무		X		Hoyt 1978
Tristania conferta	브리스베인박스 참조				
Ulmus americana	미국느릅나무		X		Kuhns and Rupp 2000
Ulmus parvifolia	참느릅나무		X		Kuhns and Rupp 2000
Ulmus pumila	비술나무			X	Hoyt 1978; Kuhns and Rupp 2000
Washingtonia filifera	부채야자			X	Hoyt 1978
Yucca brevifolia	조슈아트리		X	X	Hoyt 1978; Kuhns and Rupp 2000
Ziziphus jujuba	대추나무		X	X	Hoyt 1978; EBMUD 1990; Kuhns and Rupp 2000
		관목			
Abelia floribunda	멕시코댕강	X			Hoyt 1978
Abelia grandiflora	꽃댕강나무		X		Svihra and Coate 1996
Acacia armata	켕거루아카시아			X	Hoyt 1978

표 5.15. 발췌된 조경 식물의 pH 내성—계속

학명	일반명	pH 내성*			출처†
		약 산성	약 알칼리	강 알칼리	
		관목—계속			
Acacia redolens	눈아카시아		X		EBMUD 1990; Svihra and Coate 1996
Aloe spp.	알로에류		X		Hoyt 1978
Aloysia triphylla	레몬버베나			X	Hoyt 1978
Arbutus unedo	딸기나무	X			Hoyt 1978
Artemesia californica	캘리포니아쑥		X		Perry 1989
Atriplex canescens	포윙솔트부쉬		X		Svihra and Coate 1996
Atriplex lentiflormis spp. *brewerii*	케일부쉬		X	X	Hoyt 1978; Svihra and Coate 1996
Atriplex semibaccata	호주솔트부쉬		X		Svihra and Coate 1996
Azalea spp.	진달레류	X			Hoyt 1978
Azara microphylla	작은잎아자라	X			Hoyt 1978
Baccharis pilularis 'Twin Peaks'	눈코요테브러쉬(품종)		X		Svihra and Coate 1996
Baccharis spp.	바카리스류		X		Perry 1989
Berberis × *mentorensis*	멘토매자나무		X		Svihra and Coate 1996
Berberis spp.	매자나무류		X		Hoyt 1978
Brunfelsia pauciflora	브룬펠시아	X			Hoyt 1978
Buxus microphylla var. Japonica	회양목		X		Hoyt 1978; EBMUD 1990; Svihra and Coate 1996
Caesalpinia gilliesii	극락조화		X		Hoyt 1978
Caesalpinia pulcherrima	공작화			X	Hoyt 1978
Callistemon citrinus	레몬병솔나무		X		EBMUD 1990
Callistemon spp.	병솔나무류		X		Hoyt 1978; Perry 1989
Camellia spp.	동백나무류	X			Hoyt 1978
Ceanothus griseus	야생라일락			X	Hoyt 1978
Cercocarpus ledifolius	곱슬잎마호가니		X		Kuhns and Rupp 2000
Chaenomeles japonica	풀명자		X		Hoyt 1978; EBMUD 1990
Cistus salviifolius	에이지잎록로즈		X		Svihra and Coate 1996
Cistus spp.	록로즈류		X		EBMUD 1990
Cistus skanbergii	록로즈		X		Hoyt 1978; Perry 1989
Coprosma kirkii	포복코프로스마		X		Perry 1989; Svihra and Coate 1996
Cornus mas	미국산수유		X		Kuhns and Rupp 2000
Correa 'Ivory Bells'	흰호주후크시아		X		Svihra and Coate 1996
Cotinus cogguria	안개나무		X		Kuhns and Rupp 2000
Cotoneaster apiculatus	크랜베리		X		Svihra and Coate 1996
Cotoneaster congestus 'Liliang'	피레네섬개야광(품종)		X		Svihra and Coate 1996
Cotoneaster conspicuus	목걸이섬개야광		X		Svihra and Coate 1996
Cotoneaster horizontalis	홍자단		X		Svihra and Coate 1996
Cotoneaster lacteus	파니섬개야광		X		Svihra and Coate 1996
Cotoneaster microphyllus	섬개야광나무		X		Svihra and Coate 1996
Cytisus canariensis	카나리금작화			X	Hoyt 1978
Daphne odora	서향	X			Hoyt 1978
Dodonaea viscosa	호프씨나무			X	Hoyt 1978
Elaeagnus angustifolia	러시아올리브		X		Kuhns and Rupp 2000
Elaeagnus pungens	풍겐스보리수		X	X	Hoyt 1978; EBMUD 1990
Elaeagnus pungens 'fruitlandii'	풍겐스보리수(품종)		X		Svihra and Coate 1996
Escallonia dwarf cvs.	난장이에스칼로니아		X		EBMUD 1990

학명	일반명	pH 내성[*] 약 산성	약 알칼리	강 알칼리	출처[†]
			관목—계속		
Escallonia × exoniensis 'Frades'	분홍에스칼로니아(품종)		X		EBMUD 1990
Eucalyptus torquata	산호유칼리			X	Hoyt 1978; Perry 1989
Euonymus fortunei 'Coloratus'	산호유칼리(품종)		X		Svihra and Coate 1996
Eunoymus japonica	사철나무		X		Hoyt 1978
Eurya spp.	사스레피나무류	X			Hoyt 1978
Fallugia paradoxa	아파치깃털		X		Hoyt 1978
Feijoa sellowiana	파인애플구아바		X		Hoyt 1978; Perry 1989; Svihra and Coate 1996
Forsythia × intermedia	서양개나리		X		EBMUD 1990
Fouquieria splendens	오코틸로		X		Hoyt 1978
Fuchsia spp.	후크시아류	X			Hoyt 1978
Gardenia thunbergia	흰치자나무		X		Hoyt 1978
Gardenia spp.	치자나무류	X			Hoyt 1978
Grevillea × 'Canberra'	캔베라그레빌레아		X		Svihra and Coate 1996
Halimium spp.	할리미움류		X		Hoyt 1978
Hebe spp.	베로니카류		X		Hoyt 1978
Hibiscus rosa-sinensis	중국무궁화			X	Hoyt 1978
Hydrangea macrophylla	수국	X			Hoyt 1978
Ilex aquifolium	영국호랑가시		X		EBMUD 1990
Ilex vomitoria	요폰호랑가시		X		Hoyt 1978; EBMUD 1990
Illicium floridanum	붉은붓순나무	X			Hoyt 1978
Ixora chinensis	익소라	X			Hoyt 1978
Juniperus californica	캘리포니아향나무			X	Hoyt 1978
Juniperus chinensis	향나무		X		Kuhns and Rupp 2000
Juniperus chinensis 'Parsonii'	향나무(품종)		X		Svihra and Coate 1996
Juniperus chinensis 'San Jose'	향나무(품종)		X		Svihra and Coate 1996
Juniperus spp.	향나무류		X		Hoyt 1978; Perry 1989
Justicia brandegeana	새우풀	X			Hoyt 1978
Lagerstroemia indica	배롱나무			X	Hoyt 1978
Lantana spp.	란타나		X	X	Hoyt 1978; Perry 1989
Laurus nobilis	월계수		X		Hoyt 1978; Perry 1989
Lavandula officinalis	영국라벤더		X	X	Hoyt 1978; Perry 1989
Leptospermum laevigatum	호주차나무		X	X	Hoyt 1978; Perry 1989; EBMUD 1990
Leucophyllum texanum	텍사스레인저		X	X	Hoyt 1978
Leucothoe axillaris	연안바위남천	X			Hoyt 1978
Ligustrum spp.	쥐똥나무류		X		Hoyt 1978
Magnolia stellata	별목련	X			Hoyt 1978
Mahonia aquifolium	오레곤포도		X		Perry 1989
Mahonia pinnata	피나타뿔남천		X		Svihra and Coate 1996
Mahonia repens	포복마호니아		X		Svihra and Coate 1996
Melaleuca spp.	멜라루카류		X	X	Hoyt 1978; Perry 1989
Myoporum laetum	점박이미오포라			X	Hoyt 1978
Myrica californica	켈리포니아소귀	X			Hoyt 1978
Myrsine africana	아프리카회양목		X	X	Hoyt 1978; EBMUD 1990; Svihra and Coate 1996
Myrtus communis	은매화		X	X	Hoyt 1978; Svihra and Coate 1996
Myrtus communis 'Compacta	은매화(품종)		X		Svihra and Coate 1996

표 5.15. 발췌된 조경 식물의 pH 내성—계속

학명	일반명	pH 내성*			출처†
		약 산성	약 알칼리	강 알칼리	
관목—계속					
Nandina domestica 'Nana purpurea'	남천(품종)		X		Svihra and Coate 1996
Nerium oleander	협죽도		X		Hoyt 1978; Perry 1989
Ochna serrulata	버즈아이부쉬	X			Hoyt 1978
Osmanthus fragrans	단계목	X	X		Hoyt 1978; EBMUD 1990
Phormium tenax	신서란		X		EBMUD 1990
Phyllostachys aurea	포대죽		X		EBMUD 1990
Pittosporum crassifolium	상록피토스포름			X	Hoyt 1978
Pittosporum spp.	피토스포름류		X		Perry 1989
Plumbago auriculata	납풀		X		Perry 1989
Prosopis spp.	메스키트류			X	Hoyt 1978
Prunus caroliniana	캐롤라이나체리		X		Svihra and Coate 1996
Prunus ilicifolia	캘리포니아야생자두		X	X	Hoyt 1978; Perry 1989
Prunus lyoni	카탈리나벚나무		X		Hoyt 1978
Punica granatum	석류나무		X	X	Hoyt 1978; Perry 1989; EBMUD 1990
Pyracantha coccinea	파이어혼피라칸타			X	Hoyt 1978
Pyracantha spp.	피라칸타류		X		Hoyt 1978
Rhaphiolepis umbellata	다정큼나무		X		EBMUD 1990
Rhus integrifolia	레모네이드옻나무		X		Perry 1989; EBMUD 1990
Rhus spp.	옻나무류		X		Hoyt 1978
Ruscus aculeatus	부처스브룸		X		Svihra and Coate 1996
Salvia greggii	가을세이지		X		Perry 1989
Salvia leucantha	멕시칸세이지		X		Perry 1989
Sollya heterophylla	호주블루벨		X		Hoyt 1978
Sophora secundiflora	메스칼콩나무		X		Hoyt 1978
Spartium junceum	스파티움		X	X	Hoyt 1978
Syringa × *persica*	페르시아라일락		X		Hoyt 1978
Tamarix aphylla	아델위성류		X		Svihra and Coate 1996
Tamarix parviflora	분홍위성류		X		Svihra and Coate 1996
Ternstroemia japonica	후피향나무	X			Hoyt 1978
Thevetia peruviana	노랑협죽도		X		Hoyt 1978
Tibouchina urvilleana	티보치나	X			Hoyt 1978
Ugni molinae	칠레구아바	X			Hoyt 1978
Viburnum spp.	백당나무류		X		Hoyt 1978
Viburnum tinus	티너스백당		X	X	Hoyt 1978; EBMUD 1990
Xylosma congestum	산유자나무		X		Svihra and Coate 1996
덩굴					
Ampelopsis brevipedunculata	개머루	X			Hoyt 1978
Antigonon leptopus	산호덩굴			X	Hoyt 1978
Campsis × *tagliabuana* 'Madame Galen'	트럼펫덩굴(품종)		X		Svihra and Coate 1996
Cissus antarctica	시서스		X		EBMUD 1990
Clematis spp.	클레마티스류		X		Hoyt 1978
Euonymus fortunei var. *radicans*	줄사철나무		X		EBMUD 1990; Svihra and Coate 1996
Fallopia baldschuanica	중국닭의덩굴	X			Hoyt 1978

학명	일반명	pH 내성* 약 산성	약 알칼리	강 알칼리	출처†
		덩굴—계속			
Gelsemium sempervirens	캐롤라이너자스민	X			Hoyt 1978
Hardenbergia spp.	라일락덩굴류		X		Hoyt 1978
Hedera canariensis	카나리아아이비		X		Svihra and Coate 1996
Hedera helix	영국아이비		X		Hoyt 1978
Humulus lupulus	홉스덩굴		X		Svihra and Coate 1996
Lonicera japonica 'Halliana	인동덩굴(품종)		X		Hoyt 1978; Svihra and Coate 1996
Lonicera sempervirens	붉은인동	X			Hoyt 1978
Macfadyena unguis-cati	고양이발톱덩굴		X		Svihra and Coate 1996
Mandevilla laxa	칠레자스민		X		Hoyt 1978
Muehlenbeckia complexa	트리안			X	Hoyt 1978
Parthenocissus tricuspidata	담쟁이덩굴		X		EBMUD 1990
Philadelphus mexicanus	가짜오렌지	X			Hoyt 1978
Rosa banksiae	목향장미		X		EBMUD 1990
Tropaeolum peregrinum	카나리아덩굴	X			Hoyt 1978
Vitus vinifera	포도		X		EBMUD 1990
		초본			
Acanthus mollis	도깨비망초	X	X		Hoyt 1978; EBMUD 1990
Achillea millefolium	서양톱풀		X		EBMUD 1990
Agapanthus africanus	아가판서스		X		Svihra and Coate 1996
Allium schoenoprasum	차이브	X			Hoyt 1978
Aloe spp.	알로에류			X	Hoyt 1978
Anemone × *hybrida*	중국아네모네		X		Hoyt 1978
Anemone coronaria	아네모네	X			Hoyt 1978
Aquilegia chrysantha	노랑매발톱꽃	X			Hoyt 1978
Arctotis hybrida	아프리칸데이지		X		EBMUD 1990
Arenaria balearica	코르시카벼룩이자리		X		Hoyt 1978
Arundo donax	무늬물대			X	Hoyt 1978
Aspidistra elatior	엽란		X		EBMUD 1990
Aster amellus	숙근아스터		X	X	Hoyt 1978
Begonia spp.	베고니아류	X			Hoyt 1978
Bergenia crassifolia	시베리아바위취		X		EBMUD 1990
Bergenia spp.	돌부채류	X			Hoyt 1978
Calendula officinalis	금잔화		X	X	Hoyt 1978
Callistephus chinensis	과꽃		X		Hoyt 1978
Centaurea spp.	센토레아류		X		Hoyt 1978
Ceratostigma plumbaginoides	세라토스티그마		X		EBMUD 1990
Chrysanthemum frutescens	난쟁이플룸바고			X	Hoyt 1978
Chrysanthemum maximum	샤스타데이지			X	Hoyt 1978
Chrysanthemum parthenium	여름백국		X		EBMUD 1990
Chrysanthemum spp.	국화류		X		Hoyt 1978
Coleus blumei	콜리우스	X			Hoyt 1978
Coronilla glauca	왕관나비나물		X		Hoyt 1978
Cortaderia selloana	팜파스그래스			X	Hoyt 1978
Cosmos bipinnatus	코스모스			X	Hoyt 1978
Cymbalaria muralis	덩굴해란초		X		Hoyt 1978
Cynodon dactylon	우산잔디			X	Hoyt 1978

표 5.15. 발췌된 조경 식물의 pH 내성—계속

학명	일반명	pH 내성* 약 산성	약 알칼리	강 알칼리	출처†
		초본—계속			
Delosperma alba	흰덩굴채송화		X		EBMUD 1990
Delphinium nudicaule	델피니움	X			Hoyt 1978
Dianthus spp.	카네이션류		X		Hoyt 1978
Dicentra spectabilis	금낭화	X			Hoyt 1978
Dietes vegeta	이주백합		X		EBMUD 1990
Dimorphotheca spp.	디모르포테카류			X	Hoyt 1978
Dodecatheon clevelandii	미국앵초	X			Hoyt 1978
Drosanthemum floribundum	미광		X		EBMUD 1990
Echium fastuosum	에키움		X		Svihra and Coate 1996; Perry 1989
Eriogonum fasciculatum	캘리포니아메밀		X	X	Hoyt 1978
Eschscholzia californica	금영화		X		EBMUD 1990
Euphorbia characias ssp. *wulfenii*	땅빈대		X		EBMUD 1990
Euryops pectinatus	유리오프스		X		Svihra and Coate 1996
Festuca californica	캘리포니아페스큐		X		EBMUD 1990
Francoa ramosa	처녀화관	X			Hoyt 1978
Gazania spp.	가자니아류			X	Hoyt 1978
Geranium incanum	이질풀		X		EBMUD 1990
Gerbera jamesonii	거베라			X	Hoyt 1978
Gladiolus hortulanus	글라디올러스	X			Hoyt 1978
Gypsophila elegans	안개꽃		X		Hoyt 1978
Helleborus lividus	헬레보어	X			Hoyt 1978
Hemerocallis spp.	원추리류		X		EBMUD 1990
Hesperaloe parviflora	붉은유카			X	Hoyt 1978
Heterocentron roseum	스페인숄	X			Hoyt 1978
Heuchera sanguinea	단지산호		X		Hoyt 1978
Hunnemannia fumariifolia	멕시코양귀비		X		Hoyt 1978
Hypericum calycinum	서양금사매		X		Svihra and Coate 1996
Hypericum spp.	물레나물류		X		Perry 1989; EBMUD 1990
Iris foetidissima	동청붓꽃		X		EBMUD 1990
Iris hybrids	붓꽃잡종		X		EBMUD 1990
Iris japonica	일본붓꽃		X		Hoyt 1978
Kniphofia uvaria	트리토마		X		Svihra and Coate 1996
Lampranthus aurantiacus	체송화		X		EBMUD 1990
Lampranthus spectabilis	송엽국		X		EBMUD 1990
Lathyrus odoratus	스위트완두		X		Hoyt 1978
Leucojum autumnale	레우코줌	X			Hoyt 1978
Lilium candidum	마돈나백합		X		Hoyt 1978
Lilium henryi	헨리백합		X		Hoyt 1978
Lilium longiflorum	백합	X			Hoyt 1978
Lilium regale	리갈백합		X	X	Hoyt 1978
Limonium perezii	갯질경		X		EBMUD 1990
Lobularia maritima	알리섬		X		EBMUD 1990
Lobularia spp.	알리숨류		X		Perry 1989
Lotus corniculatus	서양벌노랑이	X			Hoyt 1978
Malephora crocea	붉은막사국		X		EBMUD 1990

학명	일반명	pH 내성* 약 산성	약 알칼리	강 알칼리	출처†
		초본—계속			
Mesembryanthemum spp.	채송화류			X	Hoyt 1978
Mirabilis jalapa	분꽃		X		EBMUD 1990
Miscanthus sinensis	억새	X			Hoyt 1978
Myosotis sylvatica	물망초		X		EBMUD 1990
Nerine spp.	네리네류	X			Hoyt 1978
Nicotiana alata	꽃담배		X		Hoyt 1978
Oenothera spp.	달맞이꽃류		X	X	Hoyt 1978
Pelargonium spp.	제라늄류		X		Hoyt 1978
Pellaea andromedaefolia	커피고사리		X		Hoyt 1978
Pennisetum alopecuroides	수크령		X		EBMUD 1990
Pennisetum spp.	페니세툼류		X		Perry 1989
Phlomis fruiticosa	예루살렘세이지		X		Svihra and Coate 1996
Phormium tenax	신서란			X	Hoyt 1978
Phyla nodiflora	겹물망초		X		EBMUD 1990
Portulaca grandiflora	채송화			X	Hoyt 1978
Romneya coulteri	마틸리자양귀비		X		EBMUD 1990
Rudbeckia hirta	루드베키아		X		EBMUD 1990
Salpiglossis sinuata	나팔담배꽃		X		Hoyt 1978
Santolina chamaecyparissus	황면국		X		EBMUD 1990; Svihra and Coate 1996
Santolina virens	그린황면국		X		EBMUD 1990; Svihra and Coate 1996
Scabiosa spp.	체꽃류		X		Hoyt 1978
Scaevola 'Mauve Clusters'	부채꽃(품종)		X		EBMUD 1990
Scilla peruviana	페루실라		X		EBMUD 1990
Sedum spathulifolium	은설		X		EBMUD 1990
Sempervivum spp.	꿩비름류		X		Hoyt 1978
Senecio cineraria	백묘국		X		Hoyt 1978
Teucrium fruticans	프루티칸스곽향		X		EBMUD 1990
Thalictrum dipterocarpum	꿩의다리	X			Hoyt 1978
Thymus spp.	타임류		X		Hoyt 1978
Tropaeolum spp.	금련화류		X		Hoyt 1978
Tulbaghia violacea	소사이어티갈릭		X		Hoyt 1978
Verbena spp.	버베나류		X		EBMUD 1990
Verbena tenuisecta	이끼버베나		X	X	Hoyt 1978
Vinca spp.	빈카류		X		Hoyt 1978
Viola spp.	제비꽃류	X			Hoyt 1978
Zantedeschia spp.	칼라	X			Hoyt 1978
Zauschneria californica	캘리포니아후크시아		X		EBMUD 1990
Zephyranthes candida	흰꽃나도샤프란		X		Hoyt 1978
Zephyranthes spp.	흰꽃나도샤프란류	X			Hoyt 1978
Zinnia elegans	백일홍		X		Hoyt 1978

주:
*약산성 = pH 5~6.5; 약알칼리 = pH 7.5~8.2; 강알칼리 = pH > 8.3, SAR > 6.
†Svihra and Coate(1996) - 알칼리성 내성 4, 5등급 교목만 포함; Kuhns and Rupp(2000) - 고 알칼리 내성으로 평가된 식물만 포함.

표 5.16. pH 관련 문제 요약

토양 pH	병징	진단	발생/악화 요인	유사 장애	처리
			산성 토양		
<5.0	전형적으로 민감한 식물에서는 미량원소 독성으로 나타남.	잎의 미량원소 농도를 시험하라.			석회를 토양에 혼합하여 pH를 원하는 수준까지 높여라.
	잎이 황백화로 얼룩진 후 괴사 반점이 발생한다.	망간 독성.	습한 토양.	철 결핍.	석회를 토양에 혼합하여 pH를 5.5 이상으로 높여라. 배수를 개선하라.
	뿌리가 짧고, 두껍고, 억세다.	알루미늄 독성.	pH<4.5	설플란(발아전제초제) 적용과 칼슘 결핍이 뿌리에 유사한 병징을 유발한다. 잎은 뿌리의 인 흡수 불가로 인 결핍처럼 보일 수 있다.	석회를 토양에 혼합하여 pH를 5.5 이상으로 높여라. 인을 적용하라.
	잎의 엽맥 사이 황백화. 생육 부진과 가지 발생 감소. 뿌리가 굵어지고 어둡게 변함.	구리 독성.	보르도 살균제나 황산구리 비료의 과도한 살포.	철 결핍.	석회를 토양에 혼합하여 pH를 5.5 이상으로 높여라.
			알칼리성 토양		
>7.5	전형적으로 민감함 식물에서는 미량원소 독성으로 나타남.	잎의 미량원소 농도를 시험하라.			비석회질 토양에는 황을 혼합하여 시간을 두고 pH를 낮춰라.
	엽맥 사이 황백화. 새로운 생장에서 가장 심함.	철 결핍.	찬 토양 기온.	뿌리병에 의해 유사한 병징이 유발될 수 있으며, 이른 봄에는 정상일 수 있음.	영양 장애 참조.
	새로운 잎이 황화되면서, 엽맥을 따라 넓은 녹색 띠 형성.	망간 결핍.		뿌리병에 의해 유사한 병징이 유발될 수 있으며, 이른 봄에는 정상일 수 있음.	영양 장애 참조.
	잎이 황백화하고 때로는 괴사 반점으로 얼룩짐. 잎은 작고, 마디 사이는 짧음.			뿌리병에 의해 유사한 병징이 유발될 수 있으며, 이른 봄에는 정상일 수 있음.	영양 장애 참조.

저온 피해 (냉해, 상해, 동해)

식물 세포는 기온이 해당 종에 대한 임계 수준(臨界水準, critical level)보다 아래로 내려갈 때 피해를 입는다. 어는점(freezing point; 0°C) 이하에서 발생하는 피해를 상해(霜害/서리피해, frost injury) 또는 동해(凍害, freezing injury)라고 부른다. 어는점보다 높은 기온에서의 피해는 냉해(冷害, chilling injury)라고 부른다. 이 책에서는 세 가지 유형의 피해를 모두 저온피해(低溫被害, low temperature injury)라고 부른다(p. 138 '냉해, 상해, 동해: 무엇이 다른가?' 참조).

기온은 경관에서 통제가 거의 불가능한 요소이기 때문에 해당 지역에 내한성을 가진 종을 선택하는 것이 중요하다. 식물 기후대와 종의 민감성이나 내성을 평가하기 위한 정보는 *California Master Gardener Handbook*(Pittenger 2002), *Sunset Western Garden Book*(Brenzel 2001)과 같은 출판물을 참고하라. 미국농무부의 식물내한성지대지도(*USDA Plant Hardiness Zone Map*; USDA 1990)는 겨울 최저기온을 기준으로 미국의 기후대를 구분한다.

그림 5.62. 어떤 경우에는, 저온에 가장 많이 노출된 식물의 수관에만 피해가 발생할 수 있다. 이 협죽도(*Nerium oleander*)에 대한 저온 피해는 더 많이 노출된 수관의 위쪽에 대부분 한정되어 있다.

병징

저온 피해는 식물의 모든 부위에서 발생할 수 있다; 잎, 신초, 꽃, 눈, 열매, 수피, 목재, 뿌리. 활엽 상록수가 일반적으로 저온 피해에 더 감수성이지만, 낙엽수와 침엽수도 마찬가지로 피해를 입을 수 있다.

피해를 입는 식물 부위와 피해 정도는 임계온도(臨界溫度, critical temperature), 종, 저온 지속 기간, 기온 변화, 식물의 상태(순화 또는 경화), 나이, 관수, 연중 시기 등에 따라 다르다(**그림 5.62**). 임계 저온에 노출된 연한 새로운 잎은 물에 젖은 것처럼 보이고 검게 변할 수 있다. 성숙한 잎은 적갈색에서 흑갈색이나 거의 흑색으로 변한다(**그림 5.63A**). 잎은 어떤 종에서는 당분간 부착되어 있으나 다른 종에서는 떨어진다; 낙엽수는 추위에 노출되면 전형적으로 잎을 떨어뜨린다. 가장 어린잎과 신초가 피해에 가장 민감하다. 냉온(0°C 위)은 일부 종의 잎을 붉거나 자줏빛으로 변화시킨다(**그림 5.63B**).

식물의 휴면이 타파되는 봄철에는, 새로 나오는 신초가 저온에 매우 민감하다. 가끔 신초 전체가 죽기도 한다. 줄기의 수피 조직이 죽지 않으면, 휴면아(休眠芽, dormant bud)나 잠아(潛芽, epicormic bud)로부터 새로운 순이 발달할 수 있다(**그림 5.64**).

꽃눈(flower bud)은 잎눈(vegetative/leaf bud)보다 내한성이 약해서 신초를 손상시키는 온도보다 높은 기온에서 피해를 입을 수도 있다. 피해는 겨울 휴면기나 봄철 개화기 동안 모두 발생할 수 있다. 식물이 개화에 실패하거나 꽃이 적으면 결실이 감소하게 된다. 반대로, 특정 온대식물은 충분한 저온기간(기온 7°C 미만)을 거치지 못하면 봄에 생장과 개화가 지연되거나 감소할 수 있다.

목재와 수피 조직 모두 저온에 의해 피해를 입을 수 있다. 목재의 세로방향 갈라짐(상렬), 줄기의 흑심재(黑心材, black heart) (목부의 암화[暗化, darkening]), 연륜을 따라 목재의 분리(호열/弧裂, cup shake), 수피 분리(樹皮分離, bark splitting) 등이 저온으로 인해 유발된다.

뿌리도 피해를 입을 수 있지만 뿌리에 대한 저온 피해는 드물다. 전형적으로, 토양이 뿌리층 기온을 완화시키기에 충분한 보온을 제공한다. 그러나 용기와 돋움상(raised bed)에 있는 식물의 뿌리는 동결 피해에 민감하다.

발생

저온 피해는 식물 조직이 견딜 수 있도록 적응된 온도 아래로 냉각되면 발생한다. 피해는 생리적 및 해부학적으로 모두 발생한다; 세포 내 형성된 얼음 결정체는 탈수, 막(膜, membrane)과 세포소기관(細胞小器官, organelle)의 파괴를 유발한다. 식물은 연중 언제든지 피해를 입을 수 있지만, 가장 위험한 시기는 봄, 가을, 겨울철 가장 추운 시기, 그리고 따뜻한 기간 후에 기온이 급격하게 하락할 때이다.

가을의 찬 기온은 식물이 경화되거나 순화되지 않았으면 문제가 된다. 순화되지 않은 식물은

그림 5.63. 저온은 단기간 내에 감수성 종의 잎을 녹색에서 적갈색으로 바꿀 수 있다. 여기서, 며칠 밤 결정적인 저온 후에 마젠타체리(*Syzygium paniculatum*)의 전 수관이 적갈색으로 바뀌었다(A). 티보치나(*Tibouchina urvilleana*)의 경우, 어는점보다 높은 기온에서 잎이 붉은색으로 변한다(B).

그림 5.64. 저온에 의해 잎과 신초는 죽지만, 수간 조직은 생존한다. 여기서, 저온이 점박이미오포라(*Myoporum laetum*)의 수관에 광범위한 가지마름(A)을 유발하였지만, 몇 개월 후 수간을 따라 잠아지가 발달하였다(B).

그림 5.65. 저지대는 인접한 높은 지역보다 저온에 노출되기 쉽다. 스트라이빙(Strybing) 수목원의 양묘장은 금문교 공원의 가장 낮은 지역 중 하나에 위치해 있어서, 샌프란시스코에서 가장 추운 곳 중 하나로 간주된다.

경화된 식물이 견딜 수 있는 온도보다 훨씬 높은 기온에서 피해를 잎을 수도 있다. 생장의 조기 중단이 선호되는 상태(낮은 토양 질소 수준과 낮은 토양 수분 함유량)에서도 내한성의 조기 발달이 필요하다.

봄에, 민감한 새로운 생장은 늦서리(late frost)에 피해를 입을 수 있다. 전형적으로 피해는 따뜻한 기간 뒤에 찬 기온이 이어지면 발생한다.

휴면기 중에 대기온도가 급격하게 떨어지면 목재와 수피에 상렬(霜裂, frost crack)이 발달할 수 있다. 내부 목재는 상대적으로 따뜻한 상태를 유지하고 있는 데 비해 바깥 목재는 냉각되어 빠르게 수축됨으로써 수간의 균열과 분할이 발생하게 된다(Allen, Morrison, and Wallis 1996). 상렬 후에 형성되는 유상조직(癒傷組織, callus)은 줄기에 솟아오른 검은 선처럼 보인다.

저온 피해의 시작은 짧을 수도(밤 사이) 오래(며칠)일 수도 있다. 저지대는 둘러싸고 있는 높은 지역보다 기온이 더 낮을 가능성이 높다(**그림 5.65**). 어린 식물은 성숙한 표본목보다 피해에 더 감수성이고, 고립된 식물은 무리지어 있는 식물보다 피해를 입을 가능성이 더 높다(**그림 5.66~67**).

땅속에서 자라는 식물의 뿌리는 일반적으로 동결로부터 보호된다. 그러나 용기나 돋움상에 있는 식물은 노지에 있는 식물보다 뿌리층 피해를 입을 가능성이 더 높다.

유사 장애

수분 부족, 가스 피해, 농약 피해, 뿌리 병, 탄저병(炭疽病, anthracnose), 뿌리에 대한 기계적인 상처로 인한 병징이 저온 피해 병징과 비슷하다.

진단

- 피해 식물을 주의 깊게 점검하여 피해를 입은 부위와 피해 범위를 확인하라. 병징이 저온 피해 병징과 일치하는가?
- 해당 종의 저온 내성을 조사하라. *California Master Gardener Handbook*(Pittenger 2002)과 *Sunset Western Garden Book*(Brenzel 2001) 같은 많은 식물 매뉴얼이 이러한 정보를 수록하고 있다.
- 해당 지역에 해당 종의 내성을 초과하는 기온이 발생했는지를 확인하라. 기온 측정을 어디서 하

그림 5.66. 홀로 서 있는 교목은 집단이나 보호하는 구조물 옆에 있는 교목보다 저온에 의해 피해를 입을 가능성이 높다. 이 뉴질랜드크리스마스트리는 교목의 무리 안이나 건물 옆에 있었으면 이 같은 피해를 입지 않았을 것이다.

그림 5.67. 어린 교목은 특히 저온 피해에 감수성이다. 이 어린 대만고무나무들은 캘리포니아 산호세의 저온으로 인해 심각한 피해를 입었다.

고 있는가를 분명히 한 다음, 측정치가 문제가 되는 부지에 해당하는가를 확인하라.

- 병징이 결정적인 저온 후 또는 저온이 지속된 후 바로 다음 또는 어느 정도 후에 시작되었는지를 확인하라. 어떤 피해는 반복되는 일련의 저온 노출로 인해 발생하다는 것을 명심하라.
- 수피와 눈 조직을 점검하라. 이들이 물을 먹거나 탈수된 것처럼 보이는가? 이들이 어두운 갈색이나 검은색인가? 잎이 죽더라도, 수피와 눈 조직이 죽지 않으면, 새로운 생장이 시작될 수 있다.
- 야자수의 경우, 반드시 정아를 점검하라. 많은 잎사귀가 죽어도 정아가 아직 살아 있으면 새로운 생장이 발생할 수 있다. 반대로 정아가 죽었으면 해당 줄기의 회복은 불가능하다.

감수성 종과 내성 종

어떤 종은 빙점 훨씬 아래 기온에서도 견디는데 비해 다른 종은 빙점에 가까운 기온에서 피해를 받는다(**그림 5.68**). 많은 식물 관리 매뉴얼은 식물의 내한성에 관한 정보를 제공한다. 저온 피해를 진단하거나 경관을 위한 식물을 선정할 때에는 해당 종에 대한 임계 저온을 알아야 한다.

교정

저온 피해가 발생하고 나면, 피해 입은 식물 부위를 살리기 위해 할 수 있는 일은 많지 않다. 어떤 경우에는, 잎이나 부드러운 신초만 피해를 입을 수도 있고, 다른 경우에는 전체 식물이 죽을 수도 있다.

피해 범위를 확실하게 알 수 있을 때까지 식물의 일부를 절단하거나 전체를 제거하지 마라. 많은 종은 수관 가지마름 후에 새로운 잎을 발생시킬 수 있다(**그림 5.69**). 예리한 칼을 사용하여 수피 아래 목재 조직을 점검하라. 만약 이들이 마르고 갈색이면 죽었을 가능성이 높다. 반면 이들이 물기가 있고 흰색이나 밝은 갈색이면 이들이 아직 살아 있다. 전체 식물이 죽은 것처럼 보일지라도 봄까지 기다려서 재생장(再生長, regrowth)이 시작될 징후를 확인하는 것이 현명한 행동이다. 이는 특히 야자수에서 중요하다. 새로운 생장 징후가 없으면, 죽은 부위를 절단하거나 해당 식물을

그림 5.68. 저온에 대한 내성은 수종에 따라 차이가 크다. 여기서, 카나리섬소나무는 피해를 입었지만, 라디아타소나무는 그렇지 않다(A). 그러나 6개월 후 카나리섬소나무는 회복되었다(B).

그림 5.69. 이들 레드우드(*Sequoia sempervirens*)는 찬 겨울바람으로 인해 잎이 상당한 피해를 입은 후에(A), 봄에 회복되었다(B). 회복에 필요한 충분한 시간이 지날 때까지 어떤 전정이나 수목 제거도 하지 않는 것이 중요하다.

그림 5.70. 저온피해로부터 양묘장 식물을 보호하기 위해 스프링클러 관수를 활용할 수 있지만, 이 방법은 대부분의 경관에서 실용적이지 못하다.

제거하라. 그리고 내성이 있는 종으로 재식재하라.

어떤 경우, 특히 복사 서리(輻射-, radiation frost)가 예상되는 경우에는, 해당 식물 주위에 보호 시설을 설치하여 추가적인 피해가 발생하지 않도록 해야 한다(오른쪽 보조설명문[sidebar]의 '냉해, 상해, 동해: 무엇이 다른가?' 참조). 토양을 충분하게 관수하고, 송풍기를 이용하여 공기를 순환시키고, 열을 유지하기 위해 피복을 해주는 것이 도움이 될 것이다. 온도를 2~4°F(1~2.2°C)만 올려주어도 상당한 차이가 난다. 수분이 충분히 공급된 식물은 일반적으로 수분 스트레스를 받는 식물보다 저온 피해에 더 잘 견딜 수 있고, 습한 토양은 건조한 토양보다 열용량(熱容量, heat capacity)이 더 크다. 늦여름이나 초가을에 시비나 전정으로 새로운 생장을 자극하지 마라. 용기에서 키우는 식물은 이들을 벽 가까이나 처마 밑과 같이 더 따뜻한 곳으로 옮기는 것을 고려하라. 양묘장과 과수원에서 식물을 보호하기 위해 강풍기(强風機, wind machine), 스프링클러(sprinkler) 관수, 과수원난방기(果樹園煖房機, orchard heater)를 사용하지만, 일반적으로 도시 경관에서는 실용적이지 못하다(**그림 5.70**).

냉해, 상해, 동해: 무엇이 다른가?

냉해

냉해(冷害, chilling injury)는 어는점(32°F, 0°C)보다 높은 온도에 의해 유발되는 식물 부위의 피해이다. 열대지방이나 아열대지방이 원산지인 식물은 대부분 감수성이다. 이들에는 아보카도(*Persea* spp.), 바나나(*Musa* spp.), 망고(*Mangifera indica*), 아프리카제비꽃(*Saintpaulia* spp.), 오크라(*Abelmoschus esculentus*), 토마토(*Lycopersicon esculentum*) 등이 있다. 냉해를 입은 잎은 자주색이나 적색이 되고, 시드는 경우도 있다. 감수성 종의 꽃과 열매도 피해를 입을 수 있다.

상해와 동해

상해(霜害, frost injury)와 동해(凍害, freeze injury)는 서로 밀접하게 관련되어 있다. 상해는 복사결빙(輻射結氷, radiation freeze) 동안 발생하고, 동해는 이류결빙(移流結氷, advection freeze) 동안에 발생한다. 두 경우 모두 식물 조직에 얼음 결정을 형성하고, 세포를 탈수시키고, 세포막을 찢어버린다.

이류결빙은 온도가 빙점 이하인 기단(氣團, air mass)이 어떤 지역으로 이동하여 더 따뜻한 공기를 대체할 때 발생하는 것으로, 식물의 온도가 이들의 조직 내에 얼음 결정을 형성하기에 충분할 정도로 저온이 되도록 한다.

복사결빙은 식물이 자신이 받은 열보다 더 많은 열을 대기로 발산하는 맑고 고요한 밤에 발생한다. 이는 지면 가까이 있는 찬 공기가 그 위의 따뜻한 공기에 의해 갇히게 되는 기온역전(氣溫逆轉, temperature inversion) 현상을 유발한다(공기의 온도가 고도가 높을수록 증가하는 현상 발생). 식물 높이에서의 공기 온도가 빙점 이하면, 해당 식물의 온도가 대기 온도보다 더 낮을 가능성이 있다. 식물이 충분히 차게 되면, 식물 체내의 물이 얼어서 세포가 손상된다. 식물에 나타나는 서리는 해당 식물 표면에 형성되는 단순한 얼음 결정으로, 빙점 이상의 온도에서 형성되는 이슬과 같은 것이다. 서리 자체는 식물에 피해를 주지 않고, 식물 조직 내에 형성되는 얼음 결정에 의해 피해를 입는다.

일소

일소(日燒/볕 탐, sunburn)는 일사(日射, solar radiation)에 과도하게 노출되어 유발되는 식물의 지상부(잎, 수피, 꽃, 열매)에 대한 피해이다. 피해는 조직이 임계범위 이상으로 가열된 후 탈수되면 발생한다. 증기, 불, 포장 장비에 의한 피해는 열해(熱害, thermal injury)로 간주된다(p. 147 '열해' 참조).

병징

일소는 잎의 변색과 괴사를 유발할 수 있다. 잎의 표피(表皮, epidermis)는 생기가 없어지고 은색이나 적갈색으로 변한다(**그림 5.71**). 더 진행되면, 잎몸(leaf blade)에 뚜렷한 괴사부위가 발달한다(**그림 5.72**). 가장자리 괴사도 발달할 수 있는데, 일반적으로 증산작용(蒸散作用, transpiration)이 가장 활발한 잎의 끝에서 시작되어 전체 가장자리를 따라 확대된다. 병징은 일반적으로 빠르게 진행된다.

일소 피해를 입은 수피는 처음에는 변색(가끔 적갈색)된 것처럼 보인 다음 건조하게 된다. 균열과 박피(剝皮, peeling)가 전형적이고, 피해는 일반적으로 가지와 수간의 남쪽이나 남서쪽 측면에 가장 심하다(**그림 5.73**). 일소 피해를 입은 수피에 목재 천공성 해충과 목재 부후 피해가 나타난다(**그림 5.74**). 꽃과 열매에 대한 일소는 가장 많이 노출된 표면에 물 먹은 부위처럼 보인다(**그림 5.75**). 결국에는, 꽃 조직은 갈색으로 변하고 주름이 지며, 열매 조직은 썩은 것처럼 보인다.

그림 5.71. 일소는 잎에서 가장 많이 노출된 부위를 붉게 만든다. 새로 식재된 이 화살나무(*Euonymous alatus*)의 잎이 붉게 변한 것은 일소 때문이다.

그림 5.72. 일소는 민감한 종의 잎에 적갈색의 괴사 부위를 유발할 수 있다. 이 진달래 잎에 대한 피해는 대기온도가 32°C 이상으로 올라갈 때 낮 동안 오후 햇빛에 노출되어 발생했다.

그림 5.73. 일소는 수피의 건조, 균열, 갈라짐을 유발한다. 이 주차장에 있는 많은 물푸레나무들이 수간의 남서쪽 측면에 일소 피해를 입었다(A). 일소 피해를 입은 수피는 죽기도 하여, 피해가 궤양처럼 보인다(B).

그림 5.74. 수피에 대한 일소 피해에 이어 목재 천공 해충에 의함 침입과 목재 부후가 발생하기도 한다.

발생

일소는 여름에 가장 흔하게 나타나지만, 연중 언제든지, 겨울에도, 발생할 수 있다. 이는 전형적으로 태양에 가장 크게 노출된 식물 부위인 보통 남쪽과 남서쪽 측면에 발생한다.

일소 피해는 온도가 높은 기간 동안 가장 심하다. 최대 일사(最大日射, full sun; 하루 6시간 이상 직사광선에 노출) 여건에 적응된 식물은 기온이 임계 수준에 도달할 때 피해를 입을 수 있다. 밀집되어 나열된 용기에서 자라는 교목의 수간은 자주 그늘지기 때문에, 주변 교목이 제거되면 햇빛에 노출된 수피가 햇볕에 타기 쉽다. 과도하게 전정되거나 뿌리 피해를 경험한 교목도 일소 피해를 입기 쉽다.

서늘한 봄철에는, 일부 종은 일소에 민감한 얇은 잎을 발달시킬 수도 있다(Hagen 2000). 이때 고온인 기간이 이어지면, 햇볕에 직접 노출된 잎과 신초는 일소 피해를 입을 수 있다(**그림 5.76**). 이러한 유형으로 피해를 입는 것으로 보고된 종에는 레드우드(*Sequoia sempervirens*), 콩콜로르전나무(*Abies concolor*), 단풍나무(*Acer* spp.), 칠엽수(*Aesculus hippocastanum*) 등이 있다.

낙엽 교목은 겨울철에도 일소 피해를 입을 수 있다. 이전에 잎에 의해 보호되던 가지가 직사광선에 노출되면 수피조직이 햇볕에 탈 것이다. 마찬가지로 다른 가지나 교목에 그늘을 제공하던 가지나 교목이 제거되어도 일소를 유발할 수 있다. 이는 특히 어린 교목, 수피가 얇은 종, 수분 스트레스 하에 있는 수목에 심각할 수 있다.

그림 5.75. 일소 피해는 꽃과 열매에서도 발생할 수 있다. 이 장미꽃의 꽃잎은 서늘한 날에 이어 더운 날(32°C)이 나타나면서 피해를 입었다.

유사 장애

일소 피해와 비슷한 장애에는 수분 스트레스, 염 스트레스, 특정 이온 독성, 가스 피해, 제초제 피해 등이 있다. 수피에 대한 일소 피해는 피소에 의해 유발된 피해와 매우 비슷하다(p. 144 '피소' 참조).

진단

- 종을 동정하고 일소 피해에 민감하다고 보고되었는가를 확인하라.

그림 5.76. 특정 종의 새로운 생장은 특히 일소에 민감하다. 이 레드우드의 남서쪽 어린 가지가 6월 하순 열파(熱波, heat wave) 기간에 심각하게 일소 피해를 입었다(A). 피해 줄기의 근접 사진(B).

일소, 피소, 고온 피해, 고광도 피해: 무엇이 다른가?

이 책에서는, 일소, 피소, 고온 피해, 고광도 피해를 다른 출판물에서 어떻게 기술되고 사용되고 있는지, 그리고 무생물적 장애를 진단하는데 이들이 어떻게 적용되고 있는가에 대한 우리의 평가를 기준으로 정의되었다.

일소(日燒, sunburn)

일사(日射, solar radiation) 노출은 식물 조직에 결정적으로 높은 온도를 야기할 수 있어서 탈수와 죽음으로 이어질 수 있다. 일소는 일사에 과도하게 노출되어 유발된 식물의 지상부위(잎, 수피, 꽃, 열매)에 발생한 피해이다. 주변의 높은 기온은 일소 피해와 밀접하게 연계되어 있다. 식물의 수분 부족은 피해 가능성을 높이지만, 감수성 종에서는 토양 수분의 수준이 적절할 때에도 일소가 발생할 수 있다. 피소와 달리, 일소는 동결 온도 전후에 발생하지 않는다.

피소(皮燒/볕 뎀, sunscald)

피소는, 주로 북부위도(northern latitude)에서, 목본식물의 굵은 가지와 수간의 수피에 발생하는 겨울 피해이다. 기온의 급격한 변화가 형성층 세포의 죽음을 초래하여 수피와 목재의 분할로 이어진다고 추정된다. 조직은 낮의 따뜻한 기온의 앞이나 뒤에 결빙 온도가 나타나면 피해를 입는다. 피소에 기여한다고 생각되는 요소에는 얇은 수피, 수간 상처, 뿌리 피해, 나무좀, 식물의 수분 부족 등이 있다. 이들 중에서, 수분 부족은 새로이 식재된 교목에 대해 피해를 유발하는 결정적인 요소라는 것이 발견되었다(Roppolo and Miller 2001). 피소 피해는 수간과 가지의 남쪽과 남서쪽에 가장 흔하다.

고온 피해(高溫被害, high temperature injury)

고온 피해 또는 열해(熱害, thermal injury)는 결정적으로 높은 주변 기온에 의해 유발된다. 잎, 꽃, 열매, 수피, 목재, 뿌리가 손상될 수 있다. 해당 종에 대한 임계온도에 도달하거나 초과하면, 세포는 화학적 변형, 막 파괴, 탈수, 죽음을 경험한다. 높은 주변 기온은 일사, 배기구/배관/기타 장비에서 방출된 열과 같은 열원(熱源, heat source)이나, 유기물의 분해에 의해 발생할 수 있다. 이 책에서는, 직사광선에 의해 유발된 식물의 지상부에 대한 고온 피해는 일소 피해로 간주한다. 다른 열원에 의해 유발된 피해는 열해로 간주한다.

고광도 피해(高光度被害, high light injury)

고광도 피해는 높은 빛의 세기(light intensity)에 의해 유발된 잎의 황백화이다. 민감한 종에서는, 빛의 세기가 임계 수준 이상으로 상승함에 따라 표피와 위쪽 책상조직 세포에 있는 엽록소(葉綠素, chlorophyll)가 광산화(光酸化, photooxidation)된다(Treshow 1970). 전형적으로, 고광도 피해는 그늘이 필요한 식물을 양지에 두었을 때 발생한다. 피해는 주변과 잎의 기온이나 식물의 수분 상태와 무관하게 발생할 수 있다. 피해에 대한 임계 수준은 종, 순화, 잎의 성숙도에 따라 다르다.

- 최근의 기후 패턴을 조사하여 병징이 시작되기 전에 임계적인 고온이 있었는가를 확인하라. 서늘한 기온 후에 훨씬 더 높은 기온이 뒤따랐는가를 평가하라.
- 어떤 조직이 피해를 입었는가? 해당 식물의 가장 많이 노출된 부위가 손상되었는가? 해당 식물의 그늘진 부위가 손상되었는가?
- 토양 수분 수준을 평가하라. 토양이 건조한가? 해당 식물이 수분 스트레스를 받고 있는 것처럼 보이는가? 피해에 앞서 바람이 분 기간이 있었는가?
- 최근에 해당 식물을 전정했는가? 인접 교목(또는 그늘을 제공하는 구조물)이 제거되었는가? 낙엽이 진 후 피해가 발생했는가(낙엽수인 경우)? 반사하는 표면이 노출 수준에 기여하고 있는가(**그림 5.77**)?

감수성 종과 내성 종

일소 피해에 대한 내성은 종에 따라 차이가 많다: 어떤 종에는 과도한 노출이 다른 종에게는 자극이 아닐 수도 있다. 내성은 식물의 발달 단계와 이전의 환경적인 이력에 따라서도 차이가 있다. 최대 일사 상태를 견딘 종은 임계적으로 높은 온도가 발생해도 햇볕에 타지 않을 것이다. 특정 종의 일소에 대한 감수성에 관한 정보는 식물 매뉴얼을 참고하라.

식재 구역의 가장자리나 최적의 생장 여건보다 열악한 곳에 식재된 종은 피해를 입을 수 있다. 예를 들면, 수피가 얇은 교목인 월계수(*Laurus nobilis*)는 지중해성기후에 잘 적응되어 있지만, 남향, 서향, 또는 반사 표면에 노출된 작은 식재혈(植栽穴, planting pit)에 가로수로 식재되면 자주 일소 피해를 입는다. 녹나무(*Cinnamomum camphora*)와 물푸레나무류(*Fraxinus* spp.)는 수피가 일소 피해에 민감한 것으로 관찰되었다.

두절되거나 강하게 전정된 교목은 일소 피해를 입기 쉽다. 올리브와 많은 침엽수종은 특히 감수성이다.

교정

가능하면, 식물 환경 내 온도를 낮추어라. 그늘을 제공하고, 공기 순환을 향상시키고, 습도를 높여라. 토양 습도 수준이 낮으면 관수하라. 감수성 수종은 바람으로부터 보호하라(현실적이면). 일소에 내성이 있는 종을 선택하라. 수피를 회반죽(whitewash)으로 보호할 수 있다(추가 정보는 p. 144 '피소' 참조).

그림 5.77. 반사하는 표면 옆에 민감한 종을 식재하면 일소 피해 가능성을 높인다.

피소

그림 5.78. 가벼운 피소 병징으로 부드러운 수피가 붉은색으로 변색되었다.

피소(皮燒, sunscald)는 겨울철에 급격한 온도 오르내림으로 인해 유발되는 수피 손상이다. 밤에 결빙 온도에 노출된 수피는 낮 동안 태양에 의해 임계 수준까지 따뜻해지면 피해를 입을 수 있다. 아직 피해 기작이 명확하지는 않지만, 민감한 형성층 세포가 급격한 온도 변화에 순응할 수 없기 때문에 죽는다고 생각된다. 이에 따라 수피가 아래쪽 목재로부터 분리된다. 수피가 낮 동안 더워진 다음 결빙 온도(밤이나 구름이 끼어)가 뒤이어 나타나면 피해가 발생할 수 있다는 보고도 있다.

병징

피소 피해는 처음에는 수피가 적갈색으로 변색되는 것으로 나타난다(**그림 5.78**). 수피는 수축되고, 함몰된 것처럼 보이고, 갈라지고, 그 다음에는 수피가 작고 두터운 조각으로 벗겨져서 안쪽 변재가 노출된다(**그림 5.79**). 궤양이 발달할 수 있고, 심한

그림 5.79. 이 황련목(*Pistacia chinensis*)의 수간에서 발견된 수피 손상은 피소 때문이었다(A). 피소 피해를 입은 수피는 작고 두터운 덩어리로 벗겨진다(B). 일소와 피소의 병징은 비슷하다.

경우, 전체 수간이 환상박피 되거나, 개별 가지가 죽을 수 있다.

발생

피소 피해는 항상 수간과 가지의 남쪽, 남서쪽, 또는 서쪽 측면에서 발견되고, 수분 스트레스를 받는 교목에서 가장 흔하다(Roppolo and Miller 2001). 가끔 피소 피해 조직은 나무좀과 목재 부후나 궤양 곰팡이에 의해 추가적인 피해를 입는다 (**그림 5.80**). 피소 피해가 발생하기 위해서는 결빙 온도가 필요하기 때문에 북부위도에서 가장 흔하고 겨울이 온화한 지역에서는 발견되지 않을 가능성이 높다.

그림 5.80. 피소 피해를 입은 조직은 나무좀과 부후균에 의해 추가적인 피해를 입는다.

수피가 얇은 어린 교목이 특히 피소 피해를 잘 입는다(**그림 5.81**). 새로이 식재되었거나 최근에 이식된 교목도 현저하게 감수성이다. 용기에서 자란 교목도 노지에서 자란 교목보다 더 자주 피소 피해를 입는다.

그림 5.81. 새로 식재된 교목은 특히 피소 피해에 민감하다.

유사 장애

피소는 수피에 대한 일소 피해와 매우 비슷하다. 낮은 수간에 대한 기계적인 손상, 상렬, 나무좀, 궤양 형성 곰팡이(가지마름병균/*Eutypa*, *Nectria*; 부란병균/fireblight), 관수용 스프링클러에 의한 물 피해, 지주에 의한 마찰 피해 등도 피소와 유사한 피해를 유발할 수 있다.

진단

진단을 위해서는 기여 요소에 대한 지식이 필요하다: 최근의 기후 여건, 토양과 식물의 수분 상태, 최근 전정, 식재 일자, 식재 수종 유형, 뿌리 피해 가능성 등. 해당 식물에 대한 피해 위치와 수피가 햇빛에 직접 노출될 가능성을 평가하라. 해당 지역 내 다른 종도 비슷하게 피해를 입었는가를 확인하라.

감수성 종과 내성 종

피소에 감수성인 속(屬, genera)은 튤립나무속(*Liriodendron*), 단풍나무속(*Acer*), 피나무속(*Tilia*), 살구속(*Prunus*), 배나무속(*Pyrus*), 사과나무속(*Malus*), 호두나무속 (*Juglans*), 느릅나무속(*Ulmus*), 홍가시나무속(*Photinia*), 월계수속(*Laurus*) 등이며, 특히 곧은 수간의 표준목으로 키웠을 때 피해 가능성이 높다.

양묘장에서 키운 교목은 다음 특성을 가지고 있으면 피소 피해를 덜 입는다:

- 크게 꺾이거나 옥죄는 뿌리가 없이 잘 발달된 뿌리 시스템
- 수간을 따라 유지된 잎

그림 5.82. 일부 과수원에서는, 피소나 일소 피해를 예방하기 위해 수간과 굵은 가지를 흰색으로 도색한다.

- 식재되기 전에 저온에 노출(경화)
- 식재 전후에 적절한 토양 수분

교정

피소는 피하는 것이 핵심이다. 일단 피소 피해가 발생하면 수목은 유상조직(callus)을 발달시키는 반응을 한다. 피해 발생 후의 처치는 더 이상의 피해를 예방하는 것이며 피해를 치료할 수는 없을 것이다. 피소를 피하기 위해서는 다음과 같은 절차를 취하라:

- 해당 지역 기후에 잘 적응된 건강한 수목을 식재하라.
- 식재 후 몇 년 동안은 아래 잎이나 가지의 과도한 제거를 피하라.
- 수목에 대한 적절한 관수를 유지하라. 식재 후에는 근분과 근분을 둘러싸고 있는 토양이 습기를 유지할 수 있도록 하라.
- 수피는 흰색 라텍스 페인트와 물을 50:50으로 혼합하여 칠하여 보호하라. 새로이 노출된 굵은 가지도 도색하라(**그림 5.82**). 수간을 밝은색의 반사하고 보호하는 자재로 감아주어라. 싸개가 제거되면 수피가 피소에 민감할 수 있으므로 수피가 경화될 때까지 계속 보호해 주어라.
- 감수성 교목 둘레에 10~15 cm 두께의 굵은 유기 멀칭 자재를 깔아주어라. 이것이 토양 수분을 보존하고, 뿌리를 더 서늘하게 유지하고, 반사되는 빛과 열을 줄여주는 데 도움이 될 것이다. 이때 멀칭 자재가 수간이나 줄기 가까이 놓이지 않게 하라.

열해

열해(熱害, thermal injury)는 수관이나 뿌리층의 온도가 장비, 배기구, 기타 열원에 의해 방출되는 불, 증기, 열 때문에 임계 수준(臨界水準, critical level) 이상으로 상승할 때 발생한다.

대부분의 식물 세포는 약 50~60°C의 기온에서 죽는데, 종, 식물 조직의 나이, 고온에 노출된 기간, 수화 정도, 나무좀이나 부후 곰팡이와 같은 약화 요인의 발생 등에 따라 다소 차이가 있다. 피해는 일반적으로 급성이고 심각하여 보통 진단하는 데 어렵지 않다.

불이 열해의 가장 흔한 원인이기 때문에 증기와 열로 인한 피해와 별도로 기술한다.

그림 5.83. 불에 의해 피해를 입은 잎은 타고, 바삭하고, 검게 변한다.

그림 5.84. 이 소나무 아래에서 발생한 불은 수관의 한쪽을 획일적으로 갈색으로 바꾸어 놓았다.

불

병징

불(fire)은 연소로 식물에 직접적으로, 또는 열을 방출하여 간접적으로 피해를 줄 수 있다. 피해가 발생하면 잎은 타고, 바삭하고, 갈색으로 변하고, 줄기와 가지는 숯이 되거나 검게 된다(**그림 5.83~84**).

수간 피해는 바로 보이지 않지만 열 피해를 입은 수피는 안쪽 조직으로부터 분리될 것이다. 수간이 굵어지고 유상조직이 발달됨에 따라 수피는 떨어져나가기 시작하여 안쪽의 목재가 노출된다.

병징의 심각성은 열의 강도, 노출 기간, 식물의 수분 함량, 해당 종의 불에 대한 내성 등에 달렸다. 식물의 수분 함량은 종종 목재 내 피해 깊이를 결정한다. 교목이나 관목이 수분 스트레스 상태에 있으면, 피해 정도는 더 크다. 열 피해를 받은 목재는 부후와 목재 천공성 해충의 침범을 받기 쉽다.

지표화(地表火, grass fire)에서, 교목은 일반적으로 지표면 가까이와 낮은 수관에 있는 잎이 타게 된다(**그림 5.85**). 수관화(樹冠火, crown fire)에서는 수관 전체에서 병징을 관찰할 수 있다.

발생

모든 식물은 불의 피해를 입기 쉽다. 잎에 고농도의 휘발성 탄화수소를 가지고 있는 종은 불이 충분히 뜨겁거나 충분히 오래 노출되면 보다 쉽게 발화하는 경향이 있다. 생물량(生物量, biomass)이 매우 작거나 얇은 보호 수피를 가진 어린 교목은 가장 심각하게 피해를 입는다.

황무지 안이나 가까이 또는 뜨겁고 건조한 수풀 지대에 위치한 경관은 산불(wildfire)에 노출될 위험성이 높다(**그림 5.86**). 밀짚, 피트 모스, 기타 건조하고 조밀한 물질과 같은 가연성 멀칭 자재는 발화하여 식물을 손상시킬 수 있다. 키가 작은 식물로부터 큰 식물의 연속적인 분포는 수관화를 촉

진시키는 불 사다리(fire ladder)를 창출한다. 낮은 가지를 가진 교목과 죽은 가지를 가진 교목은 화재 피해 가능성을 높인다.

유사 장애

전형적으로, 불로 인한 피해는 뚜렷하고 다른 장애와 쉽게 혼동되지 않는다. 그러나 제초제(접촉성이나 이행성) 피해, 급성 수분 스트레스, 저온 피해(동해), 심각한 불마름병 감염 등은 유사한 장애이다.

그림 5.85. 지표화에 의한 연안참나무 피해는 수관의 아래 부분에 한정되었다.

그림 5.86. 황무지 내 경관은 불 피해에 대한 위험이 높다. 도시와 황무지가 만나는 지역에 있어서 화재 피해를 입은 이 집 옆의 교목은 불에 의해 피해를 입었다. 피해는 불에 가장 가까운 잎이 가장 심하게 손상되어 뚜렷하다.

진단

- 피해의 패턴을 조사하라. 한 지역에 국한되고 수관 전반에 분포되어 있는가? 한 종 이상이 영향을 받았는가?
- 병징이 최근에 발생했는가? 이러한 병징이 불이 난 후에 나타났는가? 수간이나 가지에 숯덩이가 있는가?
- 가능한 화원(火源, source of fire)이나 불의 흔적을 찾아라(**그림 5.87**).
- 수피에 열해가 발생한 경우, 피해는 불이 난 후 몇 개월이 될 때까지 뚜렷하지 않을 수도 있고, 피해 범위는 다음 생육기까지 알 수 없을 수도 있다.
- 수간이 탄 수준과 크기는 형성층 손상을 평가하는데 활용될 수 있다:

  가벼운 탐: 수피 함몰이 산재된 반점식 수피 탐.

  중간 탐: 수피 두께가 심각하게 감소하지 않은 연속적인 탐.

  심한 탐: 수피 두께가 현저하게 감소하고 때로는 내부 목재가 노출될 정도로 연속적인 탐.

가볍거나 중간 정도의 탐은 일반적으로 불의 강도가 형성층 조직을 심각하게 손상시키기에 충분하지 않았음을 나타낸다. 심각한 탐은 추가적인 평가를 위해 수피가 온전한 작은 부위를 제거할 필요가 있다(**그림 5.88**). 안쪽의 형성층이 흰색이나 분홍색이 아닌 노란색이면, 그 조직은 죽었거나 심각하게 손상되었을 가능성이 있다. 어떤 경우에는 발효하는 냄새를 탐지할 수도 있다. 수피가 목재로부터 분리되면 그 형성층은 죽었을 가능성이 높다(**그림 5.89**). 불에 대한 종의 반응은 가끔 수피 두께와 수간 직경에 의해 결정된다.

표 5.17. 발췌된 경관 식물의 화재 연료량

학명	일반명
성목의 연료량이 낮은 종	
Acer spp.	단풍나무류
Arbutus unedo	딸기나무
Arctostaphylos spp.(관목류)	만자니타
Atriplex spp.	솔트부쉬류
Betulus spp.	자작나무류
Calocedrus decurrens	인센스시더
Carpobrotus edulis	막사국
Lampranthus spp.,	사철채송화류
Drosanthemum spp.	미광류
Cercis occidentalis	서양박태기
Cistus spp.	록로즈류
Citrus spp.	감귤류
Convolvulus cneorum	나무나팔꽃
Feijoa sellowiana	페이조아
Myoporum spp.	미요포룸
Nerium oleander	협죽도
Pittosporum spp.	돈나무류
Populus spp.	사시나무류
Populus spp.	포플러류
Populus tremuloides	미국사시나무
Punica granatum	석류나무
Quercus agrifolia	연안참나무
Quercus douglasii	푸른참나무
Quercus kellogii	캘리포니아흑참나무
Quercus lobata	계곡참나무
Rhamnus alaternus	이태리갈매나무
Ribes spp.	까치밥나무류
Salix spp.	버드나무류
Schinus molle	캘리포니아후추나무
Schinus terebinthifolius	브라질후추나무
Simmondsia chinensis	호호바
Tecomaria capensis	케이프인동
Umbellularia californica	캘리포니아월계수
성목에서 보통의 연료량을 가진 낮게 자라는 종	
Arctotheca calendula	케이프민들레
Baccharis pilularis	눈코요테브러쉬
Coprosma kirkii	포복코프라스마
Gazania rigens var. *leucolaena*	덩굴가자니아
Lippia canescens	리피아
Osteospermum fruticosum	덩굴아프리카데이지
Santolina spp.	황면국류
Vinca spp.	빈카류

출처: Lubin and Shelley 1997.

감수성 종과 내성 종

표 5.17은 발췌된 식물에 대한 성목의 연료량(燃料量, fuel volume)을 보여주고 있다. 연료량이 낮은 식물은 탈 수는 있지만 높은 연료량을 가진 식물보다 불의 강도가 낮다. 고농도의 휘발성 탄화수소를 함유한 교목과 관목은 쉽게 발화되고 높은 강도의 불을 만들어낸다. 이러한 수목에는 대부분의 침엽수, 유칼리나무류 등이 있다. 최근 확인된 증거에 의하면 교목의 유지관리, 수형, 외관, 수분 함량 등이 휘발성 탄화수소 함량보다 더 중요할 수 있음을 암시하고 있다.

채송화류(람프란투스류/*Lampranthus* spp., 델로스펄머류/*Delosperma* spp. 막사국/*Carpobrotus edulis*, 화만초/*Aptenia cordifolia*)와 같은 다즙성 지피식물은 건기에도 물을 보유하고 있기 때문에 관수하지 않는 경관에서 더 큰 내화성(耐火性, fire resistance)을 가진다. 그러나 이들 지피식물이 말라버리면, 이들도 불이 붙을 수 있다. 경관에 대한 관수는 내화성을 증대시킨다.

그림 5.87. 이 소나무 아래에 있는 쓰레기통에서 난 불이 수관으로 확산되어 수간과 가지가 검게 타고 침엽이 갈색으로 변했다.

교정

불로 인한 열해를 입고 나면 대책이 거의 없다. 현실적인 예방수단은 다음과 같다:

- 내화성 식물을 선택하라.
- 화재 잠재력이 최소화되도록 경관을 설계하라.

그림 5.88. 수간이 검게 변하거나 탄 자국은 불 피해의 강력한 지표이다. 피해의 정도를 평가하기 위해 외수피의 작은 부위를 제거할 필요가 있을 것이다.

그림 5.89. 불에 의해 손상된 수피가 건조하고 갈라지고 수간에서 들뜨게 되면 죽었을 가능성이 높다.

'불 사다리'(불이 수관으로 옮아가는 키가 점진적으로 큰 식물 집단)를 피하라.

- 관수와 양호한 재배 관리를 통해 잘 수화된 식물을 유지하라.
- 지면과 수관 사이에 연료 차단을 위해 교목의 낮은 가지를 전정하라.
- 굵은 가지가 건물 위, 특히 굴뚝 가까이에 걸려 있지 않도록 하라.
- 죽은 가지를 제거하여 연료량을 줄여라.
- 교목 아래 쓰레기를 쌓아두지 마라.

불에 탄 교목이 때로는 화재 피해 후 2,3개월 안에 잎이 다시 나온다. 확실하게 죽은 식물이나 식물의 부위를 제거하기 전에 기다리는 것이 중요하다. 산불 후에 취할 단계에 대해 자세한 정보가 필요하면, '*Recovering from Wildfire*'(Kocher, Harris, and Nakamura 2001)를 참고하라.

증기와 열

배관에서 나오는 증기(蒸氣, steam)나 배기구, 보일러, 노(爐, furnace), 포장 장비, 기타 열원에서 배출되는 열(熱, heat)은 인접한 식물을 손상시킬 수 있다(**그림 5.90**). 이런 유형의 피해가 경관에서 흔한 것은 아니지만, 이들은 일어날 수 있는 것이기 때문에 장애를 진단할 때 간과해서는 안 된다.

발생과 병징

국한된 지역에서의 지상 열 방출은 열원에 가장 가까이에 있는 잎을 건조시키고 줄기를 말라 죽인다(**그림 5.91**). 방출 규모가 더 크면 전체 수관에 피해를 줄 수 있다. 일반적으로 병징의 시작은 빠르다. 화재 피해와 달리 줄기는 검게 그을리지 않는다.

뿌리층에 방출된 증기나 열은 뿌리 시스템의 일부 또는 전부를 손상시킬 수도 있다. 뿌리 시스템이 상당 부분 피해를 입으면 잎과 줄기의 광범위한 탈수를 초래한다(**그림 5.92**). 뿌리가 거의 피해를 입지 않은 경우에는, 지상부에서는 관찰 가능한 병징이 없거나 일부 수관의 마름 형상이 발생할 수 있다. 이러한 경우에는 진단하는 데 어려움을 겪을 수 있다. 용기묘에서는 토양 온도가 37°C(100°F) 이상으로 올라갈 수 있는데, 온도가

그림 5.90. 열 피해는 장비에서 방출된 열에 의해 초래될 수 있다. 포장 장비에서 나온 열로 인해 이 도로를 따라 교목이 피해를 입었다. 이 열에 가장 가까운 수관의 해당 부위에만 피해를 입었다는 것에 유의하라.

그림 5.91. 배기구에서 방출된 열이 열 피해를 유발할 수 있다. 이 유칼리나무(*Eucalyptus polyanthemos*)의 수관은 수관의 아래와 옆에 위치한 커다란 배기구에서 방출된 열에 의해 피해를 입었다(A, B). 배기구에 가장 가까운 수관 부위가 가장 심하게 피해를 입었다.

40°C(105°F) 이상에서는 뿌리가 피해를 입을 수 있다(Morris and Devitt 2001). 피해는 일반적으로 태양에 노출된 면에서 가장 크게 발생한다. 뿌리 손실은 수관에서의 수분 부족 병징을 유발한다.

미생물의 유기물 분해로 인해 방출되는 열은 뿌리를 죽일 정도의 온도를 발생시킬 수 있다. 이 수준의 열은 퇴비(堆肥, compost) 더미에서 흔하다(**그림 5.93**).

유사 장애

지하 열원에 의한 피해는 급성 수분 스트레스, 뿌리에 대한 기계적인 상처, 뿌리병 피해, 가스 피해, 농약이나 제초제 피해 등과 같은 광범위한 뿌리 손실이 유발한 장애와 비슷하게 나타날 것이다.

지상 피해는 수관의 일부에 제한되고 인접한 열원과 관련이 있기 때문에 일반적으로 분명하다. 가능한 유사 장애에는 제초제 피해, 잎에 발생한 병, 농약 피해 등이 있다.

진단

- 열원을 찾아라. 인접한 배기구, 노, 기타 열원이 있는가? 지하에 증기 배관이 있는가?
- 부근에서 포장 장비와 같이 상당한 양의 열을 방출하는 장비를 사용하였는가?
- 뿌리층에 퇴비 더미나 크게 개량된 토양에서 발견되는 것과 같은 유기물이 대량으로 존재하는가?
- 용기묘인 경우, 뿌리 분포가 균일한가, 아니면 한 쪽으로 몰려 있는가? 해당 용기가 햇빛에 직접적으로 노출되어 있는가?
- 병징이 상대적으로 짧은 기간(며칠 또는 1주일)에 걸쳐 나타났는가?
- 병징이 해당 수관의 제한된 지역에 국한되어 있는가, 아니면 수관 전반에 퍼져 있는가?

그림 5.92. 지하 배관으로부터 방출된 증기가 뿌리를 손상시킬 수 있다. 이 레드우드는 뿌리층에 치명적인 온도를 방출하는 스팀이 담긴 배관이 파손될 때 죽었다

그림 5.93. 흔하지는 않지만, 대량의 유기물이 포함된 배지에서 자라는 식물은 유기물이 분해되는 동안에 방출되는 열로 인해 뿌리 피해를 입을 수 있다. 이 워싱턴 부채야자는 일시적으로 커다란 퇴비 더미에 이식되었는데, 이로 인해 잎사귀의 상당한 마름을 보여주고 있다.

그림 5.94. 라디아타소나무는 고온 피해에 감수성으로 간주되는데, 여름이 더운 곳에 식재된 많은 개체가 15년 이내에 쇠락하고 죽는다. 모데스토(Modesto, California)에 있는 이 어린 라디아타소나무는 고온으로 인해 쇠락하고 있다고 판단된다.

감수성 종과 내성 종

대부분의 종은 증기나 열원에 의한 피해에 감수성이다. 조직 손상에 대한 임계온도를 초과하면, 식물은 종과 관계없이 피해를 입을 것이다.

물가에서 자라는 일부 종은 여름이 더운 곳에 식재되면 생장이 부진한 것이 관찰되었다. 예를 들면, 라디아타소나무(*Pinus radiata*)는 새크라멘토(Sacramento)와 샌호아퀸(San Joaquin)에서는 수명이 짧은(15년 미만) 것으로 알려지고 있다(**그림 5.94**). 열원이 태양이라도 이 또한 열 피해의 한 형태로 간주될 수 있다.

교정

열 피해에서는 예방이 최선의 교정 방법이다. 고온의 열원 옆에 식물을 위치시키지 마라. 식물 근처에서는 과도하게 뜨거운 공기를 배출하는 장비 사용을 피하라. 만약 증기 배관이 뿌리층에 위치해 있으면, 주기적으로 토양 온도를 점검하여 누출 여부를 확인하라.

고광도와 저광도 피해

그림 5.95. 이 군자란(*Clivia minita*) 잎의 황백화는 고광도에 노출되어 발생했다. 오른쪽 잎은 그늘에 두었다.

그림 5.96. 엽란(*Aspidistra elatior*)의 잎이 고광도에 노출되면 표백된다. 이 식물은 오후 태양에 노출되었다.

빛의 세기/광도(光度, light intensity)에 대한 식물의 반응은 다양하다: 어떤 종은 낮은 빛 환경에 적응하는 데 비해, 다른 종은 높은 빛 환경에 잘 자란다. 해당 종에 대한 자연적인 범위보다 위나 아래 수준의 빛에 노출되면, 식물은 피해를 입을 수 있다.

고광도 피해

병징

고광도(高光度, high light intensity)에 민감한 종에서는, 광도가 임계 수준(臨界水準, critical level) 이상으로 증가하면 표피세포(表皮細胞, epidermal cell)와 상층 책상세포(柵狀細胞, palisade cell)에 있는 엽록소(葉綠素, chlorophyll)가 광산화(光酸化, photooxidize)된다(Treshow 1970). 피해가 발생하는 임계 수준은 종, 순화, 잎의 성숙도에 따라 차이가 있다. 피해 잎은 황백화 또는 표백된 것처럼 보이고(**그림 5.95~96**), 어떤 경우에는 괴사 부위도 발달할 수 있다. 일소 피해와는 달리, 고광도 손상은 대기 온도가 상대적으로 낮을 때 발생할 수 있다(p. 142의 보조설명문 '일소, 피소, 고온 피해, 고광도 피해: 무엇이 다른가?' 참조).

발생

고광도(최대 일사)에 내성이 없는 종은 보호 그늘(shade protection) 없이 식재하거나 보호 그늘이 제거되면 쉽게 피해를 입는다(**그림 5.97**). 종과 장소의 서툰 결합이 피해의 일반적인 원인이다. 어떤 경우에는, 아침 햇빛을 받는 위치에서 잘 자라는 종이 오후 햇빛에 노출되면 피해를 보이기도 한다. 자동차와 건물의 반사 표면도 피해를 유발할 수 있고, 고광도에 민감한 종에 그늘을 제공하는 교목이나 대관목을 전정하거나 제거해도 피해가 발생할 수 있다.

유사 장애

고광도 피해는 비교적 뚜렷하다. 어떤 경우에는, 수분 부족, 통기 불량, 영양 결핍과 혼동할 수 있다. 고광도가 일소와 비슷한 황백화 병징을 유발하지만, 잎의 탈수와 괴사는 관련된 전형적인 병징이 아니다.

진단

- 종을 동정하고, 식물 관리 매뉴얼에서 해당 종이 고광도 조건에 내성인지 감수성인지를 확인하라.
- 식재 위치와 고광도 노출 가능성을 평가하라.
- 매일과 계절적인 그늘 패턴을 확인하라.
- 반사 표면을 찾아보라.
- 보호 그늘에 어떤 변화가 일어났는지 확인하라.
- 피해의 패턴을 조사하라. 피해 잎이 다른 잎에 의해 부분적으로 그늘져 있으면, 그늘진 부분은

그림 5.97. 식나무(*Aucuba japonica*)는 짙은 녹색과 노란색으로 착색된 잎을 가진 그늘에 적응된 식물이다(A). 같은 식물이 고광도에 노출되면, 잎이 괴사 병변으로 표백된다(B).

고광도 피해 병징을 보이지 않을 것이다. 해당 식물 수관의 가장 바깥에 있는 잎이 안쪽에 있는 잎보다 더 피해를 보일 것이다.

감수성 종과 내성 종

표 5.18은 고광도 조건에 민감한 조경 식물을 나열하고 있다. 몇몇 식물 관리 매뉴얼이 빛 요구량(light requirement)에 관한 정보를 제공한다(Brenzel 2001; Brickell and Elsley 1992; Pittenger 2002). 많은 열대림과 하층 종은 조각빛(filtered light)이나 그늘진 조건에 적응되어 있어서, 최대 일사나 고광도 부지에 견디지 못한다. 또한 연안 지역의 고광도 조건에 내성이 있는 종을 내륙의 비슷한 여건에 식재하면 피해를 입을 수 있다.

표 5.18. 고광도 여건에 민감한 식물

학명	일반명
Acer circinatum	덩굴당단풍
Aspidistra elatior	엽란
Aucuba japonica	식나무
Caladium spp.	칼라디움류
Clivia miniata	군자란
Fatsia japonica	팔손이
Sarcococca spp.	사르코코카류
Vinca minor	빈카마이너

그림 5.98. 줄기 신장(伸長, elongation; 병색)은 많은 종에서 저광도 여건의 지표이다. 재스민(*Jasminum polyanthum*)에서, 그늘진 줄기의 마디 사이(오른쪽)는 최대 일사에 노출된 줄기 길이의 거의 2배이다.

교정

식재부지의 광도 여건에 적응된 식물을 선택하라. 해당 위치에 대한 빛과 그늘의 패턴을 살펴보라. 감수성 종은 햇빛으로부터 보호되는 곳에 식재하라. 울타리, 차벽, 차광막(shade cloth)과 같은 구조물을 설치하여 그늘을 제공할 수 있다. 감수성 식물에 그늘을 제공하기 위해 상층 식물을 식재할 수도 있다. 가능하면, 피해를 유발할 수 있는 반사 표면을 완화시키거나 제거하라.

저광도 피해

병징

저광도(低光度, low light intensity)는 식물에 미묘한 변화를 초래한다. 전형적으로, 줄기가 길어져서(병색), 식물이 키가 더 크고, 허약하고, 껑충하게 보이게 된다(**그림 5.98**). 개별 잎은 정상적인 잎보다 더 크고 더 얇으며(**그림 5.99**), 광도가 높은 여건에 있는 잎보다 짙은 녹색으로 보일 때도 있다. 짙게 그늘진 잎은 황백화되어 떨어진다(**그림 5.100**). 식물의 수관에서 그늘이 가장 많이 지는 부위가 먼저 죽어들어 간다. 수관의 안쪽이나 낮은 부위에 있는 잎은 가끔 저광도 여건 때문에 떨어진다. 어떤 종은 개화가 감소하거나 사라진다.

발생

저광도 여건은 교목의 하층, 건물의 북쪽 면, 안마당, 현관 지붕(porch roof)이나 차일(awning)과 같은 구조물 아래, 그리고 조밀한 식재지에서 발견될 수 있다. 전형적으로 여름철 최대 일사에서의 광도는 약 12,000피트촉광(foot-candle)인 데 비해, 2층 건물의 그늘진 면의 광도는 여름철에는 2,000피트촉광, 겨울에는 500피트촉광 정도 된다.

그림 5.99. 그늘진 잎은 고광도 수준에 노출된 잎보다 더 크고 더 얇은 편이다. 여기서, 카나리아아이비(*Hedera canariensis*)의 그늘진 잎(왼쪽)은 최대 일사에 노출된 잎(오른쪽)에 비해 광도가 낮았음을 나타낸다.

그림 5.100. 이 귤나무(*Citrus* spp.)의 낙엽과 수관 밀도 손실은 인근의 더 큰 교목의 그늘 아래에 위치했기 때문이다(A). 식재할 때 크기가 비슷했던 다른 귤나무(왼편)는 고광도 여건에 자리를 잡았기 때문에 잎이 유지되고 더 조밀한 수관 밀도를 보여주고 있다(B).

유사 장애

줄기 신장을 자극하는 식물생장조절제(植物生長調節劑, plant growth regulator)가 저광도와 비슷한 병징을 나타낼 수 있다. 뿌리층에서의 과도한 수분으로 인한 통기 불량이 더 오래되고 안쪽 잎의 낙엽을 유발하여 저광도 피해처럼 보인다.

진단

- 종을 동정하고, 식물 관리 매뉴얼에서 해당 종의 요구 광도를 확인하라.
- 해당 위치의 빛과 그늘 패턴을 평가하라.
- 노출계(露出計, light meter)를 이용하여 빛의 수준을 측정하라(**그림 5.101**).
- 고광도 위치에 있는 같은 종의 대표 시료와 절간 길이와 잎의 크기를 비교하라.

감수성 종과 내성 종

표 5.19에 그늘진 부지에서 견딜 수 있는 조경 식물이 나열되어 있다. 일반적으로 다른 유형의 조경 식물은 요구하는 광도도 다르다(**그림 5.102** 참조):

- 대부분의 목본 식물 (최대 일사: 겨울과 여름) — 5,000~12,000 피트촉광
- 그늘진 식물 — 1,000피트촉광
- 실내 식물 — 50~500피트촉광

몇몇 식물 관리 매뉴얼이 조경 식물의 요구 광도에 관한 정보를 제공한다; 예를 들면, Brenzel 2001, Brickell and Elsley 1992, Pittenger 2002 등을 참고하라.

교정

해당 부지의 광도 여건에 적응된 식물을 선택하라. 가능하면, 상층 교목이나 관목을 전정하거나 그늘을 지우는 구조물을 제거하여 그늘의 양을 줄여라. 어떤 경우에는 광도가 더 높은 환경으로 해당 식물을 이식하거나 옮길 수도 있다.

표 5.19. 그늘진 부지에 내성이 있는 식물

학명	일반명
Acer buergeranum	중국단풍
Acer campestre	캄페스트레단풍
Acer palmatum	단풍나무
Caryota mitis	공작야자
Chamaecyparis nootkatensis 'Pendula'	누트카사이프러스(품종)
Chionanthus retusus	이팝나무
Cornus florida	꽃산딸나무
Howea forsterana	켄차야자
Ilex opaca	미국호랑가시나무
Ilex vomitoria	요폰호랑가시나무
Podocarpus macrophyllus	나한송
Podocarpus nagi	죽백나무
Prunus caroliniana	캐롤라이너체리
Taxodium distichum	낙우송
Taxus baccata	영국주목
Thuja plicata	에스턴측백나무
Trachycarpus fortunei	당종려
Viburnum odoratissium	스위트백당나무

출처: Gilman 1997.

붙박이 노출계가 장착된 카메라를 사용한 광도 추정

붙박이 노출계(built-in light meter)와 수동으로 필름과 셔터 속도가 조절되는 카메라를 이용하여 식물에 쪼이는 햇빛의 광도 측정하기:

- 필름 속도를 ASA 25에 맞춘다.
- 셔터 속도를 1/60에 맞춘다.
- 불투명한 흰 종이 한 장을 식물 옆에서 잡고 있다.
- 그 종이의 좁은 폭과 같은 거리에서 카메라가 종이를 겨눈다.
- 렌즈 조리개(f-stop)를 조절하여 붙박이 계기가 가리키는 대로 적절한 노출을 준다.

f-stop	광도 (대략적인 피트촉광)
2	40
2.8	75
4	150
5.6	300
8	600
11	1,200
16	2,400

주: 노출계는 인공광원에서 나오는 대부분의 빛을 정확하게 측정하지 못한다.

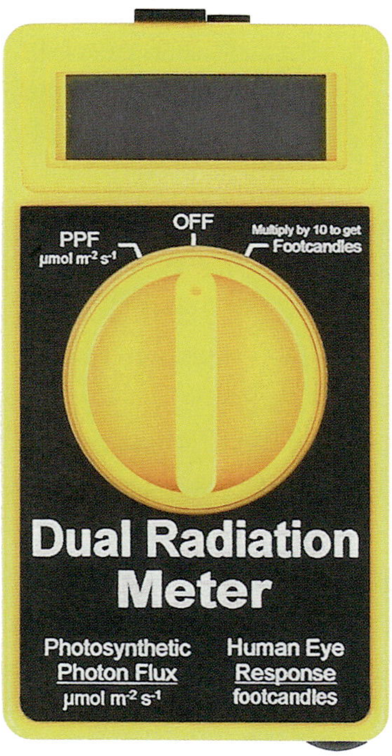

그림 5.101. 광도 추정은 상업용 노출계로 할 수 있다. 이 계기는 광합성 광량자속(photon flux)과 광도를 측정한다.

그림 5.102. 저광도(<100피트촉광) 하에서, 오른쪽 광나무(*Ligustrum japanicum*)는 고광도(5,000피트촉광) 여건 하에서 자란 개체(왼쪽)보다 줄기가 허약하고 더 작다. 중간에 있는 개체는 적당한 그늘(300~600피트촉광)에서 자랐다.

바람 피해

바람(wind)은 잎과 줄기 조직을 건조시키고 물리적으로 가지, 잎, 꽃을 파손시킨다. 해안이나 기타 특별히 바람이 강한 지역에서는 수형의 점진적인 변화가 흔하다(**그림 5.103**).

그림 5.103. 해안 바람은 몬트레이사이프러스(*Cupressus macrocarpa*)의 비대칭 생장을 유발할 수 있고(A), 해안소나무(*Pinus contorta*)와 사이프러스의 생장이 왜소화되거나 압착된다(B).

병징

바람은 수분 부족과 바람과 관련된 피해 병징을 모두 유발한다. 바람은 식물의 수분 손실을 30%까지 증가시킬 수 있다. 토양 수분 수준이 낮거나, 수분의 흡수나 수분운반(水分運搬, water transport)이 증산에 의한 수분 손실과 보조를 맞추지 못하면, 수분 스트레스가 발생한다. 수분 손실이 심각하면, 잎은 가장자리 괴사가 발생하고 미성숙한 상태로 떨어질 수 있다(**그림 5.104~105**). 잎의 괴사는 덥고 건조한 바람이 부는 동안 특히 심각하다. 덜 심각한 여건에서는, 잎이 해당 종의 표본적인 것보다 작을 것이다. 수분 부족으로 조기 낙엽이 발생하면, 바람 피해를 입은 식물의 수관은 바람이 불어가는 쪽에 대부분의 잎을 가진 한 쪽으로 치우친 형태가 된다(**그림 5.106**).

강한 바람은 가지, 잎, 열매를 파손시킬 수 있다. 일반적으로, 잎은 그 수목에 매달려 있지만 찢어질 것이다(**그림 5.107**).

가는 모래가 바람에 실려 식물에 불어 닥치는 사막지역에서는, 조직의 마멸이 발생할 수 있다. 잎, 가지, 수간 표면에 대한 모래 알갱이의 충격으로 이들이 가축에 의해 뜯어 먹히거나 모래분사(sand blaster)된 것처럼 보이게 된다. 또한 바람에 날려 온 모래는 교목과 관목의 근원을 깊이 묻히게 할 수 있다.

발생

풍속(風速, wind speed), 지속 기간, 방향, 식물의 노출이 바람 피해의 정도를 결정한다. 일반적으로, 수목을 파손시키기 위해서는 48 km/hr(13 m/sec, 40 mph) 이상의 풍속이 필요하지만, 피해는 더 낮은 풍속에서도 나타날 수 있다. 특히 바람이 강한 지역에 위치한 식물은 피해를 입기 쉽다: 해안 지역, 언덕이나 산의 꼭대기, 바람 터널(wind tunnel; 건물이나 기타 구조물에 의해 바람 통로가 생기는 도시 지역). 남부 캘리포니아의 덥고 건조한 Santa Ana 바람과, Central Valley의 차고 건조한 북풍은 흔히 식물 피해를 초래한다. 바람의 패턴이 변하는 지역에서는(예, 건물이나 일렬로 선 교목이 제거된 곳), 이전에 보호되던 식물이 바람에 의해 피해를 입을 수 있다. 바람이 센 지역에 식재된 용기에서 자란 식물, 특히 교목은 피해에 민감하다.

유사 장애

바람 피해와 수분 부족은 밀접하게 연계되어 있어서, 잎의 병징이 비슷하다. 또한 염 피해, 특정 이온 독성, 제초제 피해, 해충 피해(총채벌레나 응애)가 바람 피해와 비슷할 수 있다.

진단

- 해당 식물을 동정하고 식물 관리 매뉴얼을 참고하여 해당 종이 바람에 내성인지 감수성인지에 관한 정보를 확인하라.

그림 5.104. 이 낙엽성 참나무의 수관은 바람 때문에 매우 성기고 비대칭이 되었다(A). 잎이 변색되고 너덜너덜해지고 가장자리 괴사가 나타나고 있다(B).

그림 5.105. 바람은 잎의 조기 낙엽을 초래할 수 있다. 이 자엽자두(*Prunus cerasifera* 'Atropurpurea')는 바람이 센 곳에 식재되어 한여름에 잎이 떨어졌다(A). 가까운 자엽자두는 집에 의해 보호되어 완전한 수관을 유지하고 있다(B).

그림 5.106. 지붕을 넘어오는 바람터널(wind channel)로 이 런던버즘나무 수관의 변형이 초래되었다. 바람이 불어가는 쪽에 생장이 우선적으로 발생했다.

- 피해 패턴을 찾아보라: 바람 피해는 식물에서 주풍(主風, prevailing wind)을 맞는 면에 가장 심각할 것이다.
- 해당 지역에서 강풍 사건의 이력을 조사하라. 해당 지역에 강풍이 분 적이 있는가? 바람에 관한 자료는 캘리포니아 관개관리정보시스템(CIMIS), 캘리포니아대학교 IPM 웹사이트(www.ipm.ucdavis.edu), 또는 지역 기상대에서 얻을 수 있다.
- 병징이 바람 피해에서 기술한 것들과 일치하는가?
- 해당 식물이 특히 바람이 강한 지역에 있는가?
- 해당 토양이 건조한가? 해당 식물이 관수되고 있는가?

감수성 종과 내성 종

내풍성(耐風性, wind-tolerant) 종은 좁거나 바늘처럼 생기고 두꺼운 각피(角皮, cuticle)로 덮여있는 잎을 가지고 있다(**표 5.20**). 얇은 잎(예, 단풍나무/*Acer palmatum*)이나 큰 잎(예, 런던버즘나무/*Platanus acerifolia*)을 가진 활엽 식물은 바람 피해를 입기 쉽다. 식물 관리 매뉴얼을 통해 내풍성 종에 관한 정보를 확인하라.

교정

바람이 강한 지역에는 내풍성 종을 선택하라. 바

그림 5.107. 바람은 잎이 찢어지고 갈라지게 한다. 이 바나나(*Musa* spp.) 잎은 갈래진 반면(A), 런던버즘나무 잎은 찢어졌다(B).

표 5.20. 내풍성 식물

학명	일반명
Acacia longifolia	긴잎아카시아
Arctostaphylos insularis	섬만자니타
Arctostaphylos manzanita	만자니타
Atriplex lentiformis	퀘일부쉬
Berberis darwinii	다윈바베리
Buxus sempervirens	회양목
Callistemon citrinus	병솔나무
Carissa macrocarpa	카리사자스민
Cassia artemisioides	은색카시아
Ceanothus arboreus	두꺼운잎시아노투스
Ceanothus thyrsiflorus	캘리포니아라일락
Chamaecyparis lawsoniana	로손사이프러스
Cistus spp.	록로즈류
Coprosma × *kirkii*	포복코프로스마
Coprosma repens	리펜스코프로스마
Cotoneaster (various species, not all)	섬개야광나무류(다양한 종, 전부는 아님)
Dodonaea viscosa 'Purpurea'	호프씨나무 품종
Eleagnus pungens	실버베리
Eriogonum arborescens	산타클로즈메밀
Eriogonum giganteum	성캐서린레이스
Escallonia spp.	에스칼로니아류
Euonymus japonica	사철나무
Garrya elliptica	해안비단술
Griselinia littoralis	넓은잎카푸카
Griselinia lucida	푸카(puka)
Hakea laurina	바늘꽃이나무
Ilex aquifolium	영국호랑가시
Leptospermum laevigatum	호주차나무
Leptospermum scoparium	뉴질랜드차나무
Ligustrum spp.	쥐똥나무류
Melaleuca spp.	말레루카류
Myrica californica	캘리포니아베이베리
Myrsine africana	아프리카회양목
Myrtus communis	은매화
Phormium tenax	뉴질랜드마
Pittosporum spp.	섬엄나무류
Prunus ilicifolia	가시잎체리
Prunus laurocerasus	영국월계수
Pyracantha spp.	피라칸타류
Rhamnus alaternus	이태리갈매나무
Rhamnus californica	커피체리
Rhaphiolepis indica	인도산사나무
Rhus integrifolia	레모네이드베리
Rhus ovata	슈가부쉬
Rosmarinus officinalis	로즈메리
Tamarix spp.(*T. chinensis* 제외)	위성류류(중국위성류 제외)
Xylosma congestum	산유자나무

표 5.21. 방풍벽으로 유용한 교목

학명	일반명
Calocedrus decurrens	인센스시더
Cupressus arizonica	아리조나사이프러스
Dodonaea viscosa	호프씨나무
Elaeagnus angustifolia	러시아올리브
Elaeagnus pungens	실버베리
Escallonia spp.	에스칼로니아류
Hakea spp.	하케아류
Leptospermum laevigatum	호주차나무
Ligustrum lucidum	당광나무
Myoporum laetum	미요포름
Picea abies	독일가문비
Pinus canariensis	카나리섬소나무
Rhamnus alaternus	이태리갈매나무
Taxus baccata 'Stricta'	아일랜드주목 품종
Thuja occidentalis	서양측백나무
Thuja plicata	웨스턴측백나무

람에 감수성인 식물은 바람이 보호되는 부지에만 식재하라. 어떤 수종은, 소규모 거주지에는 적합하지 않을 수도 있지만, 구조물이나 다른 식물의 방풍벽(防風壁, wind break)으로 활용할 수 있다(**표 5.21**). 활착하는 기간 동안 어린 교목을 보호하기 위해 방풍막(防風幕, wind screen)을 활용할 수 있다(**그림 5.108**). 더 큰 교목을 보호하는 것은 보호용 구조물이 크고 내구성이 있어야 하기 때문에 어렵다. 집단이나 늘어선 교목이나 대관목을 제거할 때에는 남은 식생이 바람에 노출될 가능성을 고려하라.

그림 5.108. 민감한 종은 바람으로부터 보호되어야 한다. 여기서, 어린 수목이 일렬로 늘어선 성숙한 푸른유칼리(*Eucalyptus globulus*)에 의해 보호되고 있고(A), 어린 몬트레이사이프러스를 보호하기 위해 방풍막이 사용되었다(B).

가스 피해

식물의 수관이나 뿌리층으로 방출된 가스(gas)가 피해를 유발할 수 있다. 가스는 직접적으로 식물 부위에 식물 독성(植物毒性, phytotoxic)일 수도 있고, 가스가 뿌리층으로부터 산소를 배제시킬 수도 있다. 가스 피해의 흔한 원인은 가스 배관, 하수관, 배기구, 매립지 등으로부터의 누출이다.

그림 5.109. 식물의 뿌리층으로 누출된 가스는 심각한 피해를 유발할 수 있다. 이 카나리섬소나무의 가지마름은(A) 인접한 가스관의 누출 때문이었다(B).

병징

가스 피해는 가스 유형, 방출된 양, 토양 투과성, 노출 기간, 해당 종의 감수성, 해당 식물의 상태 등에 따라 치명적일 수도, 준치명적일 수도 있다. 과도하거나 장기적인 누출은 일반적으로 치명적이다. 서서히 누출되면 몇 달이나 몇 년에 걸쳐 병징이 발달할 것이다.

토양 내 가스 누출

뿌리층에 식물 독성 가스가 누출되면 뿌리 기능이 상실되고 뿌리가 죽는 경우가 많다. 피해 식물은 수분과 양분을 흡수하는 능력이 떨어져서 식물 생장과 발달이 위축된다. 병징은 생장 부진에서 전체 식물의 죽음에 이르기까지 폭이 넓다(**그림 5.109**). 처음에는 식물이 수분 스트레스와 비슷한 병징을 보인다: 생장 부진, 작은 잎, 시듦, 낙엽. 봄에 잎눈의 일부에서만 잎이 나올 수도 있다. 뿌리는 물 먹은 것처럼 보이고 푸른색을 띨 수 있고, 토양은 청회색이나 검은색으로 변할 수 있다. 피해가 점점 심각해짐에 따라 몇 개의 가지나 전체 수관이 죽을 수 있고, 결국에는 해당 수목 전체가 죽을 수 있다.

대기로의 가스 방출

식물의 수관 내 또는 주변에 식물 독성 가스가 누출되면, 일반적으로 심각한 피해를 유발하여 병징이 급속하게 나타난다. 가스 공급원에 가장 가까운 수관 부위가 가장 큰 피해를 보인다. 가스 누출량과 지속 기간이 충분하면 수관 전체가 피해를 입는다(**그림 5.110**). 암모니아 가스(ammonia gas)가 누출되면, 수종에 따라, 잎이 표백되거나, 갈색으로 변하거나 검게 된다. 염소(鹽素, chlorine) 가스는 가장자리 황백화, 잎의 위쪽 표면에 반점 발생, 적색화, 괴사 등을 유발한다. 소나무 침엽은 끝에서 안쪽으로 밝은 적갈색 괴사가 진행되고, 괴사 부위 아래에 작은 반점 띠가 발견될 수도 있다. 강력한 산화 또는 환원제인 산업용 가스(産業用-, industrial gas)는 식물 독성일 가능성이 높다.

발생

토양 내 가스 누출

뿌리층에서의 가스 피해는 전형적으로 메탄가스(methane gas)가 누출되는 가스관이나 하수관 파손, 또는 매립지에서 누출되는 가스에 의해 초래된다. 이들 가스는 주로 메탄과 이산화탄소로 구성되어 있으며, 소량의 일산화탄소(carbon monoxide), 암모니아, 에탄, 황화수소(hydrogen sulfide), 에틸렌, 프로필렌, 시안화수소(hydrogen cyanide)를 포함하고 있다.

지난 30년에 걸쳐, 매립지(埋立地, land fill)에

그림 5.110. 식물 독성 가스가 대기로 누출되면 식물이 피해를 입을 수 있다. 인근 산업용 장비에서 누출된 가스로 인해 이 런던버즘나무의 가지가 말라죽었다.

그림 5.111. 매립지에서 누출된 가스는 많은 종에 피해를 유발할 수 있다. 일반적으로 피해는 급성이고 심각하다. 이 매립지에 식재된 교목들은 아직 피해를 입지 않았다.

많은 공원, 골프장, 운동장이 조성되었다. 일부 종은 다른 종에 비해 내성이 더 높을 수 있지만, 대부분의 종은 매립지에서 발생하는 가스에 의해 피해를 입는다(**그림 5.111**). 가스 공급원에 따라 가스의 수준은 빠르게 또는 천천히 유해한 수준으로 축적된다. 가스관 누출은 일반적으로 빠른 반면, 매립지 방출은 종종 점진적이다.

어떤 토양 누출 가스는 식물 독성이지만, 다른 가스는 뿌리층에서 산소를 배제시킴으로써 식물에 피해를 준다. 예를 들면, 매립지에서 방출되는 메탄과 이산화탄소는 산소를 대체하여 혐기조건(嫌氣條件, anaerobic condition)을 만든다.

대기로의 가스 방출

가끔 배기구, 굴뚝, 공장 굴뚝, 산업용 장비(예, 냉동장치)로부터 방출되는 가스가 식물을 해친다. 대기로 방출되는 많은 가스가 무해하지만(예, 질소), 일부는 식물 독성이다(예, 암모니아). 정부 법규는 식물에게도 유독할 수 있는 산업용 가스의 배출을 제한해왔다. 식물 독성 가스의 방출은 일반적으로 우발적이고 단기간에 끝난다.

유사 장애

가스 피해는 수분 부족, 통기 불량, 뿌리병, 제초제 피해, 대기 오염 등과 혼동될 수 있다.

진단

토양 내 가스 누출

- 피해를 입은 주변 지역 토양의 냄새를 맡아보라. 통상적이지 않은 가스 냄새가 감지되는가? 어떤 가스는 화학적인 구성이나 낮은 농도 때문에 냄새로 탐지되지 않을 수 있다는 것을 명심하라.
- 해당 토양을 조사하라. 색깔이 청색, 청회색, 검은색으로 변했는가? 이들 색깔은 환원 상태의 이온이 있다는 것을 의미하기 때문에 혐기조건이다.
- 해당 지역 내 식물을 조사하라. 모든 종이 피해를 입었는가? 아니면 한 종만인가? 대부분의 가스 누출의 경우, 둘 이상의 종이 피해를 입을 것이다.
- 가스관이 가까이 있는가를 확인하라. 이는 가스관 탐지기관의 도움이 필요할 수도 있다.
- 경관이 매립지에 조성되었는가를 확인하라. 그렇다면, 경관 토양의 깊이, 피복층(被覆層, cap layer)의 유형과 두께, 매립 물질의 유형을 확인하라. 일부 지역의 토양이 가라앉았는가? 토양에 균열이 있는가?
- 가스 탐지 장비를 사용하여 뿌리층에서의 잠재적인 유해 가스 수준을 확인하라. 특수 장비를 이용하면 연소성 가스, 황화수소, 이산화탄소, 기타 많은 가스를 탐지할 수 있다. 장비가 없으면, 시료를 채취하여 실험실에 분석을 의뢰하라.

대기로의 가스 방출

- 피해를 입은 식물 주위 지역을 조사하라. 식물 독성 가능성이 있는 가스의 명백한 잠재적인 공급원(예, 배기구, 굴뚝, 공장 굴뚝, 산업용 장비)이 있는가? 어떤 가스가 방출되었는가? 언제 방출되었는가? 피해는 언제 발생했는가?
- 한 종만 피해를 입었는가? 대부분의 식물 독성 가스 누출은, 노출된 지역에 있는 대부분의 종이 피해를 입을 것이다.
- 가장 큰 피해가 식물 전체에 나타났는가, 아니면 누출 지점에 가장 가까운 식물 부위에 나타났는가?

민감성 종과 내성 종

일반적으로 천근성 종(淺根性種, shallow-rooted species)이 심근성 종(深根性種, deep-rooted species)보다 매립지에서 발생하는 가스에 더 잘 견딘다. **표 5.22**에 매립지에 내성이 있는 식물을 내성 순서대로 나열하였다. **표 5.23**에는 염소 가스에 민감한 종이 나열되어 있다.

교정

- 일단 가스 누출 위치가 확인되면, 공급원을 차단하고 가스가 해당 지역에서 배출되도록 하라. 가스 수준이 수용가능 수준이 될 때까지 모니터하라. 주변의 가스 농도가 작업자에게 위험하지 않게 되면 누출되는 부위를 수리하라.
- 매립지에서는, 누출 위치를 확인하고 중단시켜라(가능하다면). 이것이 어려우면, 매립지에 내성이 있다고 생각되는 종을 식재하라.

- 뿌리층에 적절한 수분 수준을 유지하라.
- 대기 방출인 경우에는, 경관 지역에 방출되는 것을 방지하도록 시도하거나 식물이 피해를 받지 않는 곳으로 가스를 유도하라(예, 식물 수관 위로).
- 천연가스관 누출 주위의 토양은, 그 가스가 흩어지도록 굴착 구덩이를 1~4주 동안 개방된 상태로 두어라. 그 다음 그 구덩이를 메워라.

표 5.22. 매립지에 내성이 있는 식물

학명	일반명
Acer rubrum	적단풍
Euonymus alata	화살나무
Fraxinus pennsylvanica var. *lanceolata*	좁은잎붉은물푸레
Ginkgo biloba	은행나무
Gleditsia triacanthos	미국주엽나무
Liquidambar styraciflua	미국풍나무
Myrica pensylvanica	펜실바니카소귀
Nyssa sylvatica	니사나무
Picea abies	독일가문비
Pinus strobus	스트로브잣나무
Pinus thumbergii	곰솔
Platanus occidentalis	양버즘나무
Populus spp.	사시나무류
Populus spp.	사시나무잡종
Quercus palustris	대왕참나무
Rhododendron roseum elegans	만병초 품종
Salix babylonica	수양버들
Taxus cuspidata 'Capitata	주목 품종
Tilia americana	미국피나무

출처: Leone et al. 1980.

표 5.23. 염소 가스에 민감한 식물

학명	일반명
Aesculus spp.	칠엽수류
Catalpa bignoniodes	꽃개오동나무
Chrysanthemum morifolium	국화
Medicago sativa	자주개자리
Petunia hybrida	페튜니아
Picea pungens	풍겐스가문비
Pinus contorta var. *murrayana*	로지폴소나무
Pinus sylvestris	구주소나무
Raphanus sativus	갯무
Taraxacum officinale	서양민들레

출처: Treshow 1970.

대기 오염

식물 독성이 있다고 인식되는 대기 오염물질(大氣汚染物質, air pollutant)은 오존(ozone, O_3), 아황산가스(sulfur dioxide, SO_2), 질산과산화아세틸(PAN, peroxyacetyl nitrate) 등이다. 캘리포니아에서는 오존에 의한 피해가 가장 흔하다. 1960년 이전에는, PAN이 로스앤젤레스 분지에서 피해를 유발했지만, 지금은 수준이 낮아서 피해가 드물다. 또한 아황산가스의 수준도 낮아져 피해가 흔하지 않다.

오존

오존은 햇빛이 비치고 있는 동안 휘발성 탄화수소(揮發性炭火水素, volatile hydrocarbon)와 질소산화물(窒素酸化物, nitrogen oxides—주로 차량연소로부터)이 반응하여 생성된다. 오존 농도의 상승은 여름에 문제가 되지만 낮은 온도로 대기의 반응속도가 느린 겨울에는 문제가 되지 않는다. 기공(氣孔, stoma)을 통해 들어간 오존은 세포막의 기능을 약화시키고 엽록소를 파괴하여 표피 왁스를 열화(劣化, degradation)시킨다.

그림 5.112. 급성 오존 노출로 이 양배추(*Brassica oleracea* var. *capitata*) 잎에 표백이 유발되었다.

병징

오존은 잎의 황백화, 표백, 얼룩, 반점, 괴사를 유발한다. 피해는 종, 품종, 기후 조건, 식물의 나이에 따라 다르다. 일반적으로 병징은 잎의 윗면(-面, upper surface)에 나타난다. 같은 식물 또는 개별 잎에서도 병징은 다르게 나타날 수 있다.

피해는 만성일 수도 급성일 수도 있다. 만성 피해는 상대적으로 낮은 농도에서 장기간 노출되어 발생하고, 급성 피해는 높은 농도에 짧은 기간 노출되어 발생한다. 오염된 도시나 교외의 전형적인 여름철 최대 오존 농도(지표면 근처에서 측정)는 약 0.1 ppm이고, 세계에서 가장 오염된 도시에서는 0.4 ppm까지 올라간다. 반면 오염되지 않은 시골지역은 약 0.03 ppm 수준이다. 감수성 식물은 0.08 ppm 이하에서도 가시적인 병징을 나타내는 것으로 관찰되었다.

급성 피해

활엽수

- 표백(漂白, bleaching): 잎의 윗면 표백은 전반적으로 또는 작은 괴사 반점으로 나타난다(**그림 5.112**).
- 반점(斑點, flecking): 잎에 생긴 황갈색, 회색, 흰색의 금속성 또는 갈색으로 탈색된 작은 점(**그림 5.113**).
- 점몰(點沒, stippling): 잎에 생긴 작은 흰색, 검은색, 붉은색, 자주색 점.
- 괴사(壞死, necrosis): 잎이나 꽃의 전반을 따라 연장되어 있는 죽은 조직; 잎이 흰색에서 어두운 주황으로 변하면서 굵은 엽맥은 녹색을 유지. 꽃의 조직은 갈색이나 검은색으로 변한다(**그림 5.114**).

침엽수

- 침엽의 띠: 덜 성숙한 침엽에 노란색(황백화) 띠가 만들어진다.
- 끝이 탐: 신장하는 어린 침엽의 끝이 갈색이 됨. 처음에는 갈색으로 진행되는 부위가 적갈색으로 보일 수 있다.

만성 피해

활엽수

- 청동색: 잎이 적갈색에서 갈색으로 변한다.
- 황백화: 잎이 황화됨(**그림 5.115~116**).
- 조기 낙엽: 잎, 꽃, 열매가 빨리 떨어짐.

침엽수

- 반점: 오래된 잎에서 나타나는 초기 병징
- 얼룩무늬(mottling): 1년생 잎에 나타나는 녹색 부위와 혼합된 노란 부위의 전반적인 확산.
- 조기 낙엽: 침엽의 조기 낙엽으로, 일반적으로 발생 후 2년 내 떨어짐.

그림 5.113. 멕시코목화(*Gossypium hirsutum*) 잎의 점몰이나 반점은 급성 오존 노출에 의해 유발되었다. 왼쪽은 피해를 입지 않은 잎.

그림 5.114. 오존 노출이 이 카틀레야난(*Cattleya* spp.)의 꽃에 괴사를 유발하였다. 왼쪽은 피해를 받지 않은 꽃.

발생

캘리포니아 내 여름철 오존 수준이 증가하는 지역은, 로스앤젤레스 분지, 샌프란시스코만 지역, 샌디에이고 지역, 센트럴 밸리(Central valley)의 여러 지역, 특히 새크라멘토, 프레스노, 베이커스필드 등이 있다. 또한 위에 언급한 공기 분지(air basin)에 인접한 시에라네바다(Sierra Nevada) 산맥과 샌버나디노(San Vernardino) 산맥과, 대기경계층(大氣境界層, atmospheric boundary layer; 약 1,830 m/6,000피트) 아래에서 자라는 자생 식생에서도 피해가 발견되었다.

일반적으로 어린 식물이 나이든 식물보다 더 민감하였다. 기공이 완전한 기능을 하는 성숙된 잎이 가장 민감하다. 기온, 광도, 관수, 시비가 피해 정도에 영향을 미칠 수 있다.

유사 장애

- 응애나 총채벌레에 의해 유발된 잎의 피해.
- 탄저병과 같이 잎에 발생하는 병이 많은 종의 잎에 괴사 반점, 엽맥 사이 괴사나 황백화를 만든다.
- 제초제 피해.

진단

대기질관리국, 지역 기후 기록, 신문의 기후 페이지에서 해당 부지의 대기질에 관한 정보를 수집하라. 피해 병징이 인식되면 대기 오염물질이 식물 독성이 가능한 수준으로 발생했는가를 확인하라. 오존 피해 병징은 급성 노출 이후 발달하는데 2,3일이 걸릴 수 있다. 오존 수준이 높은 지역에서 자라는 많은 식물들은 오존 수준이 낮은 상태에서 자라는 식물과 비교해보지 않으면 정상으로 착각할 정도로 만성적인 노출 병징을 보인다.

- 해당 식물을 동정하고 감수성 종으로 관주되는가를 확인하라.
- 다른 종들도 피해를 입었는가?
- 병징의 시작이 빠른가, 느린가?
- 병징이 잎의 윗면인가, 아랫면인가, 아니면 양쪽 모두인가?

그림 5.115. 이 엄마고사리(*Asplenium bulbiferum*)의 황백화는 만성적인 오존 노출에 의해 유발되었다.

그림 5.116. 단풍나무(*Acer palmatum*) 잎의 노란 얼룩과 갈색으로의 변화는 오존 노출에 의해 유발되었다.

그림 5.117. 이 페튜니아(*Petunia hybrida*) 잎에 발생한 엽맥 사이의 흰 괴사 부위는 아황산가스에 노출되어 유발되었다.

감수성 종과 내성 종

잎과 표피가 얇은 식물이 경엽(硬葉, sclerophyllous; 단단하고 딱딱한 잎)인 식물보다 오존에 피해를 입을 가능성이 높다(**표 5.24**). 감수성 종은 오존에 더 잘 견디는 유전적인 변이체(생태형, 변종, 품종)가 있을 수 있다. 예를 들면, 캘리포니아주립대학에서 개발한 버뮤다그래스 잡종 'Santa Ana'는 오존 위협이 거의 없는 조지아 지역에서 개발한 버뮤다그래스 잡종보다 스모그(smog)에 대한 내성이 더 강하다.

교정

오존이 식물 독성 수준이 되기 쉬운 지역에는 내성 종을 선택하라.

아황산가스

고유황 석탄이나 석유를 연소하는 발전소와 제조업체는 전형적으로 아황산가스(亞黃酸-, sulfur dioxide, SO_2)를 배출한다. 그러나 최근의 배출가스 조절(排出-調節, emission control) 기술 발달로 아황산가스 배출이 현저하게 줄어들었거나 제거되었다. 이에 따라, 아황산가스에 의해 유발된 식물 피해는 미국, 특히 서해안(고유황 석탄은 미국 동부에서 생산됨)에서는 더 이상 흔한 일이 아니다.

병징

황은 식물의 필수영양소이지만, 아황산가스는 엽록소 함량을 줄여서 엽록체(葉綠體, chloroplast)를 손상시킴으로써 광합성과 생장을 부진하게 만든다. 병징은 넓은 잎 종(쌍떡잎식물), 좁은 잎 종(외떡잎식물), 침엽수 종 사이에 차이가 있다.

쌍떡잎식물(dicots)

급성 병징은 주된 엽맥 사이가 흐린 녹색이나 물먹은 부위로 시작하여 흰색이나 밝은 회색으로 바뀐다(**그림 5.117**). 만성적인 노출 상태에서는 엽맥 사이에서 표백이나 황화가 발생한다. 어떤 잎은 은색으로 보이기도 한다.

외떡잎식물(monocots)

잎의 끝 가까이에 노란색을 띤 흰색이나 아이보리색의 줄무늬가 발달하여 아래를 향해 엽맥 사이로 번진다. 잎의 가장자리는 보통 갈색으로 변한다.

침엽수(針葉樹, conifers)

처음에는 침엽의 끝에서 적갈색 괴사가 발견되고 (**그림 5.118**), 연속적인 급성 노출이 발생하면 뚜렷한 띠로 발전할 것이다(**그림 5.119**). 흔히 미성숙 침엽이 떨어진다. 더 오래된 잎은 만성 노출인 경우 끝에서부터 아래로 노랗게 변하기 시작하고 낙엽으로 이어진다. 어린 침엽은 정상인 것처럼 보인다.

표 5.24. 오존에 민감한 식물

학명	일반명
Abutilon spp.	어저귀류
Acer negundo	네군도단풍
Acer saccharinum	은단풍
Asclepias syriaca	박주가리
Alnus spp.	오리나무류
Bauhinia spp.	자형화류
Calycanthus occidentalis	자주받침꽃
Ceratonia siliqua	캐럽나무
Chrysanthemum spp.	국화류
Cinnamomum camphora	녹나무
Crataegus spp.	산사나무류
Fraxinus spp.	물푸레나무류
Fuchsia spp.	후크시아류
Gleditsia spp.	주엽나무류
Hibiscus spp.	무궁화류
Juglans regia	호두나무
Liquidambar styraciflua	미국풍나무
Liriodendron tulipifera	튤립나무
Morus alba	뽕나무
Persea spp.	아보카드류
Petunia hybrida	페투니아
Pinus nigra	유럽곰솔
Pinus ponderosa	폰데로사소나무
Platanus acerifolia	단풍버즘나무
Populus tremuloides	미국사시나무
Populus spp.	포플러류
Ranunculus spp.	라넌큘러스
Rhododendron spp.	진달래류
Robinia pseudoacacia	아까시나무
Rudbeckia laciniata	루드베키아
Salis spp.	버드나무류
Schinus molle	캘리포니아호두
Trifolium spp.	토끼풀류
Ulmus spp.	느릅나무류
Vicia spp.	살갈퀴류
Vinca spp.	빈카류

출처: Noble 1988.

발생

가까이에 황을 배출하는 산업단지나 석유정제단지가 있으면 일반적으로 아황산가스 피해는 피할 수 없다. 그러나 지역의 지리적 특성과 기상 조건에 따라 독성 농도가 거리가 먼 부지로 이동될 수 있다. 캘리포니아에서는 아황산가스 수준이 식물에 피해를 입힐 수 있는 지역은 거의 없다.

유사 장애

저온, 수분 부족, 통기 불량, 영양 결핍, 제초제 피해, 특정 해충과 병이 아황산가스와 비슷한 피해 병징을 유발할 수 있다.

진단

조직을 분석하면 아황산가스 피해를 확인할 수 있지만, 실험실 보고서를 해석하는 것이 쉽지 않다 (Flagler 1998). 병징은 한 종이나 한 지역에 한정되지 않고, 한 지역에 있는 여러 종이 병징을 보일 것이다. 지의류(lichen), 이끼, 알팔파, 잡종 포플러, 고사리(bracken fern)와 같은 지표식물(指標植物, indicator plant)이 아황산가스 피해를 평가하기 위해 사용되고 있다.

그림 5.118. 아황산가스는 이 소나무의 침엽에 피해를 주었다.

표 5.25. 아황산가스에 민감한 식물

학명	일반명
Acer saccharinum	은단풍
Betula papyrifera	종이자작나무
Betula pendula	펜둘라자작
Corylus var. *cornuta*	캘리포니아개암나무
Parthenocissus quinquefolia	미국담쟁이덩굴
Pinus jeffreyi	제프레이소나무
Pinus ponderosa	폰데로사소나무
Pinus sylvestris	구주소나무
Platanus occidentalis	양버즘나무
Populus nigra	서양사시나무
Populus tremuloides	북미사시나무
Pseudotsuga menziesii	미송
Quercus macrocarpa	가시참나무
Robinia pseudoacacia	아까시나무
Syringa vulgaris	라일락
Thuja occidentalis	서양측백나무
Ulmus americana	미국느릅나무
Ulmus parvifolia	참느릅나무

그림 5.119. 급성 아황산가스 노출로 소나무 침엽에 띠가 발생했다.

감수성 종과 내성 종

표 5.25에 아황산가스 피해에 감수성인 식물이 나열되어 있다.

교정

일반적으로 이는 상대적으로 서부에 있는 주에서 흔하지 않은 대기 오염물질이기 때문에 교정이 불필요하다. 아황산가스가 문제가 될 수 있는 지역에서는 감수성 식물 이용을 피하라.

지표식물을 이용하여 스모그 관리하기

과학자들은 매우 정확하게 대기 오염물질을 측정하기 위해 분석 장비를 사용하지만, 조경 전문가들은 스모그 민감 식물을 대기 오염의 생물지표(生物指標, bioindicator)로 사용할 수 있다(Flagler 1998). '파수' 식물(把守植物, sentinel plant)은 짧은 시간 동안 오염된 공기에 노출되면 분명한 병징을 나타내는 비자생종들이다. 이들은 깨끗한 공기에서 키운 다음 주위의 오염된 공기에 노출시킨다. 오존 지표 식물에는 새포아풀(*Poa annua*), 강낭콩(*Phaseolus vulgaris*), 토끼풀(*Trifolium repens*), 메꽃류(*Convolvulus* spp.), 시금치(*Spinacia oleracea*), 담배(*Nicotiana* spp.) 등이다. '탐지' 식물(探知植物, detector plant)은 오존에 장기간 노출되면 병징을 보이는 자생종이다. 산딸기류(*Rubus* spp.), 붉은좁은잎물푸레(*Fraxinus pennsylvanica* var. *lanceolata*), 박주가리류(*Asclepias* spp.), 사사프라스(*Sassafras albidum*), 미국물푸레(*Fraxinus americana*) 등이 여기에 속한다.

벼락 피해

벼락(lightning strike)은 교목을 완전히 죽이거나 가지나 수간의 일부에 심각한 손상을 줄 수 있다. 이들 상처와 죽은 가지는 곤충을 유인하고 부후유발 곰팡이의 감염 장소를 제공한다.

병징

벼락 피해는 즉각적이고 장기적인 병징이다. 온도가 14,000°C(25,000°F) 이상인 '고온 번개'(hot bolt)를 맞으면 전체 교목이 화염에 휩싸일 수 있다. 초속 32,000 km(20,000 mile/s)로 내리치는 '찬 벼락'(cold lightning)은 교목의 수간과 가지를 산산조각 낼 수도 있다. 침엽수의 위쪽 수간과 가지는 완전히 죽는 데 비해 해당 교목의 아래 부위는 피해를 입지 않을 수도 있고, 수간이 갈라질 수도 있다(**그림 5.120**). 어떤 경우에는, 가지와 수간으로부터 연속적인 띠 형태로 수피와 변재를 날려버려서, 벼락을 맞은 지점으로부터 지면에 이르기까지 목재 결을 따라 패인 홈이 생긴다(**그림 5.121**). 수피는 상처 가장자리에 조각조각 걸려 있기도 한다. 내부 수간 조직은 외부 흔적 없이 심각하게 탔을 수도 있다. 벼락의 전하(電荷, charge)는 토양 속으로 소멸되기 전에 뿌리의 수피와 토양을 날려버릴 수도 있다. 목부(木部, xylem) 조직의 피해로 인해 외부에 나타난 병징 없이 교목의 뿌리 시스템 전부 또는 일부가 죽을 수 있다. 울창한 수풀에서는, 직접 벼락을 맞은 교목에 인접한 교목도 죽을 수 있다.

장기적으로는, 수피 아래에 비정상적인 목재로 된 싸개(sheath) (횡단면으로 보면 원형)가 발달할 수 있고, 어떤 경우에는, 수간을 따라 혹이 생길 수도 있다. 뿌리가 죽으면, 수간으로부터 부정근(不定根, adventitious root)이 자랄 수도 있다. 이차적인 해충이나 병의 침입은 벼락 피해를 입은 수목을 서서히 쇠락시키는 원인이 되기도 한다(**그림 5.122**).

피해의 심각성은 벼락의 강도, 수피의 수분 함량, 가지와 수간 조직의 특성, 교목의 종과 관련이 있다.

그림 5.120. 벼락으로 이 교목의 수간이 크게 갈라졌다.

발생

벼락 피해는 캘리포니아 도시 지역에서는 흔하지 않다. 벼락 피해를 입을 가능성이 큰 교목은 개방된 지역의 고립된 교목, 집단이나 임분(林分, stand)에서 바람이 불러오는 쪽 가장자리에 있는 키 큰 교목, 임분의 우세목(優勢木, dominant tree), 습한 토양이나 수체(水體, water body) 가까이에서 자라는 교목, 건물에 근접한 교목 등이다. 모든 교목 수종은 벼락을 맞을 수 있지만 일부 수종이 더 감수성인 것으로 보인다(**표 5.26**). 어떤 자료에 의하면, 전분(澱粉, starch) 함량이 높은 교목이 전류의 좋은 전도체이기 때문에 가장 감수성이

그림 5.121. 벼락으로 인해 이 교목의 수피가 세로로 벗겨졌다(A). 어떤 경우에는, 상처가 목재 속으로 연장된다(B).

고, 기름함량이 높은 교목은 전도성이 낮기 때문에 감수성이 가장 낮다고 한다. 또한 심근성이고 부후 중인 교목이 천근성이고 건강한 교목보다 더 자주 벼락을 맞는 것 같다.

유사 장애

벼락 피해를 입은 교목의 가지 마름과 점진적인 쇠락은 뿌리병, 기계적인 뿌리 손상, 옥죄는 피해, 불리한 토양 조건과 같이 천천히 죽어가는 다른 장애와 혼동될 수 있다. 그러나 즉각적인 병징은 분명하여 일반적으로 다른 장애와 혼동되지 않는다.

그림 5.122. 벼락 피해에 이어 목재 부후균과 곤충이 침범할 수 있다.

진단

- 교목의 수고와 위치를 고려하라.
- 최근 벼락을 동반한 폭풍에 대한 기후 기록을 확인하라.
- 늙고 쇠락하는 교목에서는, 벼락 맞은 지점으로부터 지면에 이르기까지 목재의 결(grain)을 따라 독특한 홈을 찾아라.

표 5.26. 벼락을 가장 자주 그리고 가장 덜 맞는 교목

학명	일반명
가장 자주 맞는 교목	
Acer spp.	단풍나무류
Fraxinus spp.	물푸레나무류
Liriodendron tulipifera	튤립나무
Picea spp.	가문비나무류
Pinus spp.	소나무류
Platanus spp.	버즘나무류
Populus spp.	사시나무류
Quercus spp.	참나무류
Tsuga spp.	솔송나무류
Ulmus spp.	느릅나무류
가장 덜 맞는 교목	
Aesculus hippocastanum	칠엽수
Betula spp.	자작나무류
Fagus spp.	너도밤나무류

출처: Cripe 1978.

감수성 종과 내성 종

표 5.26 참고.

교정

벼락 맞은 교목에 대한 처리는 안전을 위한 전정과 청소로 제한하는 것이 좋다. 더 이상의 노력은 해당 교목의 생존 여부와 이의 상태에 달렸다. 벼락을 맞은 직후에, 느슨한 수피는 압정으로 제자리에 고정시키고 건조하지 않도록 수분을 유지하라. 벼락 맞은 교목은 유효한 재배 작업, 특히 적절한 관수로 활력을 높여주어라. 죽은 가지는 전정하거나 제거하여 잠재적인 위험을 줄여라. 벼락 피해로부터 보호하기 위해 교목 내 구리 케이블을 수간을 따라 아래로 내린 다음 토양을 통과시켜 접지막대(grounding rod)에 연결시키는 피뢰침(避雷針, lightning rod)을 설치할 수 있다. 수목관리산업협회(TCIA, Tree Care Industry Association; http://www.tcia.org/)와 전국소방협회(National Fire Protection Association; http://www.nfpa.org/)에서 이러한 시스템에 대한 표준을 발행하고 있다.

우박 피해

그림 5.123. 이 쪽동백나무(*Styrax obassia*)의 잎은 버지니아의 우박폭풍이 부는 동안 찢어지고 너덜너덜해졌다.

그림 5.124. 싱싱한 잎에는, 이 용설란(*Agave americana*)에서 보는 바와 같이, 위쪽 표면이 벗겨지고 파인 것처럼 나타난다.

우박(hail)은 잎에 피해를 유발하지만, 심하면 우박 알갱이(hailstone)가 가지를 파손시키거나 교목과 관목의 수피에 피해를 줄 수도 있다.

병징

우박 피해 병징은 우박 알갱이의 크기와 양, 피해를 입은 식물 종에 따라 즉시 또는 2,3일 내에 나타난다. 병징은 일반적으로 찢어지고 너덜너덜해진 잎(**그림 5.123**)과 잎 표면의 벗겨짐과 파임이다(**그림 5.124**). 잔가지는 부러질 수 있고, 수피는 상처가 생기고, 벗겨질 수 있다(**그림 5.125**). 수피에 생긴 우박 상처는 일반적으로 타원형이고 길이는 2.5 cm(1인치)에서 10 cm(4인치) 이상에 이르기까지 차이가 크다. 우박 상처는 가지의 위쪽 면과 식물의 폭풍에 면하는 쪽에 발생한다. 우박 상처가 합쳐지면 줄기의 한 쪽에 있는 수피를 전부 죽일 수도 있다. 상처로 인해 조직이 건조해지면 잔가지와 가지가 죽을 수도 있다. 수피 피해는, 특히 해당 상처가 빨리 유합되지 않으면 부후 유발 곰팡이의 진입점(進入點, entry point)을 제공할 수도 있다. 우박 피해는 휴면기 동안에 발생하면 생육기 동안 발생한 경우보다 잔가지와 가지가 죽을 가능성이 더 높다. 식물 표면이나 주변에 쌓인 우박 알갱이는 저온 피해를 유발할 수도 있다(**그림 5.126**). 우박 폭풍이 지나간 지역의 모든 종은, 병징의 심각성은 종에 따라 차이가 있지만, 비슷한 병징을 나타낸다.

발생

캘리포니아에서는 우박 폭풍이 발생하긴 하지만 조경 식물에 대한 피해는 일반적으로 발견되지 않고 있다.

유사 장애

특정 궤양병이 우박 피해와 비슷한 수피 손상을 만들 수 있다. 그러나 이러한 궤양은 가지에 무작위로 발생하는 데 비해, 우박 피해는 해당 가지의 위쪽 면에만 발생한다.

그림 5.125. 이 감귤 가지에 나타난 작은 상처자국은 우박에 의해 초래되었다.

진단

우박 폭풍이 발생했다는 것을 확인하기 위해 기후 기록을 점검하라. 경관에 있는 모든 식물을 대상으로 병징을 점검하라.

교정

우박 피해를 입은 교목은 유효한 재배 작업, 특히 적절한 관수로 활력을 높여주어라.

그림 5.126. 이 용설란의 잎 기부(A)나 낮게 자라는 지피식물(B)에 쌓인 우박 알갱이는 노출된 조직에 저온 피해를 유발할 수도 있다.

옥죄고 꺾인 뿌리 피해

옥죄는 뿌리(girdling root)는 수간이나 다른 뿌리를 에워싸는 것이고(**그림 5.127**), 꺾인 뿌리(kinked root)는 90° 이상 급격하게 휘는 것이다(**그림 5.128**). 두 결함은 용기나 노지에서 자란 교목의 건강과 구조적인 안정성에 영향을 미칠 수 있다. 이들 결함의 심각성은 이들의 위치(뿌리 시스템에서)와 영향을 받지 않는 뿌리 시스템의 크기에 의해 결정된다. 심각한 결함은 교목의 쇠락과 구조적인 파손을 초래할 수도 있다(**그림 5.129**).

발생

식물을 생산하는 과정 중에 파종상이나 용기에 의해 강요된 뿌리를 뻗을 공간의 제한이 꺾이거나 옥죄는 뿌리로 유도할 수 있다. 용기 측면에 의해 막히면 뿌리는 용기 둘레를 돌고 가로지르도록 방향이 바뀌어 꺾이거나 맴도는 뿌리(circling root)를 형성하게 된다(**그림 5.130**).

옥죄는 뿌리는 측근(側根, lateral root)이 일차뿌리(一次-, primary root)에 직각으로 발달할 때 형성된다. 수간이나 다른 뿌리에 근접하여 발생하면, 굵어지는 옥죄는 뿌리는 줄기나 뿌리를 죄어 직경 생장을 제한하고 목부와 사부 통도를 감소시킨다(**그림 5.131**). 어떤 경우에는, 식재 후 오랜 기간이 지날 때까지 나타나지 않을 수도 있다.

꺾인 뿌리는 어린 교목이 파종상이나 농장 용기에서 이식되는 생산 단계에 발달한다. 뿌리가 조심스럽게 펼쳐지지 않거나 이식이 지연되어 뿌리가 파종상의 바닥과 접촉하면 꺾임이 발생한다.

그림 5.127. 옥죄거나 맴도는 뿌리는 수간이나 구조적인 뿌리를 둘러싼다. 여기서 옥죄는 뿌리 때문에 수간 발달이 제한될 것이다.

그림 5.128. 급하게 휘어진(90° 이상) 뿌리는 꺾인 것으로 간주된다. 꺾인 뿌리는 교목이 더 크게 되면 충분한 구조적 지지를 제공하지 못한다. 이 느릅나무의 뿌리 시스템에서 몇 개의 꺾인 뿌리가 보인다.

그림 5.129. 이 이태리돌소나무(*Pinus pinea*)의 옥죄는 뿌리는 폭풍이 불 때 넘어지는 피해를 유발했다(A). 옥죄는 뿌리가 수간의 목재 발달을 심각하게 제한했다(B).

그림 5.130. 용기에서 자란 식물은 가끔 맴도는 뿌리를 발달시킨다. 여기서, 맴도는 뿌리는 한 지점에서 용기의 크기를 나타내고 있고, 새로운 뿌리는 근분으로부터 바깥쪽으로 발달했다.

병징

옥죄거나 꺾인 뿌리의 병징은 어린 양묘장 수목이나 성숙된 교목에서 발생할 수 있다. 심각한 결함을 가진 교목은 식재할 때 병징을 보이며 일반적으로 성숙할 때까지 생존하지 못한다. 어떤 교목이 90° 이상 꺾인 뿌리를 가지고 있고, 근분의 20% 미만이 이 꺾인 지점 바깥에서 발생한 뿌리인 경우, 해당 교목은 지지하는 지주가 제거되면 일반적으로 토양 라인(soil line)에서 넘어질 것이다(**그림 5.132**).

맴도는 뿌리를 가진 어린 교목은, 수간이 근분과 무관하게 움직일 수 있기 때문에, 해당 교목은 지주가 제거되면 토양 라인에서 넘어질 수 있다.

옥죔은 뿌리와 줄기의 직경생장(直徑生長, caliper growth)을 감소시킨다. 수간 조직이 압박되어 압박된 부위 바로 위가 볼록하게 솟아오르게 될 것이다. 사부운반(篩部運搬, phloem transport)이 느려져서 식물 전체가 약화되고 활력이 서서히 쇠락한다. 피해 교목은 가을에 다른 교목보다 더 일찍 단풍이 들고 낙엽이 지기 쉽다.

그림 5.131. 이 미국느릅나무의 옥죄는 뿌리는 수간의 발달을 제한하여 구조적인 강도를 약화시킬 것이다.

그림 5.132. 옥죄거나 꺾인 뿌리를 가진 어린 교목은 지주가 제거되면 토양 라인에서 넘어지기 쉽다.

그림 5.133. 옥죄는 뿌리는 가끔 지표면이나 그 근처에서 발달한다. 옥죄는 뿌리가 지하에 존재하는가를 확인하기 위해서 근관(根冠, root crown) 조사를 실시할 수 있다.

원인

꺾임과 옥죔은 전형적으로 그릇된 농장 작업에 기인한다: 빨리 자라는 종을 충분히 일찍 이식하지 않거나, 이식할 때 뿌리 시스템을 새로운 용기에 적절하게 위치시키지 않은 경우. 더 큰 용기로 식물을 이식할 때마다, 옥죄거나 꺾인 뿌리를 발달시킬 수 있다. 옥죄거나 꺾임은 이들이 줄기 가까이나 근분의 한가운데에서 발달할 때 교목에 가장 해롭다. 이들 결함은 일차뿌리에 영향을 미쳐 교정하면 해당 교목을 약화시킬 수 있기 때문에 식재할 때 교정할 수 없다. 근분 둘레를 따라 발달한 옥죄는 뿌리는 일반적으로 문제가 아니어서 식재할 때 바로잡을 수 있다.

옥죄는 뿌리는 전형적으로 식재 후 3~15년이 지나서 경관에서 자연적으로 발달할 수 있다. 이식할 때 뿌리가 절단되면 수간 가까이로 발달할 수 있는 주근(主根, main root)과 90° 각도를 이루는 측근을 발달시킬 수 있다. 이들이 점점 굵어짐에 따라 옥죄는 뿌리 위의 수간을 압박한다. 지표면에 젖거나 그늘진 수피를 가진 교목과 답압된 토양에 식재된 교목도 옥죄는 뿌리를 발달시키는 경향이 있다. 답압되고 반들거리는 식재 구덩이의 측면도 옥죄는 뿌리 발달을 조장할 수 있다.

유사 장애

옥죄고 꺾인 뿌리로 인한 병징은 부진한 생장, 불량한 색상, 조기 낙엽, 어떤 경우에는 고착 불량 등이다. 이러한 병징은 옥죔이나 꺾임으로 인한 통기 불량, 수분 부족, 뿌리병에 의해 초래된다.

진단

의심되는 꺾이거나 옥죄는 뿌리를 진단하기 위해서는 뿌리층을 조사해야 한다. 옥죄는 뿌리는 전형적으로 지표면 또는 지표면 가까이에 있다(**그림 5.133**). 근원 둘레를 조심스럽게 파고 수간을 맴도는 뿌리와 수간 직경이 움푹 들어갔거나 감소된 곳을 찾아라. 해당 수목의 기부가 퍼져 있으면 옥죄는 뿌리가 있을 가능성이 낮다. 가능하면 수간으로부터 방사상으로 주근을 조사하여 꺾이거나 옥죄는 뿌리를 찾아보라.

감수성 종과 내성 종

속성수(速成樹, fast-growing tree)와 직근(直根, tap root)을 뻗는 종이 옥죄고 꺾인 뿌리를 형성하기 쉽다. 지금까지의 실험에 의하면, 느릅나무류(*Ulmus* spp.), 단풍나무류(*Acer* spp.), 참나무류(*Quercus* spp.), 소나무류(*Pinus* spp.)가 옥죄는 뿌리를 발달시키는 것으로 관찰되었다.

그림 5.134. 용기묘는, 근분의 바깥에서 맴돌거나 꺾인 뿌리가 있으면 식재하기 전에 절단하거나 곧게 펴주어야 한다.

교정

예방이 우선이다. 식재하기 전에 뿌리 결함을 확인하기 위해 교목을 점검하라. 심하게 꺾이거나 옥죄는 뿌리를 가진 교목은 식재하지 마라. 부정근 발달을 최소화하기 위해서는 수간 기부 주변에 토양을 쌓지 않아야 한다. 근원으로부터 뿌리를 점검하고 문제가 될 뿌리는 제거하라.

옥죄는 뿌리의 위치와 심각성은 피해 교정이 가능한지와 얼마나 교정해야 하는가를 결정한다. 수간이 지면과 만나는 지점이나 줄기 가까이 중심에서 맴도는 뿌리가 뿌리 시스템의 80%를 초과하면 그 교목은 천천히 자랄 가능성이 높고 결국은 죽을 것이다. 만약 뿌리가 근분의 둘레를 맴돌고 있으면, 식재할 때 바로잡을 수 있을 것이다(**그림 5.134**).

옥죄는 뿌리는 이들이 부착된 수간이나 뿌리에서 절단한 다음 다시 옥죄는 지점으로부터 멀리 절단하는 것이 좋다. 만약 뿌리가 수간에 접목되었다면, 이들은 그대로 두어야 한다. 그렇지 않으면, 옥죄는 부위를 따라 중간에서 해당 뿌리 직경의 절반에 해당하는 V자형 노치(notch) 절단을 하라. 노치를 낸 뿌리는 해당 수목의 지상부에 수분 공급을 계속하겠지만, 수간이 굵어짐에 따라 해당 뿌리는 노치에서 파손되어 제거될 수 있다.

기계적 상해

기계적 상해(機械的傷害, mechanical injury)에는 마찰(摩擦, rubbing), 절단(切斷, cutting), 찢어짐(shredding), 조임(constricting), 파쇄(破碎, crushing), 천공(穿孔, puncturing) 등이 있다. 이를 유발하는 요인은 매우 다양하다: 자재(지주, 결속, 밧줄, 볼트, 지지대, 보호 틀, 주입 장치 등) (**그림 5.135**), 장비(구굴기/溝掘機, trencher; 예초기; 잔디깎기 기계; 톱; 정원 도구 등), 차량(차, 트럭, 트랙터, 굴착기, 캐터필러, 적재기 등), 인간(반달리즘), 기타 작인(고압 관수 스프레이, 골프 공, 수목 스파이크, 조각이나 새김 등) (**그림 5.136**). 동물(다람쥐, 사슴, 딱따구리, 수액빨리딱따구리, 개, 뒤쥐, 소 등)에 의해 초래되는 기계적 상해는 생물적 장애인 척추동물 피해로 간주된다.

그림 5.135. 지주 자재가 종종 어린 교목에 기계적 상해를 유발한다. 이 수목은 결속을 너무 단단하게 맨 상태로 너무 오래 방치하였다(A). 아이(eye) 볼트가 심각한 기계적 상해를 유발할 수 있다(B).

병징

기계적 상해의 심각성은 사소한 상처에서 전체 식물의 죽음에 이르기까지 광범위 하다. 그리고 식물의 모든 부위가 피해를 입을 수 있다. 전형적으로, 수간과 가지의 수피와 수피 아래에 있는 조직이 피해를 입는데, 수피의 일부가 제거되고, 벗겨지고, 심하게 조이게 된다. 손상이 줄기를 에워싸거나 띠를 이루면, 물, 양분, 광합성 산물(光合成産物, photosynthate)의 운반이 가로막히게 된다(**그림 5.137**). 뿌리의 기계적 손상이나 제거는 유관속 운반(維管束運搬, vascular transport)과 구조적 안정성(構造的安定性, structural stability) 모두에 심각한 영향을 미칠 수 있다. 가끔 기계적인 손상을 입은 식물은 나무좀, 목재 천공성 곤충, 목재 부후나 궤양균에 의한 추가적인 피해를 입기 쉽다. 식물의 상태, 크기, 연중 시기 등이 기계적 상처로부터 회복하는 잠재력에 영향을 미친다.

병징은 상처가 발생한 시기, 위치, 정도에 따라 차이가 있다. 손상이 봄이나 이른 여름에 발생하면, 수피가 미끄러지듯 벗겨지거나(slip) 쉽게 떨어져 나갈 것이다. 수피가 크게 제거되고 손상되고 조이면 시듦, 생장 부진, 조기 낙엽, 잎 변색 등의 병징이 나타난다. 소교목은 예초기와 잔디깎기 기계에 의해 이러한 방법으로 심각한 피해를 입을 수 있다(**그림 5.138**).

옥죄는 자재(밧줄, 철사, 결속 등)는, 옥죄는 윗부분이 상대적으로 굵고 아래는 가는, 수간 직경의 굵기 차이를 유발할 수 있다(**그림 5.139**). 이로 인해 수관에 나타나는 병징은 황백화, 느린 생장, 낙엽(수관 성김) 등이다. 옥죔이 심각하면 해당 수간이나 가지가 부러질 수도 있다.

그림 5.136. 기계적 상해는 다양한 형태로 나타날 수 있다. 여기서 골프공이 이 교목에 심각한 상해를 유발하였다(A). 고압의 관개수두(灌漑水頭, irrigation head)가 교목에 직접 닿으면 수피 손상이 발생할 수 있다(B).

그림 5.137. 이 런던버즘나무 둘레에 설치된 금속 고리는 수간 생장을 제한하고 수관 발달을 방해하여 구조적인 안정성을 약화시킬 것이다.

그림 5.138. 기계적 상해가 수간이나 줄기 전체를 에워싸면, 물과 양분의 운반이 차단되어 활력이 떨어진다. 여기서는, 예초기가 수간의 기부에서 수피의 대부분을 제거하였다.

그림 5.139. 수목에 남겨진 결속은 수간 발달을 제한할 수 있다. 이 라디아타소나무의 직경 생장은 결속 위가 아래보다 더 굵게 되었다. 이런 형태의 기계적 상해는 구조적인 강도를 약화시키고 파손 가능성을 높인다.

그림 5.140. 뿌리에 대한 기계적 상해는 치명적일 수 있다. 이 레드우드는 인접한 집과 경계 벽을 설치하는 동안 발생한 뿌리 절단으로 인해 죽었다(A). 이 태산목은 하수관 교체 공사 중에 뿌리의 75% 이상이 제거되어 광범위한 낙엽과 가지 마름이 나타났다(B).

그림 5.141. 공사 활동으로 인한 뿌리 피해는 진단하기 어려울 수 있다. 충격은 병징이 나타나기 몇 년 전에 발생했다. 이 계곡참나무는 인근 건물과 주차장 공사 후 몇 년 뒤에 쇠락하였다.

뿌리에 대한 기계적 상해는 식물에 심각한 피해를 줄 수 있다(**그림 5.140**). 뿌리가 절단(예, 도랑 파기)되면 교목이나 관목이 급속하게 쇠락하여 죽을 수 있다. 피해를 입었지만 죽지 않은 식물은 활력이 불량하고, 조기 낙엽, 이차적인 병해충에 의한 피해 등을 보일 수 있다. 많은 경우, 뿌리 피해를 입어도 몇 년 동안은 해당 수목 지상부의 피해나 죽음이 나타나지 않을 수도 있다(**그림 5.141**). 직경이 굵은 뿌리가 절단되면, 구조적인 지지(고착)가 훼손될 것이다(**그림 5.142**).

경사 변경(grade change), 특히 경사가 낮춰지면, 이 과정에서 많은 뿌리가 절단되기 때문에 뿌리를 손상시킬 수 있다. 이로 인해 활력 불량, 전반적인 쇠락 등의 병징이 발생한다. 뿌리 절단으로 인한 쇠락은, 병징이 바로 나타나지 않고 해당 지역을 파보지 않으면 뿌리 손상을 쉽게 관찰할 수 없기 때문에, 진단하기 어려울 수도 있다.

반달리즘(vandalism; 식물 부위에 대한 의도적인 손상)은 도시지역에서 흔하고 다양한 형태를 보인다. 전형적으로 가지와 줄기를 부러뜨린다(**그림 5.143**). 어떤 경우에는, 수간 수피의 일부가 제거되고, 해당 수목이 환상박피 된다(**그림 5.144**). 어린 교목이 가장 큰 피해를 받는다.

유사 장애

기계적 상해는 옥죄고 꺾인 뿌리, 수분 부족, 통기 불량, 뿌리병과 궤양병, 나무좀 피해, 바람 피해,

그림 5.142. 뿌리 손실은 고착력과 교목의 안정성을 약화시킬 수 있다. 이 라디아타소나무는 뿌리가 절단된 후 겨울 폭풍으로 뿌리가 뽑혔다.

그림 5.143. 반달리즘은 인간에 의한 의도적인 기계적 손상이다. 이 어린 태산목은 반달리즘 피해로 교체될 필요가 있다.

영양 결핍 등에 의해 유발되는 것과 비슷한 병징을 나타낸다.

진단

대부분의 경우, 기계적 상해는 진단하기 어렵지 않다. 수간과 가지에 대한 물리적 상해는 일반적으로 뚜렷하다.

- 수피의 상해를 점검하라(제거, 찢어짐, 마찰, 벗겨짐).
- 자재(결속, 밧줄, 볼트 등)가 부착되어 있으면, 수피와 내부 조직에 대한 피해를 평가하라. 자재가 수피와 목재에 박혀 있는가? 해당 자재 위의 줄기 직경이 더 굵은가를 확인하라.
- 해당 식물의 위치를 고려하여 차량 피해 가능성을 확인하라.
- 해당 부지의 이력을 조사하여 피해 식물 주변에서 사용된 장비의 유형을 확인하라. 교목들이 잔디깎기 기계나 예초기로부터 보호되고 있는가? 관수 시스템이 피해를 유발하고 있는가?
- 뿌리에 대한 기계적 상해는, 특히 피해가 병징이 나타나기 몇 달이나 몇 년 전에 발생했으면, 진단하기 어렵다. 이 상해의 유형은 가끔 공사나 개발과 관련이 있다. 뿌리에 대한 기계적 상해를 확인하기 위해서는 일반적으로 굴착할 필요가 있다. 이를 위해서는 공기 굴착 장비가 유용하다.

감수성 종과 내성 종

모든 종의 교목과 관목이 기계적 상해를 입을 수 있지만, 일부 종은 다른 종에 비해 더 잘 견딘다. 코르크참나무(*Quercus suber*)와 같이 두껍고 푹신한 수피를 가진 교목은 쉽게 손상되는 부드럽고 얇은 수피를 가진 교목보다 내성이 더 강하다.

교정

결속, 밧줄, 기타 자재가 해당 줄기를 옥죄면, 가능한 경우 해당 자재를 제거하라. 해당 자재들이 박혀있으면, 해당 식물이 장애물 위로 자랄 수 있도록 해당 줄기 주위 몇 군데에서 이를 잘라주어라. 교목의 지상부가 부러진 경우, 피해 부위 아래에서 새로운 생장이 발달하면 부러진 부분은 제거하라. 이때 골격지(骨格枝, scaffold limb)를 재구축하거나 새로운 중앙 주지(主枝, leader)를 선발할 필요가 있다. 기계적 상해의 원천으로부터 교목을 보호하라.

- 보호용 지주를 설치하라.
- 지지용 지주와 자재는 더 이상 불필요하면 제거하라.
- 각 교목과 관목 주위에 식생이 없는 지역을 유지하라.
- 예초기를 사용하는 경우, 해당 교목 기부 주변에 보호용 슬리브(sleeve)를 설치하라. 교목은 차나 다른 차량이 우발적으로 피해를 주지 않는 곳에 식재하라.
- 공사 중에는 튼튼한 울타리를 설치하여 교목을 보호하라.
- 반달리즘이 발생할 수 있는 곳에서는 보호망을 사용하라.
- 정기적인 수간이나 근원 주사를 피하라. 특히 느릅나무류(*Ulmus* spp.), 솔송나무류(*Tsuga* spp.), 목련류(*Magnolia* spp.), 단풍나무류(*Acer* spp.), 뽕나무류(*Morus* spp.), 참나무류(*Quercus* spp.), 사시나무류(*Populus* spp.), 튤립나무(*Liriodendron tulipifere*)와 수피가 얇은 종과 같이 세균성 습재(濕材, wetwood)에 걸리기 쉬운 종인 경우.
- 교목 특히 수피가 얇은 교목을 등반할 때 교목 스파이크(spike) 사용을 피하라.
- 뿌리를 가로지르는 도랑굴착을 피하라. 도랑굴착을 해야 한다면, 도랑을 수간에 직각이 아닌 수간으로부터 방사상으로 굴착함으로써 뿌리 손상을 줄여라. 낙수선(落水線, dripline) 바깥에서 시작하여 직경 2.5 cm 이상의 뿌리가 나올 때까지 안쪽으로 이동하라.
- 어린 교목에는 지주나 당김줄을 올바르게 설치하고 결속이나 다른 자재에 의한 피해가 발생하지 않도록 자주 점검하라.
- 마찰 피해가 발생하지 않도록 지주를 짧게 하라.

그림 5.144. 반달리즘은 치명적일 수 있다. 이 뽕나무는 수관을 환상박피한 파괴자에 의해 죽었다(A). 교목 수간 주위로부터 수피의 일부를 제거하면 가끔 치명적이다(B).

접목 불친화 피해

접목접착부(接木接着部, graft union) 이상에는 접목할 때 대목(臺木, stock)과 접수(接穗, scion)가 접합하지 못하는 것과, 지연이나 부분 불친화(部分不親和, partial incompatibility)라고 부르는 상태인 대목과 접수 조직의 부분적인 결합이 있다.

일부 부분 불친화의 경우에는, 대목과 접수가 유상조직(癒傷組織, callus tissue)은 접합되었지만 통도조직(通導組織, conducting tissue)은 접합되지 않아 해당 식물이 오래 살지 못하게 된다. 다른 경우에는, 대목과 접수가 목부(木部, xylem) 조직은 접합되었지만 사부(篩部, phloem) 조직이 접합되지 않아 대목이 서서히 굶어 죽는다. 또 다른 경우에는, 대목과 접수의 목부 조직에 대한 연결생장(連結生長, interlocking growth)이 발생하지 않아 접착이 약해 해당 수목은 쉽게 부러지게 된다.

병징

접목할 때 대목과 접수가 결합하지 못하면 그 식물은 죽는다. 부분적인 접목 불친화에는 몇 가지 병징이 있다. 대목과 접수가 다른 속도로 자라거나 서로 다른 시기에 생장을 시작하면 봄철 접수의 생장이 불규칙할 수 있다(**그림 5.145**). 식물은 부분적인 접목 불친화로 인해 생장 부진, 황백화, 조기 단풍과 낙엽, 전반적인 활력 저하 등과 같은 다양한 생리적 스트레스 병징에 시달릴 수도 있다(**그림 5.146**). 식물은 정상보다 더 많은 꽃과 열매를 생산할 수도 있다. 접목접착부의 위, 아래, 또는 그 부위가 부풀어 오르거나 목재조직의 과잉 생장이 있을 수도, 대목으로부터 새로운 생장이 발생할 수도 있다(**그림 5.147**). 어떤 경우에는, 스트레스가 축적되어 접수(또는 식물 전체)가 결국 죽는다. 부분적인 접목 불친화에 시달리는 식물은 또한 접목접착부에서 부러질 수도 있다.

그림 5.145. 모데스토물푸레(*Fraxinus velutina* var. *glabra* 'Modesta')의 부분적 접목 불친화(과잉 생장)가 대목인 녹색물푸레(*Fraxinus velutina* var. *glabra*) 위에 발생했다.

그림 5.146. 부분 접목 불친화는 이 야우드버즘나무(*Platanus acerifolia* 'Yawood')의 쇠락을 초래했다.

발생

부분적 접목 불친화는 상대적으로 흔하지 않지만, 가끔 아접(芽接, budding)된 조경수에서 발생한다. 런던버즘나무(*Platanus acerifolia*) 대목에 아접된 야우드버즘나무(*Platanus acerifolia* 'Yarwood')와 녹색물푸레(*Fraxinus pennsylvanica* var. *lanceolata*) 대목에 아접된 모데스토물푸레(*Fraxinus pennsylvanica* var. *lanceolata* 'Modesto')가 그 예이다.

유사 장애

옥죄는 뿌리, 병, 뿌리 전정, 토양 답압, 불리한 토양 온도, 통기 불량, 배수 불량 등을 포함한 뿌리 시스템을 손상시키는 것은 모두 부분적인 접목 불친화와 비슷한 병징을 나타낼 수 있다. 수관의 기계적인 환상박피도 비슷한 병징을 유발할 수 있다.

진단

해당 교목이 아접 또는 접목되었는지를 확인하는 것으로부터 시작하라. 또한 부진한 생장과 조기 단풍도 찾아보라. 부분적 접목 불친화는 대목에 나타난 접수의 뚜렷한 목재 과잉생장을 통해 쉽게 진단할 수 있는 경우도 있다.

교정

접목 불친화 피해가 나타난 비싼 교목은 가지 접(in-arch grafting)으로 구제할 수도 있다(Hartman and Kester 1975 참조). 대부분의 경우, 해당 교목은 제거하는 것이 좋다.

그림 5.147. 야우드버즘나무(*Platanus acerifolia* 'Yawood')의 부분 접목 불친화로 인해 대목에 맹아가 발생했다.

제초제 식물 독성 피해

경관의 잡초를 방제하기 위해 사용되는 제초제(除草劑, herbicides)가 때로는 조경 식물에 피해를 준다. 피해는 일반적으로 민감한 비표적식물(非標的植物, nontarget plant)에 제초제를 사용하거나, 적용 비율을 높이거나, 부주의하게 적용하는(예, 바람이 불 때 살포하는 것) 것과 같이 라벨의 사용법에 따라 사용하지 않아서 초래된다.

가끔, 해당 제초제나 해당 제초제 계통의 동정은 피해 병징에 의해 확인될 수 있다. 병징은 다섯 가지 주된 범주로 구분할 수 있다: 뿌리와 줄기의 발육 장애, 잎 황백화, 잎 괴사, 잎 반점, 잎과 줄기의 기형(奇形, malformation).

제초제 식물 독성 진단

제초제 식물 독성을 진단할 때, 해당 피해 식물이 정상적으로는 어떻게 보여야 하는가를 아는 것이 중요하다: 예를 들면, 특정 제초제는 어떤 조경 식물 종에게 흔한 얼룩과 비슷한 잎 병징을 나타낸다. 또한 잡초를 포함한 주변의 식물을 자세히 관찰하면 해당 제조제가 어디에 적용되었고 해당 피해가 공기 비산(空氣飛散, aerial drift)인지 뿌리 흡수인지를 입증하는 데 도움이 될 것이다: 예를 들면, 괴사성 잎 반점, 특히 같은 나이의 잎에 생긴 경우 발아 후 접촉성 제초제의 공기비산을 나타낸다. 엽맥 사이 황백화와 가장자리 괴사, 특히 어떤 교목 한 쪽의 오래된 잎에 나타난 경우, 발아 전 이행성 제초제에 의해 유발된 피해를 나타낸다. 병징은 가끔 해당 수목에서 발아전 제초제가 적용된 쪽에서 시작된다.

식물 독성 병징을 보이는 식물의 부근에서 적용된 제초제가 무엇인가를 조사하라. 예를 들면, 제초제가 광엽잡초(廣葉雜草, broadleaf weed)를 방제하기 위해 잔디밭에 사용되었는지, 잡초 생장을 방지하기 위해 인근 차도에 뿌렸는지를 찾아내고, 그렇다면 어떤 제초제인가를 확인하라. 제초제 사용에 관한 최근 이력이 병징 관찰로 발생한 의문을 확인시켜줄 것이다.

또한 사용되었거나 의심되는 제초제의 작용양식(作用樣式, mode of action)에 익숙해라. 이는 정확한 진단을 하는 데 도움이 되고 해당 피해를 교정하기 위해 어떤 조치를 취해야 할지를 결정하는 데 필요하다. 그러나 특히 새로이 식재된 교목이 장기간 토양잔류(土壤殘留, soil-residual) 제초제에 의해 피해를 입거나, 식물이 먼 곳에서 표류해온 제초제 분무에 의해 피해를 입거나, 피해가 부주의에 의해 유발되었을 때에는 가끔 식물 독성을 유발하는 제초제를 동정하는 것이 어려울 수도 있다.

제초제 피해를 진단하는데 도움을 받기 위해 토양과 잎 분석이 사용될 수도 있다. 토양 분석은 발아 전(토양에 적용된) 제초제에만 유용하다. 잎 분석은 이행성 제초제나 비산 피해에서처럼 잎 표면을 접촉하는 제초제를 탐지하는 데 유용할 수 있다. 제초제는 토양 내와 잎 표면에서 빠르게 약화되어 탐지할 수 있는 농도가 감소되기 때문에, 시료는 피해 발생 후 가능하면 신속하게 채취해야 한다. 일반적으로 의심되는 제초제의 이름과 함께 실험실에 보내는 것이 필요하다.

제초제는 토양 내에 식물 생장에 영향을 미치기에 충분한 농도로 존재하고 있지만 실험실의 최소 탐지 한도 이하일 수도 있다. 제초제 적용 시기, 양, 제초제의 반감기(半減期, half life) 등이 알려져 있으면 토양 내 예상 농도를 추정할 수 있다. 이 추정은 실험실 분석이 유익할 가능성이 있는가를 판단하는 최소 탐지한도와 비교될 수 있다.

전반적인 식생 관리를 위해 사용되는 일부 발아 전 제초제는, 특히 높은 농도로 적용하면, 몇 개월 동안 토양에 존속할 수 있다. 이러한 제초제에 의해 피해를 입은 식물이 있는 지역인 경우에는, 병징도 몇 개월 동안 지속될 것이다. 병징이 식물에 남아 있어도 토양 활성 농도는 피해를 유발하는 데 필요한 수준 이하로 떨어질 것이다. 토성(土性, soil texture)과 흡수 질(absorptive quality)의 차이는 제초제 활성에 크게 영향을 미친다. 사질토에서의 제초제 1 ppm 수준은 점토질 토양에서의 1 ppm보다 더 약효가 높다.

토양에 적용된 제초제로 인한 피해를 진단할 때, 검정식물(檢定植物, test plant)을 이용한 생물시험(生物試驗, bioassay)을 수행하는 것이 도움이 될 때도 있다. 제초제와 이의 농도에 따라 검정식물은 발육이 저해되거나, 뒤틀리거나, 죽을 것이다. 생물 검정은 식물의 병징이 제초제에 의한 것인지 다른 어떤 것에 의한 것인지를 확인하는 데 비용이 덜 드는 기술이다. 생물 검정을 수행하기 위해서는 다음 절차를 사용하라.

- 처리가 의심되는 곳과 처리되지 않은 것으로 알려진 곳에서 토심 0~5 cm, 5~10 cm, 10~15 cm으로부터 토양을 채취하라. 각 지역으로부터 2~3개 용기(종이컵/paper cup이나 작은 플라스틱 플라워 컵)의 토양을 채취하라. 극단적으로 잘 녹는 제초제가 의심되면 더 깊은 곳의 시료도 필요할 것이다.
- 처리된 토양과 미처리 토양에 감수성 종과 내성 종의 씨앗을 파종하라(지표 종은 **표 5.27**을 참고하라). 제초제에 감수성인 식물은 식물 독성 병징을 보이거나 죽을 것이다. 내성 식물은 피해를 덜 받거나 피해를 받지 않은 상태를 유지할 것이다. 어떤 제초제가 잔류하는가를 확인하는 데 도움이 되도록 하기 위해서는 하나 이상의 감수성 종을 사용하라.
- 적어도 20일 동안 양호한 재배 조건 하에서 해당 식물을 키워라. 이들에 과소 또는 과다 관수가 되지 않도록 주의하라.

표 5.27. 제초제 계열별 지표 식물

제초제 계열	화학명	상표명	내성 식물	감수성 식물
아릴유레아 (arylurea)	디우론(diuron) 테부티우론 (tebuthiuron)	카르멕스(Karmex) 스파이크(Spike)	개쑥갓(*Senecio vulgaris*) 귀리(*Avena sativa*)	사탕무(*Beta vulgaris*) 토마토(*Lycopersicon esculentum*)
벤조산 (benzoic acid)	디캄바(dicamba)	반벨(Banvel)	수수(*Sorghum vulgare*) 라이그래스(*Festuca* spp.)	알팔파(*Medicago sativa*) 강낭콩(*Phaseolus vulgaris*) 홍화(*Carthamus tinctorius*)
디니트로아닐린 (dinitroaniline)	베네핀(benefin) 오리잘린(oryzalin) 펜디메탈린 (pendimethalin) 프로디아민 (prodiamine)	발란(Balan) 설플란(Surflan) 펜둘럼(Pendulum), 프리엠(Pre-M), 프라울(Prowl) 바리케이드(Barricade), 엔듀런스(Endurance)	당근(*Daucus carota*) 목화(*Gossypium hirsutum*) 홍화(*Carthamus tinctorius*) 해바라기(*Helianthus annuus*) 토마토(*Lycopersicon esculentum*)	피(*Echinochloa crus-galli*) 기장(*Panicum miliaceum*) 수수(*Sorghum vulgare*) 귀리(*Avena sativa*) 사탕무(*Beta vulgaris saccharifera*)
니트릴(nitrile)	디클로베닐(dichlobenil)	카소론(Casoron), 다이클로멕(Dyclomec)	옥수수(*Zea mays*) 수수(*Sorghum vulgare*)	당근(*Daucus carota*)
피리다진 (pyridazine)	노르플루라존(norflurazon)	솔리캠(Solicam), 프리딕트(Predict)	박하(*Mentha* spp.) 비름류(*Amaranthus* spp.)	귀리(*Avena sativa*) 보리(*Hordeum vulgare*) 강낭콩(*Phaseolus vulgaris*) 옥수수(*Zea mays*)
티오카바메이트 (thiocarba-mate)	EPTC	엡탐 등(Eptam, others)	알팔파(*Medicago sativa*) 강낭콩(*Phaseolus vulgaris*)	보리(*Hordeum vulgare*) 수수(*Sorghum vulgare*)
트리아진 (triazines)	아트라진(atrazine) 시마진(simazine)	아트렉스 등(Aatrex, others) 프린셉 등(Princep, others)	옥수수(*Zea mays*) 바랭이(*Digitaria* spp.) 수수(*Sorghum vulgare*)	상추(*Lactuca sativa*) 사탕무(*Beta vulgaris saccharifera*) 토마토(*Lycopersicon esculentum*)
유라실(uracil)	브로마실(bromacil)	하이바(Hyvar)	감귤류(*Citrus* spp.) 박하(*Mentha* spp.)	감귤류와 박하를 제외한 모든 식물

출처: Lange, Elmore, and Saghir 1969.

- 처리가 의심되는 토양에서의 식물과 처리하지 않은 토양에서 자란 식물의 생장과 외관을 비교하여 내성 종과 감수성 종을 평가하라. 생장 위축, 황화나 기타 변색, 줄기의 뒤틀림, 잎과 뿌리의 팽창과 위축을 점검하라.

그림 5.148. 목화(*Gossypium hirsutum*) 실생묘의 측근 생장이 트리플루랄린 처리 토양의 위쪽 15 cm에서 억제되었다. 아래의 처리되지 않은 토양에서는 측근이 정상적으로 발달하고 있다.

그림 5.149. 목화 실생묘의 측근이 위쪽 15 cm에서는 정상적으로 자라지만, 아래쪽 트리플루랄린이 처리된 토양에서는 억제되었다.

뿌리와 신초의 생장 부진과 뒤틀림

병징

어떤 발아 전 제초제(發芽前除草劑, preemergence herbicide)는 뿌리와 신초의 생장 부진과 뒤틀림을 유발할 수 있다. 피해를 입은 뿌리는 짧고, 두꺼워지고, 끝이 부풀어 오른다. 이차 또는 측근의 생장이 억제되거나 지연된다(**그림 5.148~149**). 실생묘에서는, 나프로파마이드(napropamide) 같은 제초제는 뿌리와 신초의 생장 부진을 유발하지만 뿌리 끝은 굵어지지 않는다. 오리잘린(oryzalin), 아이속사벤(isoxaben), 트리플루랄린(trifluralin) 같은 제초제는 뿌리 끝이 커져서 공 모양 구조가 되고, 신초는 생장이 부진하고, 측근이 발달하지 않고, 어떤 식물 종에서는 잎도 흉하게 변형된다. 실생묘에서는, 줄기가 지표면이나 그 위에서 부풀어 오를 수 있다. 피해 식물은 정상으로 보이지만 생장이 부진한 뿌리 시스템으로 인해 필요한 수분을 흡수하지 못함에 따라 더 쉽게 시들 것이다. 일부 활착된 목본 식물에서도, 어떤 발아 전 제초제는 줄기가 굵어져서 부러지기 쉽게 만드는데, 예를 들면 오리잘린이 라디아타소나무에, 프로디아민(prodiamine)이 전나무류(*Abies* spp.)에 작용하는 경우이다.

발생

뿌리와 신초의 생장 부진과 뒤틀림을 유발할 수 있는 발아전 제초제는 다음과 같다(**표 5.28** 참조).

- 베네핀(benefin)
- 디티오피르(dithiopyr)
- 아이속사벤(isoxaben; 광엽식물의 생장만 위축시킴, 잔디는 아님)
- 오리잘린(oryzalin)
- 펜디메탈린(pendimethalin)
- 프로디아민(prodiamine)
- 트리플루랄린(trifluralin; 광엽 식물보다 잔디에 더 크게 영향을 미침)

피해는, 실생묘나 뿌리 발달이 미숙한 어린 식물이나 어린 농장 묘목에 제초제를 과도하게 적용하거나, 뿌리층으로 너무 깊게 혼합했을 때 발생한다. 잘 발달된 뿌리를 가진 활착된 식물은 전형적으로 이들 제초제의 높은 농도에도 견딜 수 있다. 발아전 제초제를 처리한 토양에 식재된 지피 식물은 피해를 입을 것이다. 뿌리가 없이 식재되는 막사국류(*Carpobrotus* spp.)는 특히 그러하여, 발근은 해당 제초제가 분해될 때까지 약 3개월 동안 억제될 것이다. 대부분의 경우, 뿌리 생육 부진은 토양의 위쪽 2.5~5 cm에서 주로 발생한다.

표 5.28. 뿌리와 신초 생장 부진과 뒤틀림을 유발할 수 있는 제초제

제초제 계열	화학명	상표명
	발아 전	
아미드(amide)	메톨라클로르(metolachlor) 나프로파미드(napropamide)	페넌트(Pennant) 데브리놀(Devrinol)
벤즈아미드 (benzamide)	아이속사벤(isoxaben)	갤러리(Gallery)
디니트로아닐린 (dinitroaniline)	베네핀(benefin) 오리잘린(oryzalin) 오리잘린+옥시플루오르펜 (oryzalin + oxyfluorfen) 펜디메탈린(pendimethalin) 프로디아민(prodiamine) 트리플루랄린(trifluralin)	발란(Balan) 설플란(Surflan) 라우트(Rout) 펜둘럼(Pendulum), 프리엠(Pre-M), 프라울(Prowl) 바리케이드(Barricade), 엔듀런스(Endurance) 트레플란 등(Treflan, others)
피리딘(pyridine)	디티오피르(dithiopyr)	디멘죤(Dimension)
티오카바메이트 (thiocarbamate)	EPTC DCPA	엡탐 등(Eptam, others) 닥탈(Dachtal)
	발아 후	
설포닐유레아 (sulfonylurea)	할로설퍼론(halosulfuron)	매니지(Manage)

그림 5.150. 사마진(simazine)에 의해 유발된 미국풍나무(*Liquidambar styraciflua*) 잎의 엽맥 사이 황백화.

유사 장애

식물 기생 선충(線蟲, nematode)이 뿌리 시스템의 생장을 억제하고 부풀게 하며, 토양 전파성(soil-borne) 병도 뿌리 발달을 제약할 수 있다. 알루미늄 독성도 뿌리 생장 위축을 초래할 수 있다. 토양 답압은 뿌리 발달을 감소시키지만 뿌리 털이나 측근의 발달을 방해하지는 않는다.

교정

활성탄(活性炭, activated charcoal)을 토양에 혼합하면 특정 발아 전 제초제를 흡수하여 제거할 수 있다. 퇴비나 거름(manure)과 같은 유기물도 특정 발아 전 제초제를 흡수할 수 있다. 유익한 재배 작업, 특히 올바른 관수 작업으로 제초제 피해를 입은 식물의 활력을 향상시켜라. 약화된 식물의 활력을 높이기 위해 과도한 관수나 시비는 하지 마라. 녹기 쉬운 제초제는 용탈을 통해 토양에서 제거될 수 있지만, 식물 피해가 늘어날 가능성이 있다.

잎 황백화: 잎 가장자리, 엽맥, 엽맥 사이, 전체, 또는 얼룩

병징

특정 발아 전 이행성 제초제(移行性除草劑, systemic herbicide)는 광합성을 방해하여 제초제의 유형과 농도에 따라 다양한 패턴의 황백화를 유발한다(**그림 5.150**). 이러한 병징을 유발하는 제초제는 뿌리 시스템에 의해 흡수된 다음 목부조직을 통해 잎으로 이동한다. 대부분의 경우, 병징은 성숙한 잎에서 먼저 발생하는데, 이는 오래된 잎이 제초제를 축적할 수 있는 시간이 더 많기 때문이다. 그러나 어떤 경우에는 병징이 어린잎에서 먼저 발생한다. 병징은 항상 식물의 제초제가 뿌려진 쪽에서 먼저 나타나고 더 심하다. 황백화된 잎 가장자리와 엽맥 사이 부위는 가끔 점진적으로 괴사한다(**그림 5.151**).

어떤 발아 전 제초제(예, 노르플루라존/norflurazon)는, 엽맥이 노란색에서 흰색으로 황백화(엽맥투화/葉脈透化, vein clearing)되어 잎에서 녹색과 황백화 부위 사이에 대비를 이루는 병징을 보인다(**그림 5.152~153**).

그림 5.151. 다우론(diuron)에 의해 유발된 무화과나무(*Ficus carica*) 잎의 엽맥 사이 황백화와 괴사.

그림 5.152. 느티나무(*Zelkova serrata*) 잎(위 신초)의 엽맥 황백화와 산유자나무(*Xylosma congestum*) 잎(아래 신초)의 전반적인 황백화. 두 병징은 디우론-브로마실(diuron-bromacil)의 결합에 의해 유발되었다.

그림 5.153. 아몬드(*Prunus dulcis*) 잎의 엽맥 황백화는 노르플루라존(norflurazon)에 의해 유발되었다.

발생

광합성을 방해하여 잎의 가장자리, 엽맥, 엽맥 사이, 전체, 또는 얼룩진 황백화를 유발할 수 있는 발아 전 제초제는 다음과 같다(**표 5.29, 그림 5.154**).

- 프로마실(bromacil)
- 디클로베닐(dichlobenil)
- 디우론(diuron)
- 프로메톤(prometon)
- 시마진(simazine)
- 테부티우론(tebuthiuron)

발아 후 제초제인 글리포세이트(glyphosate/Roundup)를 봄과 여름에 적용하면, 잎의 전반적인 황백화를 유발할 수 있다(**그림 5.155**).

피해는 항상 종합적인 식생관리를 위해 발아 전 이행성 제초제를 보호해야 하는 식물의 뿌리층 안에 적용할 때 발견된다. 고농도로 사용하면, 원하는 목본 식물에서의 병징이 1년 이상 지속될 수도 있다. 뿌리 접(root graft)에 의해 연결된 교목들은 발아 후 이행성 제초제가 교목에서 교목으로 전위(플래시백/flashback)되면 피해를 입을 수도 있다(**그림 5.156**). 토양 적용(土壤適用, soil-applied) 제초제로 인해 발생한 플래시백 피해는 알려져 있지 않다. 글리포세이트에 의한 피해는 일반적으로 봄이나 여름철에 표류하는 분무가 잎에 닿아 발생한다.

환경에서의 제초제 지속성

다른 화학물질처럼, 제초제의 지속성도 매우 다양하다. 모든 제초제는 환경에서의 화학적, 미생물적 과정에 의해 분해된다. 제초제 농도는 전형적으로 지수감소곡선(exponential decay curve)을 따르며, 첨도(尖度, steepness)와 기울기는 환경에서의 화합물 반감기에 따라 다르다. 대부분의 제초제는 2,3주 안에 분해되고, 나머지는 몇 개월 동안 토양 에 남아 있을 수 있으며, 2,3종은 일 년 이상 지속되기도 한다. 피해를 입은 잎은 식물에 의해 회복되지 않기 때문에, 잎에 병징이 남아 있는 것이 반드시 환경 내 제초제가 계속 존재한다는 것을 암시하는 것은 아니다.

유사 장애

엽맥 사이 황백화 병징은 미량원소(예, 철, 망간) 결핍 병징과 혼동될 수 있다. 그러나 미량원소 결핍 병징은 일반적으로 새 잎에서 먼저 발생하는데 비해, 대부분의 뿌리 흡수 발아 전 제초제에 의해 유발되는 병징은 항상 오래된 잎(노르플루라존/norflurazon에 의한 피해는 예외)에서 먼저 발생한다(**그림 5.157~158**). 또한 가장자리가 타는 병징은 미량원소 결핍에 의한 황백화 병징보다 제초제 피해 병징에서 일찍 시작된다. 도금양류(*Myrtus* spp.)와 사철나무류(*Euonymus* spp.)와 같은 일부 식물 종 잎의 자연적인 노란색 착색이 발아 전 제초제 피해에 의해 유발된 황백화 패턴과 비슷할 수 있다. 제초제에 의해 유발된 얼룩진 황백화는 장미의 모자이크병과 같이 특정 바이러스병의 병징과 혼동될 수 있다. 얼룩진 황백화는 방패벌레(lace bug)와 같은 흡즙성 해충에 의해 유발될 수도 있고, 만성적인 가뭄과 높은 토양 염분도 잎의 황백화를 유발할 수 있다.

그림 5.154. 런던버즘나무(*Platanus × acerifolia*) 잎의 엽맥 사이 괴사는 테부티우론(tebuthiuron)에 의해 유발되었다. 새로운 생장이 처음에는 피해를 입지 않았음에 유의하라.

표 5.29. 잎의 가장자리, 엽맥, 엽맥 사이, 전체 황백화 또는 얼룩진 황백화를 유발할 수 있는 제초제

제초제 계열	화학명	상표명
	발아 전	
아릴유레아(arylurea)	디우론(diuron) 테부티우론(tebuthiuron)	카르멕스(Karmex) 스파이크(Spike)
아릴유레아+유라실 (arylurea+uracil)	디우론+브로마실 (diuron+bromacil)	크로바(Krovar)
트리아진(triazine)	프로메톤(prometon) 시마진(simazine)	프라미톨(Pramitol) 프린셉 등(Princep, others)
이미다졸리논 (imidazolinone)	이마자피르(imazapyr) 이마자퀸(imazaquin)	아스널(Arsenal) 이미지(Image)
니트릴 등(nitrile or misc.)	디클로베닐(dichlobenil)	카소론(Casoron) 디클로멕(Dyclomec)
피리다진(pyridazine)	노르플루라존 (norflurazon)	솔리캄(Solicam) 프리딕트(Predict)
설포닐유레아 (sulfonylurea)	설포메투론 (sulfometuron)	아우스트(Oust)
유라실(uracil)	브로마실(bromacil)	하이바(Hyvar)
	발아 후	
유기인산염 (organophosphate)	글리포세이트 (glyphosate)	라운드업(Roundup)
설포닐유레아 (sulfonylurea)	할로설퓨론 (halosulfuron)	매니지(Manage)

교정

특정 발아 전 제초제를 흡착하여 제거할 수 있도록 활성탄을 토양에 혼합하라. 퇴비와 거름 같은 유기물도 특정 발아 전 제초제를 흡착할 수도 있다. 유익한 재배 작업, 특히 올바른 관수 작업으로 제초제 피해를 입은 식물의 활력을 향상시켜라. 약화된 식물의 활력을 높이기 위해 과도한 관수나 시비는 하지 마라. 녹기 쉬운 제초제는 용탈을 통해 토양에서 제거될 수 있지만, 관수 후에 인접 부지로의 이동과 식물 피해가 늘어날 가능성이 있다.

잎 괴사: 잎 가장자리, 엽맥 사이, 얼룩, 또는 전체

병징

고농도에서, 발아 전 제초제는 어떠한 황백화 패턴도 발달하기 전에 모든 나이의 잎에서 괴사가 유발될 수도 있다(**그림 5.159~160**). 고농도의 발아 후 접촉성 제초제(發芽後接觸性除草劑, postemergence contact herbicide)는 황백화나 반점 발생 없이 전체 잎의 괴사나 가장자리 잎의 괴사가 나타날 수 있다(**표 5.30**).

발생

발아 전 이행성 제초제 피해는 브로마실(bromacil), 디클로베닐(dichlobenil), 디우론(diuron), 프로메톤(prometon), 시마진(simazine), 테부티우론(tebuthiuron)과 같은 제초제를 종합적인 식생

그림 5.155. 에스칼로니아(*Escallonia rubra*) 잎의 전반적인 황백화는 봄에 적용된 글리포세이트에 의해 유발되었다.

그림 5.156. 계곡참나무(*Quercus lobata*) 잎의 황백화는 뿌리 접을 통해 글리포세이트가 처리된 교목에서 처리되지 않은 교목으로 이동하여 초래되었다.

그림 5.157. 이 미국풍나무에서 보는 바와 같이, 철 결핍과 같은 다른 무생물적 장애도 제초제 식물 독성과 비슷한 병징을 유발할 수 있다. 새 잎에서 가장 심한 병징이 발생하는 것에 유의하라.

관리를 위해 보호해야 할 식물의 뿌리층 안으로 사용할 때 발생한다. 고농도로 사용하면, 이들 물질은 1년 이상 지속되는 병징을 유발할 수도 있다. 다이쿼트(diquat)와 파라쿼트(paraquat) 같은 발아 후 제초제로 인한 잎 괴사는 분무가 잎에 날아앉아 발생한다. 피해는 제초제로 오염된 분무장비를 살충제(殺蟲劑, insecticide)나 살균제(殺菌劑, fungicide)를 살포하기 위해 사용될 때 발생하기도 한다.

유사 장애

제초제에 의해 유발된 잎 괴사 병징은 고농도의 토양 염, 잎 반점병, 가뭄, 결빙 온도 등에 의해 유발된 병징과 혼동될 수 있다. 잎에 적용된 비료, 약제, 식물생장조절제(植物生長調節劑, plant growth regulator)와 같은 화합물도 식물 독성을 유발하여 잎이 괴사할 수 있다.

교정

특정 발아 전 제초제를 흡착하여 제거할 수 있도록 활성탄을 토양에 혼합하라. 퇴비와 거름 같은 유기물도 특정한 발아 전 제초제를 흡착할 수도 있다. 유익한 재배 작업, 특히 올바른 관수 작업으로 제초제 피해를 입은 식물의 활력을 향상시켜라. 약제를 분해하는 토양 미생물은 습한 토양을 좋아한다.

잎의 황백화 또는 괴사 반점

병징

특정 발아 후 접촉성 제초제의 공기비산이 잎에 황백화 또는 괴사 반점을 유발할 수 있다. 병징은 해당 약제에 접촉된 잎에만 발생하고 나중에 자란 잎에는 없다(**그림 5.161~162**). 같은 무리의 식물에서는, 잎 반점 발생이 식물의 한 쪽에서 시작한 다음 처음 접촉된 곳으로부터 멀어질수록 점진적이고 일률적으로 감소한다. 잎에 접촉된 약제의 양이 피해 정도를 결정한다. 황백화 반점은 시간이 가면 괴사할 것이다.

그림 5.158. 토욘(*Heteromeles arbutifolia*)의 아트라진 피해. 가장 심각한 피해는 가장 오래된 잎에 발생했음에 유의하라.

그림 5.159. 카나리섬소나무(*Pinus canariensis*) 침엽의 괴사는 테부티우론의 고농도 사용으로 유발되었다.

그림 5.160. 프로메톤에 의해 유발된 모데스토물푸레(*Fraxinus velutina* var. *glabra* 'Modesto') 잎의 괴사.

발생

잎에 황백화 반점을 유발하는 제초제는 다이쿼트(diquat), 옥시플루오르펜(oxyfluorfen), 파라쿼트(paraquat), 펠라르곤산(pelargonic acid), 그리고 모든 발아 후 접촉성 제초제들이다. 이들 제초제에 의한 피해는 주로 공기 비산에 의해 발생한다. 잎 반점은 관상수에서 잡초를 선택적으로 방제하기 위해 사용되는 세톡시딤(sethoxydim/Poast)과 플루아지포프(fluazifop/Fusilade) 같은 발아 후 이행성 제초제(發芽後移行性除草劑, postemergence systemic herbicide)에 의해서 발생될 수 있다. 피해는 제초제로 오염된 분무장비를 살충제나 살균제를 살포하기 위해 사용할 때 발생하기도 한다.

특정 발아 전 제초제도 잎에 반점을 유발할 수 있다(**표 5.31**). 옥사디아존(oxadiazon/Ronstar) 같은 입자형태의 제초제가 적용 후 잎에 남아 있으면, 입자 크기와 비슷한 황백화 반점이 잎에 생긴다. 이 반점은 결국 괴사하거나 탄(burn)다(**그림 6.163**).

유사 장애

살충제, 살균제, 식물생장조절제와 같은 다른 약제도 잎에 황백화와 괴사 반점을 유발할 수 있다. 비료를 잎에 적용하는 것도 잎에 반점을 발생시킬 수 있다. 엔토모스포리움반점병(*Entomosporium maculatum*)과 구멍병(*Wilsonomyces carpophilus*) 같은 특정 곰팡이성 잎 반점병도 제초제에 의한 잎 반점과 혼동될 수 있는 잎 반점 병징을 나타낸다. 그러나 제초제 반점 잎의 괴사 반점은 구멍병과 달리 잎에서 떨어져나가지 않는다. 또한 잎 구멍병은 적절한 환경적인 여건 하에서 새로운 잎을 계속 감염시키지만 제초제에 의한 반점은 비산이 발생했을 때에 있었던 잎에만 발생한다(**그림 6.164**).

교정

유익한 재배 작업, 특히 올바른 관수 작업으로 제초제 피해를 입은 식물의 활력을 향상시켜라.

표 5.30. 황백화나 반점 없이 잎의 가장자리, 엽맥 사이, 전체, 또는 얼룩 괴사를 유발할 수 있는 제초제

제초제 계열	화학명	상표명
	발아 전	
아릴유레아(arylurea)	디우론(diuron) 테부티우론(tebuthiuron)	카르멕스(Karmex) 스파이크(Spike)
아릴유레아 + 유라실 (arylurea+uracil)	디우론 + 브로마실 (diuron + bromacil)	크로바(Krovar)
이미다졸리논 (imidazolinone)	이마자피르(imazapyr)	아스널(Arsenal)
니트릴 등(nitrile or misc.)	디클로베닐(dichlobenil)	카소론(Casoron), 디클로멕(Dyclomec)
피리다진(pyridazine)	노르플루라존(norflurazon)	솔리캄(Solicam), 프리딕트(Predict)
설포닐유레아 (sulfonylurea)	설포메투론 (sulfometuron)	아우스트(Oust)
트리아진(triazine)	아트라진(atrazine) 프로메톤(prometon) 시마진(simazine)	아트렉스 등(Aatrex, others) 프러미톨(Pramitol) 프린셉 등(Princep, others)
유라실(uracil)	브로마실(bromacil)	하이바(Hyvar)
	발아 후	
비피리디늄 (bipyridinium)	다이쿼트(diquat) 파라쿼트(paraquat)	올쏘다이쿼트(Ortho Diquat) 리워드(Reward) 그라목손 수퍼(Cramoxone Super)
지방산(fatty acid)	펠라르곤산 (pelargonic acid)	사이드(Scythe)
	발아 전과 발아 후	
디페닐에테르 (diphenyl-ether)	옥시플루오르펜 (oxyfluorfen)	골(Goal)

표 5.31. 잎에 황백화 또는 괴사 반점을 유발할 수 있는 제초제

제초제 계열	화학명	상표명
	발아 전	
디니트로아날린 + 디페닐 에테르(dinitroanaline + diphenyl-ethel)	오리잘린 + 옥시플루오르펜 (oryzalin + oxyfluorfen)	라우트(Rout)
기타	옥시디아존(oxadiazon)	론스타(Ronstar)
	발아 후	
아릴트리아지논 (aryltriazinone)	카르펜트라존(carfentrazone)	샤크(Shark)
비피리디늄(bipyridinium)	다이쿼트(diquat)	올쏘다이쿼트(Ortho Diquat) 리워드(Reward)
사이클로헥세논 (cyclohexenone)	세톡시딤(sethoxydim) 파라쿼트(paraquat)	포스트(Post) 그라목손 수퍼(Gramoxone Super)
지방산(fatty acid)	펠라르곤산(pelargonic acid)	사이드(Scythe)
유기 아르손산 (organic arsonate)	MSMA	부에노6(Bueno 6)
옥시페녹시프로피온산 (oxyphenoxy propionate)	플루아지포프(fluazifop)	퓨실레이드(Fusilade)
기타	벤타존(bentazon) 글루포시네이트(glufosinate)	바사그란(Basagran) 피날레(Finale)
	발아 전과 발아 후	
디페닐에테르 (diphenyl-ether)	옥시플루오르펜 (oxyfluorfen)	골(Goal)

기형이나 뒤틀린 잎과 신초

병징

특정 선택적 이행성 제초제(選擇的移行性除草劑, selective translocated herbicide)의 공기 비산이나 뿌리 흡수는 '호르몬 유사(hormonlike)' 병징을 유발하는데(**표 5.32**), 이 병징은 잎 커핑(leaf cupping; 잎 가장자리가 위나 아래로 말리는 현상), 잎자루 뒤틀림, 잎자루의 아래로 휨, 뒤틀리고 생육이 부진한 부채 모양의 잎, 뚜렷한 엽맥, 엽맥 사이 부위의 탈색, 어린 목질 줄기에 유상조직 같은 생장, 수피의 갈라짐이나 균열, 봄에 늦은 잎 전개, 황백화 등이다. 이러한 병징을 유발하는 제초제는 이행성이기 때문에 병징은 일반적으로 전 식물체에 걸쳐 새로운 생장에 분포된다(**그림 5.165~166**).

비선택적 이행성 제초제(非選擇的移行性除草劑, non-selective translocated herbicide)인 글리포세이트의 공기 비산은 봄에 잎 전개 지연, 짧아진 마디 길이, 작은 잎, 잎 뒤틀림, 황백화를 유발할 수 있다(**그림 5.167~168**). 전위된 제초제는 뿌리 접을 통해 한 식물에서 다른 식물로 이동할 수도 있다.

발생

잔디에서 활엽 잡초 방제를 위해 사용하는 2,4-D, 디캄바(dicamba), 트리클로피르(triclopyr) 같은 선택성 제초제는 가까이 자라는 교목과 관목의 뿌리에 의해 흡수될 수 있다. 경관 밖에서 분무 적용하는 제초제는 보호해야 하는 근처의 식물에 비산하여 피해 병징을 유발할 수 있다. 병징은 다음 해까지 해당 식물에 지속될 수 있다. 겨울철 잡초방제를 위해 적용되는 글리포세이트 분무는 장미와 같은 휴면 중인 목본 관상수의 얇거나 녹색 수피를 통해 흡수될 수 있다. 피해는 이어지는 봄에 뚜렷해진다. 피해는 제초제로 오염된 분무장비를 살충제나 살균제를 살포하기 위해 사용할 때 발생하기도 한다.

유사 장애

짧아진 마디 길이와 작은 잎은 조경 식물에서 흔하지 않는 영양 결핍의 하나인 아연 결핍과 혼동될 수 있다. 곰팡이 병인 흰가루병이 교목과 관목

그림 5.161. 파라쿼트에 의해 유발된 강낭콩(*Phaseolus* spp.) 잎의 괴사 반점.

그림 5.162. 파라쿼트에 의해 유발된 아몬드(*Prunus dulcis*) 잎의 괴사 반점.

그림 5.163. 잎의 기부에 부착된 론스타(Ronstar) 입제에 의해 유발된 백합(*Lilium* spp.) 잎의 괴사 반점.

그림 5.164. 엔토모스포리움반점병(*Entomosporium maculatum*)처럼 곰팡이성 잎 반점병은 제초제 식물 독성과 혼동할 수 있다.

그림 5.165. 2,4-D에 의해 유발된 무궁화 신초와 잎의 기형.

그림 5.166. 2,4-D에 의해 유발된 런던버즘나무의 뒤틀리고 오목해진 잎(오른쪽). 왼쪽은 정상적인 잎.

표 5.32. 기형이나 뒤틀린 잎과 신초를 유발할 수 있는 제초제

제초제 계열	화학명	상표명
	발아 전	
아미드(amide)	메톨라클로르 (metolachlor)	페난트(Pennant)
이미다졸리논 (imidazolinone)	이마자피르(imazapyr) 이마자퀸 (imazaquin)	아스널(Arsenal) 이미지(Image)
설포닐유레아 (sulfonylurea)	설포메투론 (sulfometuron)	아우스트(Oust)
	발아 후	
벤조산(benzoic acid)	디캄바(dicamba)	반벨(Banvel)
유기인산 (organophosphate)	글리포세이트 (glyphosate)	라운드업(Roundup)
페녹시(phenoxy)	2,3-D 2,4-D(diclorprop) MCPP(mecoprop)	세버럴(Several) 세버럴(Several) 세버럴(Several)
피리딘카르복실산 (pyridine carboxylic acid)	트리클로피르(triclopyr)	갈론(Garlon) 터플론(Turflon)
설포닐유레아 (sulfonylurea)	할로설퓨론 (halosulfuron)	매니지(Manage) 퍼미트(Permit)
기타	설파세이트(sulfasate)	터치다운(Touchdown)

그림 5.167. 겨울철 글리포세이트 적용으로 인해 유발된 장미의 피해.

의 새로운 생장이 뒤틀리고 모여 나는 빗자루를 유발할 수 있다(그림 3.18 참조). 그러나 흰가루병 감염은 잎과 신초의 회백색 가루를 쓴 생장으로 쉽게 진단될 수 있다. 식물생장조절제인 아트리멕(Atrimmec; Dikegulac sodium이 주성분)도 비슷한 병징을 유발한다.

교정

유익한 재배 작업, 특히 올바른 관수 작업으로 제초제 피해를 입은 식물의 활력을 향상시켜라.

그림 5.168. 늦여름에서 가을에 적용된 글리포세이트에 의해 유발된 아몬드의 피해.

기타 약제 피해

살충제, 살균제, 식물생장조절제

식물 독성은 살충제(殺蟲劑, insecticide), 살균제(殺菌劑, fungicide), 식물생장조절제를 잘못 적용하거나 식물의 환경이나 재배 여건이 이러한 약제로부터 피해를 입기 쉬울 때 유발될 수 있다.

병징

약제의 식물 독성(植物毒性, phytotoxicity) 병징에는 황색에서 갈색의 잎 반점; 잎 끝, 가장자리, 엽맥 사이 부위의 황백화나 괴사; 전반적인 잎의 황백화나 괴사; 잎 말림; 잎 생장 부진; 성숙 전 낙엽 등이 있다. 이러한 병징은 시간이 지남에 따라 확산되지 않거나 이전에 피해를 입지 않은 잎이나 식물로 옮아가지 않는다. 농약의 석유 용제나 운반체(농약의 활성성분[活性成分, active ingredients]이 아님)가 피해 병징을 만들어 내거나 병징을 정상보다 더 심하게 만드는 역할을 할 수 있다.

발생

살충제, 살균제, 식물생장조절제에 의한 식물 독성은 항상 권장 농도보다 높게 약제를 적용하여 초래되는데, 특히 환경 조건이 분무가 빠르게 마르지 않도록 조성되어 있거나 해당 식물이 감수성인 시기에 있을 때에는 더욱 그렇다. 또한 약제의 식물 독성은 해당 제품 라벨에 표시되어 있지 않은 식물 종에 적용하거나 제초제에 오염된 분무 장비를 살충제, 살균제, 식물생장조절제를 적용하기 위해 사용할 때 발생할 수 있다.

식물 독성은 수분이나 열에 의한 스트레스를 받고 있는 식물이나 활력이 낮은 식물에서 발생할 가능성이 더 높다. 예를 들면, 가뭄 스트레스를 받고 있는 올리브나무에 불쾌한 열매를 제거하기 위해 사용되는 식물생장조절제를 분무하면 부분적인 낙엽이 발생할 수 있다(**그림 5.169**). 0°C 이하의 날씨에 원예용 기름(horticultural oil)을 분무하면 그 식물은 심각한 피해를 입을 수 있다. 분무된 기름은 풍겐스가문비(*Picea pungens*)와 같은 회백색 침엽수의 잎에서 푸른빛을 제거할 수 있지만, 이런 문제는 곧 회복된다. 식물 독성 병징은 피해 식물의 재배적 및 약제처리 이력을 모르면 진단하기 어렵다(**그림 5.170**).

그림 5.169. 올리브나무(*Olea europaea*)의 피해는 불쾌한 열매를 방제하기 위해 NAA(naphthaleneacetic acid)를 적용하여 유발되었다.

그림 5.170. 이 참느릅나무(*Ulmus parvifloia*)에 신초 생장을 조절하기 위해 사용되는 식물생장조절제인 파크로부트라졸(paclobutrazol/Clipper)이 처리되었다. 8년 후에 수관이 매우 성기게 되었고, 일부 수목은 죽었다(A). 송전선 아래에 있지 않은 수목(오른쪽)은 처리되지 않았고 비슷한 병징도 보이지 않고 있다(B). 처리된 수목의 잎은 가지에 좁은 간격으로 붙어 있고(짧은 마디 사이), 더 진한 녹색이고, 정상보다 작다(C).

유사 장애

약제 식물 독성 병징은 제초제, 과도한 토양 염분, 건조, 잎 반점병에 의해 유발된 병징과 비슷할 것이다.

진단

제초제 식물 독성을 진단할 때 사용하는 기술 중 많은 것이 약제 식물 독성을 진단하는 데 사용될 수 있다.

- 식물 독성 병징을 보이는 해당 식물을 치료하는 데 무슨 약제가 사용되었는가를 조사하라. 살균제, 살충제, 식물생장조절제 사용에 대한 최근 이력은 병징 관찰을 통해 받은 의심을 확인할 수 있을 것이다.
- 약제가 확인되면, 라벨을 살펴보아 피해 식물이 나열되어 있는지 확인하라. 또한 식물 독성은 가끔 라벨 권장보다 더 높은 농도로 적용되어 유발되기 때문에, 어떤 농도로 적용되었는가를 확인하라.
- 약제 적용 당시의 기후 조건을 확인하라. 식물 독성은 온도가 높을 때 발생하기 쉽다.
- 토양 수분을 점검하라. 불쾌한 열매(nuisance fruit)를 제거하기 위해 사용하는 식물생장조절제와 같은 특정 약제는 수분 스트레스를 받고 있는 식물에 더 큰 독성을 유발할 수 있다.
- 피해 패턴을 찾아라. 약제 식물 독성은 항상 농약이나 식물생장조절제가 적용될 때 존재하던 잎에만 발생한다. 이후 생장은 항상 피해 병징이

나타나지 않을 것이다. 주변 식물이 비슷한 피해를 입었는지 조사하라; 다양한 속의 식물에 대한 피해는 식물 독성을 확인하는 데 도움이 된다.

- 잎 분석은 잎 표면에 접촉된 약제를 탐지하는 데 유용할 수 있다. 약제는 잎 표면에서 분해되어 탐지 가능한 농도에 영향을 주기 때문에, 시료는 피해 발생 후 가능하면 빨리 채취해야 한다. 항상 의심되는 약제의 이름과 같이 실험실에 보내는 것이 필요하다.

교정

유익한 재배 작업, 특히 올바른 관수 작업으로 제초제 피해를 입은 식물의 활력을 향상시켜라.

자연적으로 발생하는 식물과 토양 독소

몇 가지 유기화합물(독소/毒素, toxin)이 특정 여건 하에서 식물의 건강에 해로울 수 있다. 독성 화합물은 특정 식물의 뿌리에서 토양으로 분비하거나 비에 의해 특정 식물의 잎에서 용탈되어 주변에서 자라는 다른 식물 종의 생장을 억제한다. 이러한 억제를 타감작용(他感作用, allelopathy)이라고 부른다. 독소는 미생물(微生物, microbe)이 지상과 지하의 식물 잔해를 분해하면서 토양 미생물에 의해 생산될 수도 있다. 이들 화합물의 실질적인 독성과 토양 내 존속기간은 토양 유형(土壤類型, soil type), 토양의 물리적 성질(物理的性質, physical property), 토양 수분과 산소 함량, 화학적 물리적 분해에 대한 해당 화합물의 저항성, 영향을 받는 식물 종 등 다양한 요인에 따라 다르다. 뿌리 분비와 토양 및 식물 잔해에서 분리된 식물 독성 화합물은 다음과 같다:

- 유기산(有機酸, organic acid): 벤조산(benzoic), 트랜스 신남산(*trans*-cinnamic), 쿠마린산(*p*-coumaric), 시아누르산(cyanuric), 트레오-9(*threo*-9), 10-다이하이드록시스테아린산(10-dihydroxystearic), 페룰산(ferulic), *p*-하이드록시벤조산(*p*-hydroxybenzoic), 2-메틸-이소니코틴산(2-methyl-isonicotinic)
- 알데하이드(aldehyde): 3-아세틸-1-6-메톡시벤즈알데하이드(3-acetyl-1-6-methoxybenzaldehyde), 벤즈알데하이드(benzaldehyde), 살리실알데하이드-바닐린(salicylaldehyde-vanillin)
- 아미노산(amino acid): 쿠마린산(coumarin), 에스쿨레틴산(esculentin), 푸라노쿠마린산(furanocoumarin), 스코폴레틴산(scopoletin)
- 글루코시드(glucoside): 아미그달린(amygdalin), 주글론(juglone), 플로리진(phlorizin)

병징

유기 독소는 영향을 받는 식물 종에 따라 다양한 병징을 유발한다. 보고된 타감 효과는 다음과 같다:

- 1년생 식물의 씨앗 발아 억제
- 실생묘 생장 억제
- 어둡고 부푼 뿌리 끝
- 뿌리의 뒤틀림과 생육 부진
- 1년생, 다년생 초본과 목본 식물의 뿌리와 신초 생장 억제
- 목본 식물의 시듦, 황백화, 조기 단풍
- 실생묘와 이식된 1년생과 목본 식물의 죽음

발생

유기 독소가 분리되고, 확인되고, 토양에서 자라는 식물에 대한 생장억제 효과가 있음을 보여주는 입증 사례는 상대적으로 드물다. 피해 보고서의 대부분은 1년생 식물에 대한 것과 씨앗의 발아 억제에 관한 것이다. 대부분의 경우, 연구가 토양 재배 상태가 아닌 실험실에서 수행되었다. **표 5.33**에는 유기 독소를 함유하고 있다고 보고된 목본 식물과 다양한 연구에서 해당 독소에 의해 억제되는 식물을 나열하고 있다. **표 5.34**에는 신선한 유칼리나무 멀칭 자재에 의해 억제되는 다양한 1년생 식물을 보여준다. 그리고 **표 5.35**는 퇴비와 용기 혼합물의 성분으로 사용된 유칼리나무 재료에 의해 생장이 억제된 식물 종이 나열되어 있다.

유사 장애

토양 답압, 불리한 토양 기온, 통기 불량, 배수 불량, 낮은 광도, 뿌리 절단, 식물 독성 농약, 높은 염분, 영양 결핍, 뿌리 병 등 뿌리를 손상시키는 것은 모두 유기 독소에 보고된 것과 비슷한 병징을 보일 것이다.

표 5.33. 유기 독소를 함유한 것으로 보고된 식물과 영향을 받는 식물

유기 독소를 함유하고 있는 식물		
학명	**일반명**	**영향을 받는 식물**
Acer spp.	단풍나무류	밀(*Triticum* spp.)
Artemisia absinthium	쑥	회향(*Foeniculum vulgare*), 구당귀(*Levisticum officinale*)
Castanea dentata	미국밤나무	밀(*Triticum* spp.)
Citrus spp.	감귤나무류	감귤나무류(*Citrus* spp.)
Cornus spp.	산딸나무류	밀(*Triticum* spp.)
Cydonia oblonga	털모과	털모과(*Cydonia oblonga*)
Erica multiflora	에리카철쭉	다양한 일년생
Juglans cinerea	버터호두	무그후스뮤고소나무(*Pinus mugo* var. *mughus*)
Juglans nigra	흑호두나무	자주개자리(*Medicago sativa*), 사과나무류(*Malus* spp.), 아스파라가스(*Asparagus officinalis*), 벚나무류(*Prunus* spp.), 국화류(*Chrysanthemum* spp.), 수국(*Hydrangea macrophylla*), 라일락(*Syringa vulgaris*), 감자(*Solanum tuberosum*), 사탕무(*Beta vulgaris* var. *saccharifera*), 토마토(*Lycopersicon esculentum*)
Liriodendron tulipifera	튤립나무	밀(*Triticum* spp.)
Malus spp.	사과나무류	사과나무류(*Malus* spp.), 배나무(*Pyrus communis*)
Pinus spp.	소나무류	밀(*Triticum* spp.)
Prunus armeniaca	살구나무	벚나무류(*Prunus* spp.)
Prunus cerasifera	케라시페라자두	배나무(*Pyrus communis*)
Prunus persica	복숭아	배나무(*Pyrus communis*)
Prunus spp.	벚나무류	벚나무류(*Prunus* spp.), 밀(*Triticum* spp.)
Quercus spp.	참나무류	밀(*Triticum* spp.)
Robinia pseudoacacia	아까시나무	보리(*Hordeum vulgare*)
Rosmarinus officinalis	로즈메리	다양한 일년생
Sorbus aucuparia	유럽마가목	유럽마가목(*Sorbus aucuparia*)

출처: Moje 1966.

표 5.34. 신선한 유칼리나무 멀칭 자재로부터 생장 억제를 보이는 식물

유칼리나무 종	억제되는 식물
E. citriodora	알리숨류(*Alyssum* spp.)
E. ficifolia	비름류(*Amaranthus* spp.)
E. globulus	피(*Echinochloa crus-galli*)
E. maculata	우산잔디(*Cynodon dactylon*)
E. polyanthemos	서양메꽃(*Convolvulus arvensis*)
E. rudis	수레국화(*Centaurea cyanus*)
E. sideroxylon	바랭이(*Digitaria sanguinalis*) 질경이(*Plantago* spp.) 양귀비류(*Papaver* spp.)

출처: Downer 1993.

표 5.35. 퇴비와 용기 혼합물인 유칼리나무 재료로부터 생장 억제를 보이는 식물

유칼리나무 종	억제되는 식물
E. camaldulensis	병솔나무류(*Callistemon* spp.)
E. ficifolia	매리골드류(*Tagetes* spp.)
E. sideroxylon	페츄니아(*Petunia hybrida*)
E. viminalis	광나무류(*Ligustrum* spp.) 무(*Raphanus sativus*)

출처: Jarrell and Furuta n.d.

진단

모든 다른 가능성 있는 장애를 확인한 다음 식물 피해 원인으로 유기 독소를 고려하라. 생물 시험(生物試驗, bioassay)을 실시하여 유기독소가 발아에 영향을 주는지를 확인하라. 의심스러운 독성 종의 신선한 잎을 증류수로 걸러서 거른 액체를 토양에 파종된 다양한 1년생 식물의 종자에 관수하라. 거른 액체로 관수된 종자와 담수(淡水, fresh water)로 관수된 대조구 종자의 발아를 비교하라.

교정

대부분의 유기 독소는 식물체 내와 토양에서 오래 가지 못한다. 빗물과 관수된 물이 독소를 지표면으로부터 용탈시킨다.

제 6 장
사례 연구

사례 1: 히말라야시더 고사

문제와 병징

성숙한 히말라야시더(*Cedrus deodara*)가 8월 중순에 쇠락하기 시작하여 9월 중순에 완전히 죽었다(**그림 6.1**). 처음 주목할 만한 병징은 잎의 황화와 침엽 끝의 괴사였다. 침엽은 2,3주 안에 노란색에서 갈색으로 진전되었다. 병징은 해당 수목 전체에 걸쳐 획일적이었다.

그림 6.1. 캘리포니아 모데스토에 있는 이 히말라야시더는 8월 중순에 쇠락하기 시작하여 9월 중순에 죽었다. 병징은 침엽의 황백화와 괴사, 낙엽, 가지 마름이었다.

조사

- 나무좀(수피의 탈출공)과 다른 해충의 병징과 징후를 확인하기 위해 수간, 가지, 잎을 조사했다.
- 해당 수목의 기부에서 토양을 제거하여 근원을 노출시킨 다음, 뿌리와 근원 썩음병(수간 궤양, 변색되고 어두운 수피, 수피 아래 갈색의 물먹은 조직 등이 전형적인 병징임)의 병징을 확인하기 위해 근원을 조사하였으나 특이 사항이 없었다. 지표면 정지 흔적(지표면과 그 아래의 굵은 밑뿌리[basal root] 조사)도 뚜렷하지 않았다.
- 해당 수목의 낙수선에서 오거(토성의 갑작스런 변화는 경사 변경과 토양 배수 문제를 나타낼 수 있음)를 이용하여 깊이 0.9 m의 수분 함량과 토성을 점검한 결과 정상이었다.
- 묘지관리인과의 대화에서 관수 관행과 뿌리를 손상시킬 수 있는 구덩이 파기와 같은 재배 관행에 관한 정보를 얻었다.

가능성 있는 원인

덥고 건조한 날씨 중에 수목 전체가 갑자기 죽는 것은 생물적 및 무생물적 모두 몇 가지 가능한 원인이 있다.

- 잔디에 적용되는 관개수가 해당 수목의 요구를 충족하기에 불충분하여 급성 수분 부족이 발생하고 이어 다수의 나무좀 공격이 있은 경우.
- 뿌리나 근원 썩음병(파이토프토라속/*Phytophthora* spp.에 의해 유발)이 뿌리 시스템을 빠르게 죽이고, 뒤이어 잎과 가지의 빠른 건조와 죽음이 발생했을 경우; 이 경우에는 빈번한 관수가 뿌리 썩음병이 발생하기에 좋은 습한 토양

여건을 조성했을 것이다.

- 해당 수목 주변의 지표면을 높이는 복토가 심각한 통기 불량을 초래했을 경우.

그림 6.2. 쇠락하기 2년 전 굴착 중에 뿌리 시스템의 90% 이상이 절단되었다.

그림 6.3. 공동묘지에 위치하고 있었기 때문에, 지하 납골묘를 위한 공간을 확보하기 위해 뿌리가 절단되었다.

- 뿌리 절단과 토양 답압이 뿌리를 심각하게 손상시킨 경우.

진단

해당 교목은 뿌리 시스템의 90% 이상이 제거되는 대량의 토양 굴착과 뿌리 절단으로 죽었다(**그림 6.2**). 2년 전에 지하 납골묘를 설치하기 위해 해당 교목의 기부에서 0.9 m 이내에 땅을 1.2 m 깊이로 파면서 뿌리가 절단되었다(**그림 6.3**). 그러나 해당 교목은 거의 2년이 지날 때까지 피해 병징을 보이지 않았다. 이 경우, 묘지관리인으로부터 얻은 정보가 정확한 진단을 하는 데 결정적이었다.

치료 및 반응

수목 제거. 치료 불필요.

사례 2: 혼합식재의 쇠락

문제 및 병징

산업경관(産業景觀, industrial landscape)에 있는 다양한 종의 목본 지피식물, 관목, 교목들이 쇠락하거나 죽었다(**그림 6.4**). 해당 식재는 5개월 정도 지났다. 나타난 병징은 잎 전체와 엽맥 사이 황백화와 괴사, 신초와 가지의 마름, 전체 식물의 죽음 등이었다. 야생라일락(*Ceanothus* spp.)과 같은 일부 수종에서는, 주로 오래된 잎에서 잎의 황백화와 괴사가 발생했다(**그림 6.5**). 병징은 모든 식물에 비슷했고, 해당 식물 모두가 어느 정도 피해를 입었다(**그림 6.6**)

조사

- 전체 부지에 걸친 병징은 식물 종 사이에 비슷하였고, 해당 부지는 잡초가 전혀 없었다.
- 몇몇 식물 부근 50 cm 깊이에서의 수분 함량은 정상인 것으로 나타났다(토양 시료 채취관/試料採取管, sampling tube 이용).
- 염도 분석을 위해 토양과 물 시료를 채취했다.
- 부지 관리인과 대화에서 관수와 과거에 시행되었던 광범위한 화학적 잡초방제(化學的雜草防除, chemical weed control) 프로그램을 포함한 재배 관행에 관한 정보를 얻었다.

그림 6.4. 이 경관의 수많은 종이 쇠락하거나 죽었다.

그림 6.5. 야생라일락(*Ceanotus* spp.)의 병징은 잎 황백화, 괴사, 신초 마름이다.

가능한 원인

여러 다른 종으로 구성된 넓은 경관 식재의 획일적인 쇠락과 죽음은 무생물적 요인에 의해 유발되었을 가능성이 가장 높다.

- 제초제 식물 독성: 많은 뿌리 흡수 이행성 발아 전 제초제가 해당 부지에서 관찰되는 병징을 유발할 수 있다.
- 높은 토양 염도도 잎의 황백화와 괴사를 유발할 수 있고, 경우에 따라서는 민감한 식물을 죽일 수 있다.
- 수분 부족이 흔히 새로이 식재되었거나 활착이 불량한 식물에 피해를 준다.

진단

부지 조사와 시각적인 병징은 해당 식물이 이행성 발아 전 제초제에 의해 피해를 입고 죽었다는 것을 나타내었다. 잎의 황백화와 괴사가 항상 오래된 잎에서 먼저 나타나는 형태(오래된 잎이 해당 제초제를 축적할 시간을 더 많이 가짐)는 이런 피해의 전형이다. 해당 경관 관리인에 의하면, 피해를 입은 대부분의 식물은 확실하게 같은 문제로 인해 먼저 죽은 식물을 대체하여 식재되었다. 부지 관리인의 서류철에서 얻은 정보는 현재 경관이 조성되기 전인 전년에 민간 적용업자가 해당 부지에 제초제 테부티우론(tebuthiuron/상표명 Spike), 브로마실(bromacil/상표명 Hyvar), 디우론 + 브로마실(diuron + bromacil/상표명 Krovar)을 모두 처리한 것을 보여주었다. 이 정보는 가시적인 진단을 입증하는 데 결정적이었다. 진단 결과를 추가적으로 확인하기 위해 토양과 잎에 대한 실험실 분석을 사용할 수 있었지만, 이것은 불필요한 것으로 생각되었다.

치료와 반응

권고된 처리는 제초제를 흡수하여 제거할 수 있도록 활성탄, 퇴비, 거름 등을 토양에 혼합하는 것과, 식물의 활력을 높이기 위해 적절한 관수 작업을 실시하는 것 등이다(p. 188 '제초제 식물 독성 피해' 참조). 이처럼 넓은 부지를 치료하는데 비용이 많이 들기 때문에, 토양 개량제는 사용되지 않았다. 일부 식물은 서서히 회복되었지만, 해당 경관은 10년 동안 황량하게 유지되었다.

그림 6.6. 해당 경관의 모든 식물이 피해를 입었고, 모든 병징이 비슷하였다.

그림 6.7. 캘리포니아 산호세에 있는 이 주차장의 런던버즘나무는 식재된 후 1년 안에 심각하게 황백화되었다. 인접한 잔디 식수대(planting strip)에 있는 교목들은 비슷한 병징을 나타내지 않았다.

사례 3: 황백화된 런던버즘나무

문제 및 병징

상업용 주차장에 식재된 런던버즘나무(*Platanus acerifolia*)는 이들이 식재된 이후 그 해에 쇠락하고 있었다. 해당 교목들은 아스팔트로 포장된 주차장에 있는 직경 76 cm, 측벽(側壁, side wall) 깊이 61 cm의 원통형 콘크리트 식수분(植樹盆, planter)이나 포장된 지역 사이의 잔디 지역에 식재되었다. 식수분에 식재된 교목들은 전반적인 수관의 황백화, 낙엽, 거의 또는 전무한 생장을 보였고, 잔디에 식재된 교목들은 병징을 보이지 않았다(**그림 6.7**). 이들 교목들은 모두 식재할 때에는 한결같이 건강하고 활력이 좋았다.

조사

- 해당 부지를 조사한 결과 잔디 지역에 있는 교목들은 팝업 스프링클러(pop-up sprinkler)로 관수하는 데 비해, 식수분에 있는 교목들은 버블러(bubbler)로 관수하였다(**그림 6.8**). 유지관리 계약자에 의하면, 두 곳의 관수 빈도는 높았지만(일주일에 4~5일), 적용된 총량은 알지 못했다. 또한 비료가 적용되었는지도 몰랐다.
- 식수분에서 한 그루를 제거하여 토양과 뿌리를 모두 점검했다(**그림 6.9**). 토양은 점토질(粘土質, clayey)이고, 포화되어 있고, 검게 변해 있었으며, 썩은 계란 같은 냄새가 났다(**그림 6.10**). 새로운 뿌리는 전혀 없었다.

가능한 원인

- 통기 불량: 빈번한 관수, 배수 불량, 상대적으로 적은 토양 부피 등으로 공기로 채워진 공극의 감소를 유발했다.
- 수분 부족은 주차장에 식재된 수목에 공통적이다. 이는 가끔 드문 관수, 해당 부지의 높은 증발 포텐셜(이 경우, 차량과 아스팔트에서 반사되는 빛과 열), 제한적인 토양 부피 등의 요인들이 결합하여 초래된다.

- 저질의 물로 관수를 했거나 과도한 시비(적은 량의 용해성 비료를 자주 주거나 가끔 많은 양을 주는 것)가 있었으면 염분이 문제를 초래할 수 있다.
- 토양 질소가 고갈되었으면(아마 용탈에 의해), 해당 토양은 질소 결핍이 되었을 것이다.
- 토양이 상당한 기간 동안 습한 상태로 유지되면 뿌리병을 유발하는 뿌리썩음병균(*Phytophthora* spp.이나 *Amillaria* spp.)에 감염될 수 있다. 해당 병징은 뿌리병 감염과 일치하지만 이 경우보다 더 심각한 경우가 많다.

그림 6.8. 병징을 나타낸 교목은 원통형 식수분(직경 76 cm)에 식재되어 버블러로 관수되었다.

그림 6.9. 피해의 원인이 뿌리층에 있다고 의심하고, 점검을 위해 이 교목을 제거하였다.

그림 6.10. 뿌리층 토양은 점토질이고, 젖어 있고, 검게 변했고, 계란 썩은 냄새가 났다. 뿌리는 물을 먹었고 검게 변했다. 농장의 철사 바구니는 식재할 때 제거되지 않았다.

진단

병징과 수집된 정보를 바탕으로, 가장 가능성이 높은 원인이 통기 불량으로 결정되었다: 병징과 토양 상태가 이 진단과 일치하였다. 빈번한 관수, 배수 불량(토양의 높은 점토 함량과 관련됨), 제한적인 토양 부피가 결합하여 뿌리층에 가용한 산소의 양을 감소시켰을 가능성이 높다. 이에 따라 뿌리 호흡이 억제되어 물과 양분 흡수가 감소하였다. 이것이 황백화, 낙엽, 수관의 생장 부진으로 이어졌다. 뿌리병은 이차적인 피해로 진전될 수 있을 것이다.

치료와 반응

뿌리층의 통기를 개선하면 해당 교목의 상태를 향상시킬 것이다. 이는 관수 빈도를 줄여 관수 사이에 토양이 마를 수 있게 함으로써 달성될 것이다.

그러나 이는 식수분 내의 제한적인 토양 부피로 인해 쉽게 수분 부족으로 이어질 수 있다.

상대적으로 크기가 작은 식수분은 교목 관리를 매우 어렵게 만든다. 이는 설계 실수로 해당 교목을 제거한 후 더 큰 식재 공간을 만들면 해결될 것이다. 토양 교체도 필요할 것이다. 만약 불가능하다면, 런던버즘나무를 통기와 수분 부족 모두에 내성이 있는 더 작은 종으로 교체해야 할 것이다.

그림 6.11. 심각하게 황백화된 미국풍나무 교목은 캘리포니아 데이비스의 관수되는 경관에서 보기에 좋지 않다. 병징을 보인 교목의 9 m 이내에 병징이 없는 교목이 있다.

그림 6.12. 병징은 잎의 엽맥 사이 황백화와 가장자리 괴사, 신초의 마름이다. 황백화는 가장 어린잎에서 먼저 나타났다.

불행하게도, 소교목은 수관 피복과 그늘을 지우는 편익을 모두 감소시킬 것이다.

사례 4: 황백화된 미국풍나무

문제 및 병징

식재된 20그루의 교목 중에서, 3그루의 미국풍나무(*Liquidambar styraciflua*)가 가벼운 것으로부터 심각한 정도의 황백화 병징을 보였다(**그림 6.11**). 가벼운 병징을 보이는 두 그루는 주로 가장 어린잎에서 엽맥 사이 황백화를 나타냈다. 심각하게 피해를 입은 교목에서는, 황백화가 수관 전반으로 확대되어 있고 가장 어린잎은 가장자리 괴사와 함께 표백되었다(**그림 6.12**). 황백화된 교목은 병징이 없는 교목보다 작았다. 식재 당시에는 모든 교목의 크기, 수령, 상태, 재배 유형(용기)이 비슷하였다. 교목들은 콘크리트 벽과 벤치 뒤에 일렬로 식재되었고, 해당 경관에서 8년간 생장해 왔다.

조사

실험실 분석을 위해 토양, 물, 잎 조직의 시료를 채취했다. 토양 시료는 병징이 있는 교목과 병징이 없는 교목의 낙수선 안쪽에서 깊이 0~7.5 cm와 7.5~15 cm에서 채취했다. 조직 시료(잎 몸과 자루)도 병징이 있는 교목과 병징이 없는 교목에서 채취했다. 물 시료는 해당 식재지에 공급되는 관수 배관에서 채취했다.

- pH는 물(7.7)과 토양(7.5~7.7) 모두에서 상대적으로 높았지만, 물과 토양의 염, SAR, 염소, 붕소, 미량원소(철, 아연, 망간) 수준은 결핍되지도 유독하지도 않았다. 이는 병징이 있는 교목과 병징이 없는 교목(토양 시료에 대해) 모두에 해당하였다.
- 황백화와 비황백화 잎에서 잎의 철 수준은 동일(137 ppm)하였는데(**그림 6.13**), 이는 대부분의 종에서 적당한 범위(Chapman 1965 참조)이다.
- 망간(황백화 잎 24 ppm, 비황백화 잎 37 ppm)과 아연(황백화 잎 27 ppm, 비황백화 잎 20 ppm) 수준도 결핍되지 않은 것으로 판단되었다.
- 질소 함량은 황백화 잎(2.9%)이 비황백화 잎(1.86%)보다 더 높았다.

- 경관 유지관리 직원은 해당 교목에 또는 주위에 제초제나 식물생장조절제를 전혀 사용하지 않았다고 보고했다.

가능한 원인

- 황백화는 미량 원소 특히 철과/이나 망간 결핍의 전형적인 병징이다. 아연 결핍도 비슷한 황백화를 유발하지만, 가장 어린잎이 비정상적으로 작아진다.
- 토양 적용 발아전 제초제도 비슷한 병징을 유발하지만, 경관 유지관리 직원의 정보에 의하면 이는 배제된다.
- 통기 불량이 수관의 전반적인 황백화를 유발할 수 있지만, 이는 미량원소 결핍이나 약제 피해보다 가능성이 낮다. 전형적으로, 통기 불량에 의해 유발된 황백화는 엽맥 사이가 아니고, 병징은 가장 어린잎에서 가장 심각하게 나타나지 않는다.

그림 6.13. 조직 분석 결과 황백화 잎과 비황백화 잎의 철 함량은 같은(137 ppm) 것으로 나타났다.

그림 6.14. 잎에 대한 철 킬레이트(200 ppm)의 적용으로 균일하지 않은 녹색화 반응이 나타났다. 균일한 녹색화 반응은 철 킬레이트에 계면활성제(界面活性劑, surfactant)를 혼합하여 얻었다. 망간 킬레이트(200 ppm)와 물(대조구)을 처리한 잎은 녹색화 반응을 보이지 않았다.

진단

이 황백화는 철 결핍에 의해 초래되었다. 병징과 실험실 분석(토양과 잎)은 이러한 진단과 일치했다. 가벼운 병징의 두 교목의 가장 어린잎에서 발견된 엽맥 사이 황백화는 철 결핍의 전형이다. 표백과 가장자리 괴사는 더 심한 경우의 전형이다. 토양 pH가 7.0을 초과함에 따라 토양 내 철 가용량이 감소하여 감수성 종에서 결핍이 유발되었다. 포장 관찰(圃場觀察, field observation)에서 미국풍나무는 알칼리성 토양에서 철 결핍이 발생하기 쉬운 것으로 나타났다.

이 진단은 철 킬레이트(Sequestrene 138)를 이용한 현장검증(現場檢證, field test)에서 확인되었다. 봄에 잎이 완전히 전개된 후, 철(200 ppm)과 망간(200 ppm) 용액, 순수한 물(대조구)을 각각 선발된 황백화된 가지에 흘러내리도록 뿌렸다. 철을 처리한 가지의 잎이 처리 후 3주 만에 녹색화 반응을 보였다(**그림 6.14**). 망간이나 물을 처리한 잎은 황백화가 유지되었다.

이 진단이 철 킬레이트 적용으로 입증되었지만, 황백화 잎과 비황백화 잎의 철 함량이 동일하게 나타난 이유는 분명하지 않다. Jacobson and Oertli(1956)는 일부 종에서 철 결핍이 엽록소 형성의 영구적인 손실을 유발할 수 있지만, 철은 잎에 계속 축적될 수 있다고 보고했다. 만약 미국풍나무가 이러한 방법으로 철 결핍에 반응한다면, 조직 내 철 함량이 동일하게 발견된 것이 설명될 것이다. 그러나 왜 철 킬레이트 적용이 녹색화 반응을 유발하는가에 대한 의문은 풀리지 않는다. 만약 엽록소 손실이 영구적이라면, 추가적인 철이 엽록소 함량을 증가시키지 않아야 한다. 철 결핍 병징을 유발하는 기작(機作, mechanism)과 무관하게, 일부 종에서 조직 분석이 철 결핍을 진단하는 결정적인 방법은 아닐 수 있다는 것은 주목할 만하다. 그런 경우, 철 킬레이트 적용이 진단 확인을 위한 더 믿을 만한 방법일 것이다.

치료와 반응

토양 pH를 낮추면 철 가용량을 증가시켜 철 황백화의 장기적인 교정이 가능하다. 이는 황, 황산제이철(黃酸第二鐵, ferric sulfate), 유기물과 같은 산화 물질을 적용하여 달성될 수 있다. 그러나 식물 반응은 사용되는 물질의 유형과 양, 기온과 수분 함량 등 토양 상태에 따라 지연될 수 있다. 보다 신속한 반응은 철 킬레이트를 토양이나 잎에 적용하면 얻을 수 있다. 그러나 효과가 항상 단기적(1년 이하)이어서 추가적인 적용이 필요한 것이 일반적이다.

그림 6.15. 캘리포니아 로스가토스(Los Gatos)에 있는 이 미국풍나무의 수관 전반에 걸친 잎 괴사와 가지 마름은 초여름에 인지되었다. 교목은 병징이 나타나기 전에 식물생장조절제인 에테폰(ethephon)이 뿌려졌다.

사례 5: 미국풍나무 수관의 가지 마름

문제 및 병징

7월 초, 몇 그루의 미국풍나무 성목이 수관의 가지 마름 병징과 수간을 따라 수액 유출을 보였다. 많은 가지의 잎은 괴사되었고 병징을 보이는 가지는 수관 전반에 분포되어 있었다(**그림 6.15~16**). 광범위한 액상의 삼출액(滲出液, exudate) 거품이 직경이 굵은 가지 표면과 수간을 따라 발견되었다(**그림 6.17**). 다양한 수령의 교목이 피해를 입었다.

조사

- 주변 미국풍나무 가로수를 점검한 결과 어떤 집단의 교목은 병징을 보이고 다른 것들은 병징이 없었다(**그림 6.18**).
- 해당 시의 수목관리자에 문의한 결과 열매 조절을 위해 에테폰(ethephon; 상표명 Florel)을 8주 전에 살포한 것으로 나타났다. 병징은 처리 후 3주 만에 나타났다. 자신의 집 정면에 있는 교목에서 열매가 떨어지는 것을 방지하기 위해서, 개별 집주인이 민간 업체와 에테폰 살포 계약을 체결했다. 피해를 입은 교목들은 작년에도 비슷하게 살포했지만 부정적인 영향은 없었다.

가능한 원인

가지 마름과 수액 유출 병징은 유관속 병의 피해와 닮았지만, 수집된 정보는 식물생장조절제로 인한 약제 피해 가장 가능성이 더 높은 원인임을 시사했다. 에테폰을 처리한 교목들만 병징을 보였다. 처리된 교목 옆과 시내 다른 곳에 있는 처리되지 않은 교목들은 모두 병징을 보이지 않았다. 또한 병징은 에테폰 처리 후에 바로 나타났다.

진단

수집된 정보와 병징은 가지 마름의 원인으로 약제 피해를 가리킨다. 에테폰은 열매 조절을 위해 다양한 종(미국풍나무 포함)에 손상 효과 없이 흔히 사용되는 식물생장조절제이지만, 민간 적용자에 의하면 같은 시기에 처리한 다른 인근에 있는 교목도 비슷한 피해 병징을 보였다고 한다. 그러나 몇 주 전에 처리한 교목들은 피해를 보이지 않았

그림 6.16. 마름은 대개 직경이 가는 가지(직경 5 cm 미만)에 한정되었다.

그림 6.17. 수피의 거품발생과 축축하게 젖는 현상은 수간과 직경이 굵은 가지에서 뚜렷하였다.

다. 이러한 정보를 바탕으로, 이 피해는 다음 이유 중 하나 이상에 의해 발생했을 것이다: 적용 당시에 높은 온도, 라벨에 표시된 농도를 초과하는 에테폰 농도를 적용, 살포용 탱크의 식물 독성 잔유물.

치료 및 반응

약제 적용으로 피해를 잃은 가지는 치료될 수 없다. 미국풍나무가 건강하게 생장하는 데 유리한 재배 작업을 유지하라. 특히 수분 부족을 피하라. 피해 교목이 다른 생물적 또는 무생물적 작인에 의해 추가적인 피해를 입지 않도록 보호하라. 온도가 높을 때 적용을 피하고, 라벨 농도를 초과하지 않도록, 그리고 잔유물이 살포 탱크를 오염시키지 않도록 확실히 하는 것 등을 통해 더 이상의 약제 피해를 예방하라.

그림 6.18. 에테폰을 처리하지 않은 가까운 미국풍나무들은 처리된 교목에서 발견되는 병징을 보이지 않았다.

사례 6: 팽나무의 만성적 쇠락

문제 및 병징

팽나무(*Celtis sinensis*)는 데이비스(Davis)시와 캘리포니아대학교 데이비스 캠퍼스의 교목 집단 중에서 상대적으로 큰 비중을 차지하고 있다. 1995년 이후, 수많은 교목이 쇠락하고 죽었다(**그림 6.19**). 두 유형의 병징이 발견되었다.

유형 1: 시듦과 비슷한 병징

- 성숙한 교목이 낮은 활력(짧은 일 년 생장), 불량한 수관 밀도와 전반적인 황백화, 작은 잎 크기, 시듦, 가지 마름, 결국 고사 등의 병징을 보였다(**그림 6.20**). 뿌리와 아래 수간의 변재는 가끔 착색이 되고 물고기 같은 냄새가 났다.
- 진전된 병징을 보이는 교목에서 또는 가까이에서 부후 곰팡이(불로초류/*Ganoderma* spp.)와 먹물버섯류(*Coprinus* spp.)가 자주 발견되었다.
- 교목은 일반적으로 병징이 시작된 후 2,3년 이내에 죽었는데, 봄에 잎이 전개되기 시작할 때 가장 흔하게 발생했다.

유형 2: 철 황화와 비슷한 병징

- 잎이 황백화나 표백된 후(신초의 끝 가까이가 가장 심각) 가는 가지에서 굵은 가지에 이르는 마름 현상이 이어졌다(**그림 6.21**).
- 개별 굵은 가지는 서로 황백화와 표백 정도가 달라 수관이 모자이크처럼 보였다.
- 광범위한 목재 시료 수집과 절개가 이루어지지 않았지만, 유형 2 병징을 보인 수목 중에 한 수목만이 변재 착색 현상(시듦과 비슷한 병징을 보인 교목에 적시된)을 보였다. 유형 1 병징을 보인 교목과 달리 유형 2 병징의 교목은 짧은 기간에 죽지는 않았지만 굵은 가지의 마름 현상이 발견되었다.

그림 6.19. 1995년 이후, 캘리포니아 데이비스에 있는 많은 팽나무가 쇠락하여 죽었다. 병징은 광범위한 황백화와 가지 마름이었다.

조사

병원균 분석

실험실

바이러스 병원균(ESRNA 분석), 마이코플라즈마 유사 유기체(PCR 프로브), 박테리아(전자현미경), 곰팡이(분리)에 대한 시험은 음성(陰性, negative)이었다.

현장 검정

용기에서 키운 건강한 팽나무 한 그룹에 시듦 병징을 보이는 교목에서 채취한 착색된 목재를 접종하였다. 두 번째 그룹에는 분리 배양한 윤생결가지포자균(*Verticillium*)을 접종하였고, 세 번째 대조구 그룹은 깨끗한 목재를 접종하였다. 약 1년 후 착색된 목재를 접종한 교목은 병징이 나타나지 않았지만, 윤생결가지포자균이 접종된 교목과 대조구 그룹은 병징을 나타냈다. 8그루의 병징이 나타난 교목에 테트라사이클린(Tetracycline, Terramycin)을 주입했는데, 그 중 한 그로만 처리 후 향상되었다.

토양과 조직 분석

건강한 교목과 병징을 보이는 교목의 뿌리층 토양 분석에서, 병징을 보인 한 그루에서 아연과 망간이 결핍하였지만, 영양소에서 유의한 차이를 보이지 않았다. 식물조직 분석 결과, 병징을 보인 교목은 건강한 교목의 잎에 비해 마그네슘, 망간, 아연의 양이 더 낮은 것으로 나타났다. 두 잎에 미량원소 살포 처리를 했으나 긍정적인 결과가 나타나지 않았다.

유형 2의 병징을 보인 교목과 병징이 없는 교목 각각 5그루의 뿌리층에서 채취한 토양 시료는 pH나 전기전도도(EC)에서 유의한 차이를 보이지 않았다. 그러나 수분 함량이 높은 토양에 있는 교목의 잎이 병징이 더 심하다는 것이 발견되었다.

토양 부피 밀도(-密度, bulk density)는 30 cm와 60 cm 깊이에서 측정되었다. 부피 밀도가 1.55

그림 6.20. 낮은 활력, 시듦, 작은 잎 크기, 수관 성김이 전형적인 유형 1 병징이다(A). 가지 마름은 수관 성김으로 이어진다(B). 오른쪽에 있는 전형적인 잎을 가진 건강한 교목에 유의하라.

g/cm^3 미만인 교목은 양호한 상태인 반면, 더 높은 밀도를 가진 토양의 교목은 다양한 잎 병징을 나타냈다. 유형 2 병징의 범위를 나타낸 UC 데이비스 캠퍼스의 잔디에서 자라는 20그루의 팽나무를 병징의 심각도에 따라 구분했다. 다음 처리를 각 처리 마다 5그루씩 배치했다:

- 교목의 수관 아래 잔디에 철 킬레이트(Sequestar 6% 철 킬레이트 WDG)를 1,000 ft^2 당 2파운드 비율로 적용하였다.
- 수관 아래 물 분사로 깊이 90 cm 구멍을 1.2 m 간격으로 교목당 30~50개 팠다.
- 위의 물 분사 구멍은 과립형 토양과 황산암모늄(ammonium sulfate)을 3:1의 비율로 섞어서 채웠다(교목당 혼합물 175파운드).
- 대조구 그룹은 처리를 하지 않았다.

그림 6.21. 전체 교목이나 수관 일부가 심각하게 황백화되었다(유형 2 병징). 가지는 결국 말라 죽을 것이다.

철 킬레이트와 황을 처리한 그룹은 잎 병징이 눈에 띄게 감소한 반면, 물 분사된 교목과 대조구는 변화가 없었다.

가능한 원인

유형 1 병징을 보인 교목

- 시듦 병원균: 윤생결가지포자균과 같은 다양한 곰팡이는 유관속을 막아서 교목 내 물의 이동을 제한할 수 있고, 이는 교목의 활력 저하, 줄어든 잎 크기, 낙엽, 시듦, 가지 마름과 결국에는 죽음을 초래한다. 유형 1의 병징은 공격적인 시듦 병원균에서 발견될 수 있는 병징에 매우 근접한다.
- 뿌리 병: 파이토프토라류와 같은 다양한 곰팡이는 뿌리 마름을 초래하여 시듦 병징을 일으킨다. 유형 1 병징은 이 곰팡이에 의해 유발된 뿌리 병의 전형적인 병징이다.
- 통기 불량: 병징을 보인 대부분의 교목은 잔디밭에서 발견되었고, 이곳은 관수가 빈번하여 통기가 제한될 수 있다.

유형 2 병징을 보인 교목

- 미량원소 결핍: 알칼리성 pH는 철 가용성을 감소시켜 황백화 병징을 유발할 수 있다.
- 바이러스나 마이코플라즈마 유사 유기체에 감염되면 이러한 병징이 나타날 수 있다.

진단

아직 명확한 진단은 이루어지지 않았다. 두 유형의 병징이 있고 이들의 공통적인 원인이 있는지를 알 수가 없어서 이 문제의 복잡성은 더욱 커진다. 유형 1 병징은, 비록 바이러스나 마이코플라즈마 유사 유기체가 관여하고 있다는 증거는 없지만, 생물적 유기체가 부분적으로 원인을 제공하고 있는 것 같다. 토양 답압, 높은 수분 수준, pH 관련 미량원소 결핍이 유형 2 병징과 관련이 있는 것으로 보인다. 이 두 경우에는 복합적인 요소가 관여되어 있는 것 같다. 일차적인 원인과 이차적인 원인을 확인하기 위해서는 추가적인 연구가 필요하다. 이 사례는 비록 광범위한 분석이 수행되더라도 모든 문제가 성공적으로 진단되지는 않는다는 것을 일깨워준다.

치료 및 반응

명확한 진단이 이루어지지 않았기 때문에 자신 있게 치료 권고를 할 수 없다. 수집된 정보와 포장 관찰에 근거하여, 철 킬레이트나 토양 황 처리, 토양 답압의 감축, 관수 빈도 축소 등이 유형 2 병징을 가진 교목에 도움이 될 수 있다. 변재 착색과 목재 부후균의 존재 여부를 평가하기 위한 근원 조사는 유형 1 병징을 가진 교목에 필요하다. 만약 이들 존재가 발견되면, 교목의 활력 증진과 병의 진전을 저지하기 위한 토양과 물 관리가 긍정적인 결과를 가져올 것이다.

용어 해설

아래 용어 및 다른 용어에 대한 보다 자세한 정보는 *Agrios 1997; Brady 1974; Britton 1995; California Fertilizer Association 1990; Dreistadt 1994; Harris, Clark, and Matheny 1999; Hartman 1975; Holliday 1998; Kenneth 1960; Matheny and Clark 1991; Morris 1992; Plaster 1992; Raven, Evert, and Eichhorn 1999; Roberts and Boothroyd 1984; Schmidt 1980; Shigo 1979; Sinclair, Lyon, and Johnson 1987; Strand 1999*를 참고하라.

가장자리/한계(marginal): 가장자리 타들어감과 같이 잎의 테두리나 가장자리를 이름; 또한 한계 토양처럼 수용 가능한 상태의 낮은 한계.

가지마름(dieback): 잔가지와 가는 가지의 점진적인 죽음으로, 일반적으로 끝에서 아래로 진행된다.

각피(角皮, cuticle): 주로 왁스와 각질로 이루어진 표피세포의 외곽 벽에 있는 얇은 왁스층.

건생식물(乾生植物, xeric): 내건성이 있거나 사막형 식물.

건조(乾燥, desiccation): 완전히 마르는 것; 식물에서 증산이 수분 흡수를 초과할 때 발생하며, 시듦과 식물 조직에 대한 손상으로 이어진다.

결핍(缺乏, deficiency): 식물의 건강에 필요한 영양분의 부족 현상.

경엽(硬葉, sclerophyll): 단단한 잎; 많은 후벽조직(sclerenchyma tissue)과 좁은 세포 간 공간으로 건조에 내성이 있는 잎.

경화(硬化, hardening-off): 온도를 낮추거나(저온에 대한 저항성을 높이기 위해) 농장 환경에서 경관으로 변화하는 방법과 관련된 몇 가지 적응 형태 중 하나.

만성적(慢性的, chronic): 오랜 기간에 걸쳐 발생하는

골격지(骨格枝, scaffold): 구형(球型, decurrent form)의 교목에서, 수관의 주된 구조를 형성하는 굵은 가지.

광합성(光合成, phothsynthesis): 식물이 햇빛을 에너지로 변환하는 과정.

괴사(壞死, necrosis): 조직의 죽음과 변색.

구획화(區劃化, compartmentalization): 병과 부후 미생물의 확산을 제한하기 위한 화학적이고 물리적인 경계를 창출하는 생리적인 과정.

궤양(潰瘍, canker): 식물의 줄기, 가지, 잔가지 등에 생기는 괴사, 때로는 움푹 들어간 병변.

근원(根元, crown): 수간과 뿌리가 만나는 토양 표면 또는 바로 아래의 지점; 또한 교목이나 관목의 맨 위 굵은 가지.

글레이징(glazing): 매끄럽고 광택이 나는 표면을 만드는 것. 토양이 글레이징 되면 수분과 뿌리에 대해 어느 정도 불투수성이 될 수 있다.

긁어먹기(rasping): 곤충의 긁어먹는 입틀(mouthpart)에 의해 엽맥만 남는 피해 유형.

급성(急性, acute): 문제나 피해의 갑작스런 발생이나 급격한 진행.

기공(氣孔, stoma): 수증기와 이산화탄소를 포함한 기체 교환이 일어나는 잎에 있는 미세한 개구.

깃(collar): 줄기에 부착된 지점에서 측지를 둘러싸고 있는 고리 모양의 수간 조직.

꺾인 뿌리(kinked root): 갑자기 휜 뿌리.

나근(裸根, bare root): 노지에서 키워 뿌리 주변에 흙이 없이 판매되는 농장 출하 수목.

나트륨성 토양(sodic soil): 상당한 양의 가용성 염의 존재 여부와 무관하게 대부분의 식물의 생장을 방해하기에 충분한 치환성 나트륨을 함유하고 있는 토양과 같은 생장 환경.

나트륨흡착비(-吸着比, SAR/sodium adsorption ratio): 토양과의 교환 반응(交換反應, exchange reaction)에서 나트륨의 상대적인 활동을 표현하는 비율로, 토양 추출액과 관개수에 사용된다. 리터당 밀리당량(milliequivalent per litre, me/L)으로 표시된다.

낙엽(落葉, defoliation): 잎을 잃는 것.

노쇠(老衰, senescence): 노화 또는 죽음.

다리 접(bridge graft): 수목의 뿌리 시스템은 피해를 받지 않았지만 수간의 수피가 손상되었을 때 사용하는 치료용 접붙이기.

대목(臺木, stock): 접목에서 뿌리를 가진 식물의 아랫부분.

대화현상(帶化現象, fasciation): 녹은 것처럼 커지고 납작하게 나타나는 식물의 조직이나 줄기의 기형.

덤불(chaparral): 내건성이 있는 뻣뻣한 관목으로 구성된 식생; 또한 내건성의 구릉형 식생으로 구성된 생태계.

도장지(徒長枝, epicormic shoot): 잠아나 부정아로부터 발생하는 가지; 가지와 줄기나 뿌리로부터

발생할 수 있다.

독성(毒性, toxicity): 피해를 유발할 수 있는 화합물의 능력.

동사(凍死, winter kill): 추운 겨울 기온이나 따뜻한 낮 이후 추운 밤에 적응하지 못해 피해를 입은 식물.

두목작업(頭木作業, pollarding): 어린 수목이나 가지를 처음 두절한 다음 매년 유상조직 머리를 훼손하지 않고 다시 두절하는 전정 기술.

로제트(rosette): 짧고 다발로 자라는 식물 생장 습성.

마디(node): 하나 이상의 잎이 부착되어 있는 줄기 부위.

마멸(磨滅, abrasion): 마찰에 의해 닳고, 갈리고, 문질러 없어지는 것

멀칭 자재(mulch): 건조와 토양 온도의 급격한 변화를 방지하고, 토양 개량용으로, 장식용으로, 잡초 생장을 억제하기 위해 토양 표면에 적용하는 자재.

모자이크(mosaic): 정상적인 색과 연녹색이나 황색이 혼합된 반점이 특징인 식물의 일부 바이러스병의 병징.

목본(木本, woody): 이차 목부를 가진 식물 유형.

목부(木部, xylem): 가도관, 도관, 유세포(柔細胞, parenchymam cell), 섬유로 구성된 식물 조직; 목재.

무산소증(無酸素症, anoxia): 산소가 전혀 없는; 또한 조직에 대한 산소 공급이 감소된.

무병징(無症狀, asymptomatic): 병징이 없는

미분화(未分化, undifferentiated): 뿌리, 줄기, 눈, 형성층, 기타 확인 가능한 식물 기관이나 구조로 발달하지 않은 식물 조직.

반점(斑點, flecking): 잎 조직에 작은 자국, 점, 줄, 조각이 발생하는 것.

발아 전 제초제(發芽前除草劑, preemergence herbicide): 발아 전에 적용하거나 효과가 있는 제초제.

발아 후 제초제(發芽後除草劑, postemergence herbicide): 발아 후에 적용하거나 효과가 있는 제초제.

방선균(放線菌, actinomycetes): 과거에, 가지를 치는 사상체(絲狀體, filament)를 형성하는 박테리아의 한 그룹; thallobacteria.

벗겨짐(slipping): 식물의 생장이 활발할 때 수피가 목재로부터 쉽게 분리되는 상태.

변색(變色, discoloration): 교목에서, 목재를 어둡게 변화시키는 상처에 대한 화학적 반응. 일반적으로 변색에 이어 목재 부후가 뒤따른다.

변재(邊材, sapwood): 물, 양분, 탄수화물을 통도하고 저장하는 수간이나 줄기의 외곽에 있고 가장 어린 이차 목부층.

병원체(病原體, pathogen): 병을 유발할 수 있는 실체로 일반적으로 미생물임.

병징(病徵, symptom): 병이나 손상으로 인한 식물의 내적/외적 반응이나 변화.

부정근/아(不定根/芽, adventitious root/bud): 새로이 형성된 분열조직으로부터 그 자리에 생성되는 뿌리나 눈; 미리 형성되지 않은.

부피 밀도(-密度, bulk density): 토양의 부피 대비 건조된 토양의 무게 비율로, g/cc^3으로 표시된다; 때로는 겉보기밀도(apparent density)라고도 한다.

비선택성 제초제(非選擇性際草劑, nonselective herbicide): 접촉하는 모든 또는 대부분의 식물에 식물 독성이 있는 제초제.

비이동성(非移動性, immobile): 식물 조직이나 토양 내에서 움직임이 어려운.

빗자루(witches' broom): 정아의 죽음에 반응하여 가지 끝 근처에 순이 다량으로 증식하는 것.

뿌리층(root zone): 뿌리와 수관을 지지하고 토양과 대기로부터 수분, 기체, 양분을 흡수하는 목질과 비목질 조직으로 구성된 식물의 영역.

사부(篩部, phloem): 성숙된 잎으로부터 식물의 다른 부위로 유기물질을 운반하는 통도 조직. 일반적으로 전위는 농도가 높은 곳에서 낮은 곳으로 일어난다.

산소확산율(酸素擴散率, ODR/oxygen diffusion rate): 호흡하는 식물의 뿌리에 의해 사용되거나 물에 의해 대체되었을 때 산소가 보충될 수 있는 속도. 평방센티미터당 분당 마이크로그램으로 표시된다($\mu g/cm^2/min$).

삼출(滲出, exudation): 잎 삼출이나 뿌리 삼출처럼, 물질이 식물의 구조물 내부로부터 외곽 표면이나 둘러싸고 있는 매체로 옮아가는 과정.

새살(woundwood): 상처와 관련된 유상조직으로부터 발달한 리그닌화되고 부분적으로 분화된 조직.

생물기원(生物基源, biogenic): 살아 있는 유기체의 활동에 기원한; 생명과정(life process)이 필요함.

생물의(生物- biotic): 살아 있는; 살아 있는 유기체와 관련된.

생장 균열(生長龜裂,growth crack): 형성층과 목부의 정상적인 확장으로 인한 수피의 종축 갈라짐(수피 균열과 대비); 결함이 아님.

생태형(生態型, ecotype): 지역적으로 적응된 유기체의 변형으로, 다른 생태형과 유전적으로 다른.

석고(石膏, gypsum): 이수황산칼슘($CaSO_4 \cdot 2H_2O$)의 일반명으로, 비료산업에서 칼슘과 황의 공급원으로 사용되는 물질임. 석고는 미국서부에서 알칼리성 토양을 개량하는 데 사용된다. 석고는 나트륨을 칼슘으로 대체함으로써 나트륨 토양의

알칼리성을 낮춘다.

석회(石灰, lime): 탄산칼슘($CaCO_3$).

석회질(石灰質, calcareous): 탄산칼슘(calcium carbonate)을 함유하고 있는 토양이나 배지; 탄산칼륨이 있기 때문에 반응은 알칼리성 토양이다.

선택성 제초제(選擇性除草劑, selective herbicide): 주로 표적 잡초에 유독한 제초제로 천적을 포함한 다른 유기체는 피해를 주지 않는다.

세균(細菌, bacteria/단수 bacterium): 엽록소를 만들지 않는 단세포이고, 현미경으로 관찰해야 하는 식물성 유기체. 대부분의 세균은 유기물로부터 질소와 에너지를 얻는다; 일부 세균은 식물이나 동물의 병을 유발한다.

세포소기관(細胞小器官, organelles): 세포의 분화된 막결합성 부분.

수관솎기(樹冠-, canopy thinning): 잎과 작은 가지로 이루어진 수관의 일부를 제거하기 위해 측지에서 절단하는 것.

수목용 스파이크(tree spikes): 부츠에 부착되어 수목 작업자가 수목을 오르는 데 도움이 되는 장비. 이들을 사용하면 수목에 상처를 유발한다.

수지(樹脂, resin): 전형적으로 수용성이 아닌 식물 분비물에 의해 형성되는 고체 또는 반고체의 자연적인 유기 가연성 물질.

수침상(水浸狀, water soaked): 반점이나 불규칙한 형태 부위에서의 잎 괴사 초기 단계. 세포가 붕괴되는 것처럼 해당 부위가 회록색으로 바뀌고 결국은 죽어서 병변을 형성한다.

수포(水泡, blister): 물기가 많은 액체를 함유하고 있는 표피의 솟아오름.

수피(樹皮, bark): 목질의 줄기에서 형성층 바깥의 모든 조직에 적용되는 비기술적인 용어.

수피균열(樹皮龜裂, bark cracking): 수피, 형성층, 목부를 포함한 줄기의 세로 방향 갈라짐(연륜균열과 비교); 수직 또는 수평 방향일 수도 있다.

순(筍, shoot): 줄기와 잎과 같이 유관속 식물의 지상부 부분.

시듦(wilt): 식물의 기관이 꼿꼿함을 잃고 처지는 현상으로, 해당 식물 내 수분 부족에 의해 유발된다.

식물 독성(植物毒性, phytotoxic): 식물에 유독한.

아치명(亞致命, sublethal): 치명적인 것보다 약간 낮은.

아치 접(in-arch): 뿌리가 피해를 입거나 손상되었을 때 사용하는 회복 접목의 형태.

알칼리성 토양(alkali soil): 나트륨(sodium)이 주된 양이온이고 식물 생장에 불리하게 영향을 미칠 정도로 많은 양이 있는 토양. 나트륨성 토양 참조.

얼룩(blotch): 잎, 줄기, 가지 등에 생기는 크고, 모양이 불규칙 부위.

얼룩무늬(mottle): 불분명한 밝고 어두운 부위의 불규칙한 무늬.

연화수(軟化水, softened water): 용액 내의 칼슘과 마그네슘을 대체하기 위해 나트륨을 처리한 물. 이 과정이 총 염분을 낮추지는 않는다.

염류나트륨성 토양(鹽類-性土壤, saline-sodic soil): 대부분의 작물과 조경 식물의 생장을 방해하기에 충분한 나트륨을 함유한 토양.

염류토양(鹽類土壤, saline soil): 가용성 염을 함유하고 있는 토양.

엽록소(葉綠素, chlorophyll): 엽록체에서 발견되는 녹색 색소로, 광합성에서 빛 에너지를 흡수하는데 중요하다.

엽록체(葉綠體, chloroplast): 엽록소와 때로는 추가적인 색소를 함유한 식물의 잎과 다른 조직에 있는 녹색 세포상 구조.

엽맥투명(葉脈透明, vein clearing): 엽맥 조직이 정상적인 엽맥의 녹색보다 더 옅여지는 것으로 바이러스에 감염된 잎의 병징.

엽맥 간(葉脈間, interveinal): 식물 잎의 맥 사이 공간.

온대성(temperate): 기후에서처럼 알맞은.

왜화(矮化, stunting): 정상적인 식물 생장을 억제하거나 방해하는 것.

용탈(溶脫, leach): 물이 토양을 통해 통과함으로써 용액에 있는 물질이 제거되는 것.

유상조직(癒傷組織, callus): 상처나 영양배지에 배양으로 발달되는 벽이 얇은 미분화 세포 덩어리.

유출(流出, bleeding): 상처나 기타 상처로부터 수액이 흐르는 것. 불쾌한 냄새를 동반하기도 함.

유출액(流出液, effluent): 환경으로 배출되는 액체 산업 쓰레기나 하수와 같은 폐기물.

은백화(銀白化, silvering): 식물 부분이 흰색이나 은색으로 되는 것으로 일반적으로 해충의 섭식이 원인이다.

이동성(移動性, mobile): 움직일 수 있는 능력. 질소와 같은 양분은 토양 내에서 이동성이다.

이차목부(二次木部, secondary xylem): 형성층에 의한 생장으로 직경의 증가로 인한 목부도 포함한다; 목재의 발육.

이차뿌리(secondary root): 측근 참조.

이차피해(二次被害/별 탐, secondary injury): 일차적인 피해, 문제, 감염에 의해 유발된 피해나 문제.

일소(日燒/별 탐, sunburn): 급격한 온도 차이, 특히 겨울철 따뜻한 낮과 추운 밤으로 인한 수간과 가지의 수피조직에 대한 손상. 또한 직접적인 햇빛과 수분 부족에 의한 피해가 아닌 높은 기온으로 인한 다육질이나 초본 식물 부위에 대한 피해.

일차피해(一次被害, primary injury): 주된 또는 근본적인 문제가 되는 피해.

잎말림(frizzle): 야자수에서, 끝의 뒷면으로부터 잎사귀가 바싹하게 말리고, 타들어가거나 그을리는 현상.

전기전도도(電氣傳導度, EC/electrical conductivity): 전해질이 전기를 전도하는 용이성을 측정하는 물리적인 양. 이는 염 농도와 직접 관련이 있기 때문에 일반적으로 관개수와 토양 추출액의 염도를 나타내기 위해 사용된다. 25°C에서의 데시지멘퍼미터(dS/m), 밀리지멘퍼센티미터(mS/cm), 밀리호스퍼센티미터(mmhos/cm)로 나타낸다.

전기전도도(물)(電氣傳導度, EC_w): 물의 전기전도도로, 전해질이 전기를 전도하는 용이성을 측정하는 물리적인 양. 이는 염 농도와 직접 관련이 있기 때문에 일반적으로 관개수와 토양 추출액의 염도를 나타내기 위해 사용된다. 25°C에서의 데시지멘퍼미터(dS/m), 밀리지멘퍼센티미터(mS/cm), 밀리호스퍼센티미터(mmhos/cm)로 나타낸다.

전기전도도(포화침출액)(電氣傳導度(飽和浸出液), EC_e): 토양추출액(土壤抽出液, soil extract)의 전기전도도로, 전해질이 전기를 전도하는 용이성을 측정하는 물리적인 양. 이는 염 농도와 직접 관련이 있기 때문에 일반적으로 관개수와 토양 추출액의 염도를 나타내기 위해 사용된다. 25°C에서의 데시지멘퍼미터(dS/m), 밀리지멘퍼센티미터(mS/cm), 밀리호스퍼센티미터(mmhos/cm)로 표시한다.

전위(轉位, translocation): 식물체 내에서 양분(또는 바이러스나 제초제)의 이동.

절간(節間, internode): 두 마디 사이 줄기의 한 부분.

점몰(點沒, stippling): 잎에 밝은색의 부위를 만드는 작은 점 또는 얼룩. 가끔 매미형 입틀(piercing-sucking mouthparts)을 가진 곤충의 섭식에 의해 유발된다.

접목(接木, grafting): 한 식물의 눈이나 접수를 다른 식물에 부착하여 살아 있는 연결을 형성함으로써 식물을 번식하는 방법.

접목접착부(接木接着部, graft(bud) union): 살아 있는 결합을 형성하기 위해 두 식물의 절단 표면이 만나는 지점.

접수(接穗, scion): 다른 가지나 줄기에 접목될 절단된 어린 가지.

젖은 뿌리(wet feet): 물로 포화된 토양 여건에 반복적 또는 지속적으로 노출된 뿌리.

제초제(除草劑, herbicide): 식물 특히 잡초의 생장을 파괴하거나 억제하기 위해 사용하는 약제.

증발산(蒸發散, evapotranspiration): 토양의 증발과 식물의 증산에 의한 수분 손실.

증발포텐셜(蒸發-, evaporative potential): 식물로부터 증발산을 유발하는 부지의 포텐셜.

증산(蒸散, transpiration): 잎의 표면과 식물의 다른 지상부 조직으로부터 수증기를 잃는 것.

직경(直徑, caliper): 수간의 직경, 특히 농장 출하 수목에서.

창백화 현상(蒼白化現象, etiolation): 줄기 신장, 잎 발달 미흡, 엽록소 부족 등이 발생하는 현상; 어둡거나 햇빛의 양이 크게 줄어든 곳에서 자라는 식물에서 발견된다.

초기 위조(初期萎凋, incipient wilt): 식물의 시듦이 시작되는 단계.

총채벌레(thrips): 찔러서 흡즙하는 입틀을 가진 총채벌레목(Thysanoptera)의 작은 곤충.

측근/지(側根/枝, lateral root/branch): 일차 뿌리나 가지로부터 발생하는 이차적인 뿌리나 가지.

치명적(致命的, lethal): 죽음을 유발할 수 있는 능력.

치환성 나트륨 백분율(ESP/exchangeable sodium percentage): 나트륨과 토양 교환체의 포화 정도.

침투율(浸透率, infiltration rate): 물이 토양으로 침투하는 속도. 토성과 토양 구조 및 존재하는 물의 량에 따라 다르다.

탄화수소(炭化水素, hydrocarbon): 수소와 탄소 원자만으로 구성된 유기화합물.

탈수(脫水, dehydration): 식물 조직으로부터 수분을 잃는 것.

탐(scorch): 감염이나 불리한 환경 여건에 의해 유발되는 잎 가장자리가 타들어가는 것.

토성(土性, soil texture): 토양에서 토양 입자의 상대적인 비율; 모래, 미사, 점토와 유기물 입자.

토양 구조(土壤構造, soil structure): 일차적인 토양 입자가 이차적인 입자, 단위, 토괴(土塊, ped)로의 결합과 배열.

토양수분장력계(土壤水分張力計, tensiometer): 토양이 수분을 잡고 있는 장력을 측정하기 위해 사용하는 기기.

퇴비(堆肥, compost): 토양에 양분을 제공하고 개량하기 위해 사용되는 대개 썩은 유기물로 구성된 혼합물.

특정 이온 독성(specific ion toxicity): 식물 조직 내

특정 이온(예, 붕소)이 과도한 수준으로, 식물 독성을 유발한다.

포장 근분(根盆, ball-and-burlap): 뿌리를 둘러싸고 있는 흙과 함께 수목을 캐어 보호 자재로 감싼 농장 출하 수목.

포화반죽(saturated paste): 토양 추출액을 측정하고 확보하기 위해 일반적으로 사용되는 토양과 물의 혼합물. 포화 상태에서, 토양 반죽은 빛을 반사하는 것처럼 반짝거리고, 용기를 기울이면 약간 흐르고, 점토 함량이 높은 토양을 제외한 모든 토양은 주걱에서 자유롭게 그리고 깨끗하게 미끄러져 내린다.

표백(漂白, bleaching): 잎 조직으로부터 색상이나 엽록소를 상실하는 것.

피소(皮燒, sunscald): 과도한 햇빛, 열, 불충분한 수분의 결합에 의해 유발된 수피와 형성층에 대한 피해.

피자식물(被子植物, angiosperm): 씨앗이 씨방에 둘러싸인 꽃이 피는 식물

피트촉광(-燭光, foot-candle): 조도의 단위.

하이드로존(hydrozone): 수분 요구가 비슷한 식물로 구성된 관수되는 지역.

해빙염(解氷鹽, deicing salts): 보도와 노반과 같은 지역을 얼음이 없는 상태로 유지하기 위해 살포하는 염 화합물.

형성층(形成層, cambium): 사부와 목부를 만드는 분열조직.

형태(形態, morphology): 어떤 기관의 형태.

혹(galls): 수목의 수간, 줄기, 가지, 뿌리에 발생하는 다양한 비정상적인 목질의 생장. 이러한 생장은 세균, 마이코플라즈마 유사 유기체, 곤충, 선충, 겨우살이 등에 의해 유발되거나, 처음부터 비전염성일 수도 있다.

화상병(火傷病, fireblight): 이과(梨科, pome family)에 속하는 식물에서 발생하는 *Erwinia amylovora* 박테리아에 의해 유발되는 파괴적 병; 병징은 불에 탄 것처럼 가지가 검게 변한다.

환상 박피(環狀剝皮, girdling): 줄기나 뿌리 둘레에 죽거나 손상된 조직의 고리.

활력(活力, vigor): 전반적인 건강; 자라고 생리적인 스트레스에 저항하는 능력.

황백화(黃白化, chlorosis): 엽록소의 파괴나 엽록소 형성 실패로 인해 정상적인 녹색 조직이 노랗게 변함.

휴면(休眠, dormancy): 식물에서, 겨울이나 추운 기간 동안 활동을 하지 않는 기간.

pH: 토양과 생물학적 시스템에 대해 사용하는 산도와 알칼리도의 수적인 표시; 용액의 수소이온농도의 역수의 상용대수(常用對數, common logarithm)로 얻어진다. 7.0의 pH는 중성을, 수치가 높아지면 알칼리도가 증가함을 나타내고, 낮아지면 산도가 증가함을 나타낸다.

참고 문헌

Agrios G. N. 1997. Plant pathology. 4th ed.. New York: Academic Press.

Ahrens, W. H., ed. 1994. Herbicide handbook. 7th ed. Champaign, IL: Weed Science Society of America.

Allen, E. A., D. J. Morrison, and G. W. Wallis. 1996. Common tree diseases of British Columbia. Victoria, BC: Canadian Forest Service, Natural Resources Canada.

Antonelli, A. L., R. S. Byther, R. R. Maleike, S. J. Collman, and A. D. Davison. 1991. How to identify rhododendron and azalea problems. Pullman: Washington State University Cooperative Extension Publication EB1229.

Australian Nature Conservation Agency. 1996. Environment Australia online, biodiversity group. http://www.environment.gov.au/bg/index.htm/

Bailey, L. H. 1935. The standard cyclopedia of horticulture. New York: MacMillan.

Bega, R. B. 1979. Diseases of Pacific Coast conifers. USDA Forest Service Agricultural Handbook 521. Berkeley: Pacific Southwest Forest and Range Experiment Station.

Begeman, J. 1999. Diagnosing palm nutrient deficiencies. Western Arborist 25(4): 42–43.

Bernstein, L. 1958. Salt tolerance of grasses and forage legumes. USDA Information Bulletin 194.

Bernstein, L., L. E. Francois, and R. A. Clark. 1972. Salt tolerance of ornamental shrubs and ground covers. Journal of the American Society of Horticultural Science 97(4): 550–556.

Brady, N. C. 1974. The nature and property of soils. 8th ed. New York: Macmillan.

Brady, N. C., and R. Weil. 1996. The nature and properties of soils. 11th ed. Upper Saddle River, NJ: Prentice-Hall.

Branson, R., and W. Davis. 1965. Ornamental trees and shrubs showing adaptation characteristics suitable for San Mateo County. Unpublished manuscript. San Mateo: Agricultural Extension Service, University of California.

Brenzel, K. N., ed. 1998. Sunset western garden problem solver. Menlo Park, CA: Sunset.

———. 2001. Sunset western garden book. 7th ed. Menlo Park, CA: Sunset.

Brickell, C., and J. Elsley. 1992. Encyclopedia of garden plants. New York: Macmillan.

Britton, J. C. 1995. Tree pruning guidelines. Savoy, IL: International Society of Arboriculture.

Bunt, A. C. 1976. Modern potting composts. University Park: Pennsylvania State University Press.

Butin, H. 1995. Tree diseases and disorders. Oxford: Oxford University Press.

Byther, R. S., C. R. Foss, A. L. Antonelli, R. R. Maleike, and V. M. Bobbit. 1996. Landscape plant problems: A pictorial diagnostic manual. Tacoma, WA: Pollard Group.

———. 2000. Landscape plant problems: A pictorial diagnostic manual. 2nd ed. Pullman: Washington State University.

California Air Resources Board. 1984. The effect of smog on California plants. Sacramento: Air Resources Board.

California Fertilizer Association. 1990. Western fertilizer handbook, horticulture edition. Sacramento: California Fertilizer Association.

California State Polytechnic University, Pomona. N.d. Soil materials syllabus, SS 439. Unpublished manuscript.

Cardon, G. E., and J. J. Mortvedt. 1999. Salt-affected soils. Colorado State University Cooperative Extension. http://www.colostate.edu/Depts/CoopExt/PUBS/CROPS/00503.html/

Cathey, H. M. 1998. Heat-zone gardening. Alexandria, VA: Time-Life Books.

Chapman, H. D. 1965. Diagnostic criteria for plants and soils. Berkeley: University of California Division of Agricultural Sciences.

Chase, A. R., and T. K. Broschat, eds. 1991. Diseases and disorders of ornamental palms. St. Paul, MN: APS Press.

Cornell Cooperative Extension. 1999. Dying of thirst (salt damage in landscapes). The Horticulture Lookout 1(10): 9–11.

Costello, L. R., and K. S. Jones. 2000. A guide to estimating the irrigation water needs of landscape plantings in California: WUCOLS III. Sacramento: California Department of Water Resources.

Craul, P. J. 1992. Urban soil in landscape design. New York: Wiley.

Cripe, R. E. 1978. Lightning protection for trees. American Nurseryman 148(9): 58–60.

D'Ambrosio, D. P. 1990. Crown density and its correlation to girdling root syndrome. Journal of Arboriculture 16:153–57.

Derr, J. F., and B. L. Appleton. 1988. Herbicide injury to trees and shrubs: A pictorial guide to symptom diagnosis. Virginia Beach: Blue Crab Press.

Dirr, M. A. 1978. Tolerance of seven woody ornamentals to soil-applied sodium chloride. Journal of Arboriculture 4(7): 162–165.

———. 1997. Dirr's hardy trees and shrubs: An illustrated encyclopedia. Portland, OR: Timber Press.

Donaldson, D. R., J. K. Hasey, and W. B. Davis. 1983. Eucalyptus out-perform other species in salty, flooded soils. California Agriculture 37(9–10): 20–21.

Donselman, H. Palm nutrition. Western Arborist 23(2): 7–9.

Downer, A. J. 1993. The truth about eucalyptus. Landscape Notes Newsletter 8(1):7–10.

Dreistadt, S. H. 1994. Pests of landscape trees and shrubs: An integrated pest management guide. Oakland: University of California Division of Agriculture and Natural Resources Publication 3359.

Driver, C. 1990. Planting in hot arid climates. In B. Clouston, ed., Landscape design with plants. Boca Raton, FL: CRC Press.

Eaton, F. M. 1935. Boron in soils and irrigation waters and its effect on plants with particular reference to the San Joaquin Valley of California. USDA Technical Bulletin 448. Washington, DC: USDA.

———. 1944. Deficiency, toxicity and accumulation of boron in plants. Journal of Agricultural Research 69:237–277.

EBMUD (East Bay Municipal Utility District). 1990. Water-conserving plants & landscapes for the Bay Area. Oakland, CA: EBMUD.

Elmore, C. L. N.d. Symptoms of herbicide injury. Davis: University of California, Davis, Weed Science Program.

Farnham, D. S., R. S. Ayers, and R. F. Hasek. 1985. Water quality: Its effect on ornamental plants. Oakland: University of California Division of Agriculture and Natural Resources Leaflet 2995.

———. 1998. A property owner's guide to reducing the wildfire threat. Oakland: University of California Division of Agriculture and Natural Resources Leaflet 21539.

Flagler, R. B. 1998. Recognition of air pollution injury to vegetation: A pictorial atlas. 2nd ed. Pittsburgh, PA: Air and Waste Management Association.

Francois, L. E. 1980. Salt injury to ornamental shrubs and ground covers. USDA Home and Garden Bulletin 231.

———. 1982. Salt tolerance of eight ornamental tree species. Journal of the American Society of Horticultural Science 107(1): 66–68.

Francois, L. E., and R. A. Clark. 1978. Salt tolerance of ornamental shrubs, trees and iceplant. Journal of the American Society of Horticultural Science 103(2): 280–283.

———. 1979. Boron tolerance of twenty-five ornamental shrub species. Journal of the American Society of Horticultural Science 104(3): 319–322.

Gilman, E. F. 1997. Trees for urban and suburban landscapes. Albany, NY: Delmar.

Gilmer, M. 1997. The myth and truth of fire-resistant plants. California Landscaping (April): 10–13.

Glattstein, J. 1989. Ornamentals for sandy and saline soils. Grounds Maintenance (April): 52–60.

Green, J. L., O. Maloy, and J. Capizzi. 1990. A systematic approach to diagnosing plant damage. Available at Oregon State University's ornamentals Web site: http://osu.orst.edu/dept.hort/dpd/nindex.htm

Hagen, B. W. 2000. Redwoods damaged by high temperatures. Western Arborist 26(2): 17.

Harivandi, A. 1988. Irrigation water quality and turfgrass management. California Turfgrass Culture 38(3/4): 1–4.

Harris, R. W., J. R. Clark, and N. P. Matheny. 1999. Arboriculture: Integrated management of landscape trees, shrubs and vines. 3rd ed. Upper Saddle River, NJ: Prentice-Hall.

———. 2003. Arboriculture: Integrated management of landscape trees, shrubs and vines. 4th ed. Upper Saddle River, NJ: Prentice-Hall.

Harris, R. W., J. L. Paul, and A. T. Leiser. 1977. Fertilizing woody plants. Oakland: University of California Agricultural Sciences Leaflet 2958.

Hartman, H. T., and D. E. Kester. 1975. Plant propagation: Principles and practices. 3rd ed. Englewood Cliffs, NJ: Prentice-Hall.

Hartman, J. R., T. P. Pirone, and M. A. Sall. 2000. Pirone's tree maintenance. 7th ed. New York: Oxford University Press.

Hartmann, K. 1975. Plant propagation. 3rd ed. Upper Saddle River, NJ: Prentice-Hall.

Hesketh, K. A., and G. W. Hickman. 1984. Organic soil amendments for home gardening. In H. Johnson and D. Pittenger, eds., Vegetable briefs no. 236. Oakland: University of California Division of Agriculture and Natural Resources.

Holliday, P. 1998. Dictionary of plant pathology. 2nd ed. Cambridge, UK: Cambridge University Press.

Hoyt, R. S. 1978. Ornamental plants for subtropical regions. Anaheim, CA: Livingston Press.

Hume, E. 1990. Landscaping for defensible space. Proceedings of Statewide Wildfire Conference, Section 2. Ames: Iowa State University Press.

Jacobson, L., and J. J. Oertli. 1956. The relation between iron and chlorophyll contents in chlorotic sunflower leaves. Plant Physiology 31:199–204.

Jarrell, W. M., and T. Furuta. N.d. Evaluation of eucalyptus materials as ingredients of composts and potting mixes. Final Report, Elvenia J. Slosson Fund for Ornamental Horticulture. Oakland: University of California Division of Agriculture and Natural Resources.

Jenkins, W. R., and D. P. Taylor. 1967. Plant nematology. New York: Reinhold.

Johnson, G. R., and E. Sucoff. 1995. Minimizing de-icing salt injury to trees. Minneapolis: Univ. of Minnesota Ext. Service FO-1413-GO. http://www.extension.umn.edu/distribution/naturalresources/DD1413.html/

Kenneth, J. A. 1960. A dictionary of scientific terms. 7th ed. Princeton: Van Nostrand.

Kluepfel, M., J. M. Scott, J. H. Blake, and C. S. Gorsuch. 1999. Galls and outgrowths. Clemson, SC: Clemson University Cooperative Extension Fact Sheet 2352.

Kocher, S., R. Harris, and G. Nakamura. 2001. Recovering from wildfire: A guide for California's forest landowners. Oakland: University of California Division of Agriculture and Natural Resources Publication 21603.

Kopinga, J., and J. van den Burg. 1995. Using soil and foliar analysis to diagnose the nutritional status of urban trees. Journal of Arboriculture 21(1): 17–24.

Kozlowski, T. T., ed. 1984. Flooding and plant growth. Orlando, FL: Academic Press.

Kramer, P. J., and J. S. Boyer. 1995. Water relations of plants and soils. Orlando, FL: Academic Press.

Kuhns, J., and L. Rupp. 2000. Selecting and planting landscape trees. Utah State University Extension NR-460. http://extension.usu.edu/publica/natrpubs/nr460.pdf

Kvaalen, R. N.d. Roadside ornamental plants and de-icing salts. Unpublished manuscript. West Lafayette, IN: Purdue University Cooperative Extension.

Labanauskas, C. K. 1966. Aluminum. In H. D. Chapman, ed., Diagnostic criteria for plants and soils. Berkeley: University of California Division of Agricultural Sciences. 264–285.

Laemmlen, F. 1980. Diagnosis of problems in trees and shrubs. Appleton, WI: Madison Publishing.

Lange, A. H., C. L. Elmore, and A. B. Saghir. 1969. Diagnosis of phytotoxicity from herbicides in soils. Oakland: University of California Cooperative Extension Leaflet TA-69.

Leone, I. A., E. F. Gilman, M. F. Telson, and F. B. Flower. 1980. Selection of trees and planting techniques for former refuse landfills. Metropolitan Tree Improvement Alliance (METRIA) Proceedings 3:107–117.

Lichter, J. M., and L. R. Costello. 1994. An evaluation of volume excavation and core sampling techniques for measuring soil bulk density. Journal of Arboriculture 20(3): 160–164.

Litzow, M., and H. Pellett, 1983. Materials for potential use in sunscald prevention. Journal of Arboriculture 9(2): 35–38.

Lubin, D. M. and J. Shelly. 1997. Defensible space landscaping in the urban/wildland interface. Richmond: University of California Forest Products Laboratory Internal Report No. 36.01.137. Available online at http://www.ucfpl.ucop.edu/I-Zone/XIV/vegetati.htm#Favorable

Maas, E. V. 1984. Salt tolerance of plants. In B. R. Christie, ed., The handbook of plant science in agriculture. Boca Raton, FL: CRC Press.

MacKenzie, J. J., and M. T. El-Ashry. 1989. Air pollution's toll on forest and crops. New Haven: Yale University Press.

Maire, R., 1976. Landscape for fire protection. Oakland: University of California Division of Agriculture and Natural Resources Leaflet 2401.

Martin-Richardson, B. N.d. A homeowner's guide to fire resistant plants for the San Luis Obispo area. San Luis Obispo: California Department of Forestry and San Luis Obispo County Fire Department.

Matheny, N. P., and J. R. Clark. 1991. A photographic guide to the evaluation of hazard trees in urban areas. Urbana, IL: International Society of Arboriculture.

———. 1994. A photographic guide to the evaluation of hazard trees in urban areas. 2nd ed. Champaign, IL: International Society of Arboriculture.

———. 1998. Managing landscapes using recycled water. In D. Neely and G. W. Watson, eds., The landscape below ground II. Champaign, IL: International Society of Arboriculture.

McCain, A. H., and D. R. Donaldson. 1984. Western gall rust. Oakland: University of California Division of Agriculture and Natural Resources Leaflet 2431.

McClintock, E., and A. T. Leiser. 1979. An annotated checklist of woody ornamental plants of California, Oregon, and Washington. Oakland: University of California Division of Agriculture and Natural Resources Publication 4091.

McMinn, H. E. 1959. An illustrated manual of California shrubs. Berkeley: University of California Press.

Michigan State University Extension. 1996. Chemical injury on evergreens. http://msue.msu.edu/msue/imp/mod03/01701168.html/

Millar, C. E., L. M. Turk, and H. D. Foth. 1972. Fundamentals of soil science. 5th ed. New York: Wiley.

Miller, F. 2000. Want to be a better diagnostician? Tips for proper plant diagnosis. Arborist News 9(4): 33–38.

Mills, H. A., and J. B. Jones Jr. 1996. Plant analysis handbook II. Athens, GA: MicroMacro Publishing.

Moje, W. 1966. Organic soil toxins. In H. D. Chapman, ed., Diagnostic criteria for plants and soils. Berkeley: University of California Division of Agricultural Sciences.

Moritz, R., and P. Svihra. 1996. Pyrophytic vs. fire resistant plants. Hortscripts No. 18. Novato: University of California Cooperative Extension, Sonoma and Marin Counties.

Morris, C., ed. 1992. Academic Press dictionary of science and technology. San Diego: Academic Press.

Morris, L., and D. Devitt. 1990. Salinity and landscape plants. Grounds Maintenance (April): 6, 8.

———. 2001. Soil temperature and root growth. Western Arborist 27(3): 38–39.

Noble , R. D., J. L. Martin, and K. F. Jensen. 1988. Air pollution effects on vegetation, including forest ecosystems. Proceedings of the Second US–USSR Symposium, Corvallis, OR, 1988. Gov. Doc. A13.42/2:2:A:7. Bromall, PA: Northeastern Forest Experiment Station.

Partyka, R. E. 1982. The ways we kill a plant. Journal of Arboriculture 8(3): 57–66.

Pennsylvania State University. 1987. Diagnosing injury to eastern forest trees. State College: Pennsylvania State University College of Agriculture Sciences.

Perry, B. 1989. Trees and shrubs for dry California landscapes. Claremont, CA: Land Design Publishing.

Perry, E., and G. W. Hickman. 2001. A survey to determine the leaf nitrogen. Journal of Arboriculture 27:3.

Pettygrove, G., and T. Asano. 1985. Irrigation with reclaimed municipal wastewater—A guidance manual. Chelsea, MI: Lewis Publishers.

Pirone, P. P. 1978. Diseases and pests of ornamental plants. 5th ed. New York: Wiley.

Pirone, P. P., et al. 1988. Tree maintenance. 6th ed. New York: Oxford University Press.

———. 1999. Diseases and pests of ornamental plants. 7th ed. New York: Wiley.

Pittenger, D., ed. 2002. California master gardener handbook. Oakland: University of California Division of Agriculture and Natural Resources Publication 3382.

Plaster, E. J. 1992. Soil science and management. 2nd ed. New York: Delmar.

Plumb, T. R., and A. P. Gomez. 1983. Five Southern California oaks: Identification and post-fire management. General Technical Report PSW-71. Berkeley: USDA Forest Service Pacific Southwest Range and Experiment Station.

Pratt, P. F. 1966a. Aluminum. In H. D. Chapman, ed., Diagnostic criteria for plants and soils. Berkeley: University of California Division of Agricultural Sciences. 3–12.

———. 1966b. Carbonate and bicarbonate. In H. D. Chapman, ed., Diagnostic criteria for plants and soils. Berkeley: University of California Division of Agricultural Sciences. 93–97.

Questa Engineering Corporation. 1987. Irrigation water quality study, City of Concord. Unpublished manuscript. Point Richmond, CA: Questa.

Raabe, R. D., A. H. McCain, and A. O. Paulus. 1977. Diseases of camellias in California. Oakland: University of California Division of Agriculture and Natural Resources Leaflet 2151.

Raven, P. H., R. F. Evert, and S. E. Eichhorn. 1999. Biology of plants. 6th ed. New York: Worth.

Reisenauer, H. M., ed. 1978. Soil and plant-tissue testing in California. Oakland: University of California Division of Agriculture and Natural Resources Bulletin 1879.

Reuther, W., and C. K. Labanauskas. 1966. Copper. In H. D. Chapman, ed., Diagnostic criteria for plants and soils. Berkeley: University of California Division of Agricultural Sciences. 157–179.

Roberts, D. A., and C. W. Boothroyd. 1984. Fundamentals of plant pathology. 2nd ed. New York: Freeman.

Roewekamp, F. W. 1941. Boron in Los Angeles water supply in relation to ornamental plants. Unpublished paper prepared for Horticulture 281. University of California, Los Angeles, library.

Roppolo, D. J., Jr., and R. W. Miller. 2001. Factors predisposing urban trees to sunscald. Journal of Arboriculture 27:5.

San Diego, City of. 1966. Water reclamation study for Balboa Park and Mission Bay Park. Unpublished manuscript. San Diego: Boyle Engineering.

Schmidt, M. G. 1980. Growing California native plants. Berkeley: University of California Press.

Shigo, A. L. 1979. Tree decay: An expanded concept. USDA Forest Service Agricultural Information Bulletin 419.

Shurtleff, M. C. 1966. How to control plant diseases in home and garden. Ames: Iowa State University Press.

Sinclair, W. A., H. H. Lyon, and W. T. Johnson. 1987. Diseases of trees and shrubs. Ithaca: Cornell University Press.

Singer, M. J., and D. N. Munns. 1987. Soils: An introduction. New York: Macmillan.

Skimina, C. A. 1980. Salt tolerance of ornamentals. International Plant Propagation Society 30:113–118.

Skroch, W. A., and T. J. Sheets, eds. 1985. Herbicide injury symptoms and diagnosis. Raleigh: North Carolina Agricultural Extension Service.

Standiford, R. B. 1991. Assessing fire-damaged coastal live oaks. Berkeley: University of California Berkeley Department of Forestry and Resources Management.

Strand, L. L. 1999. Integrated pest management for stone fruits. Oakland: University of California Division of Agriculture and Natural Resources Publication 3389.

Svihra, P., and B. D. Coate. 1996. Landscape plants that may survive adverse soil and water conditions. HortScript No. 19. Novato: University of California Cooperative Extension Tickes, B., D. Cudney, and C. Elmore. 1996. Herbicide injury symptoms. Tucson: University of Arizona Cooperative Extension Publication 195021.

Treshow, M. 1970. Environment and plant response. New York: McGraw-Hill.

USDA plant hardiness zone map. 1990. USDA Miscellaneous Publication 1475. Washington, D.C.: Government Printing Office. Also available online at www.usna.usda.gov/Hardzone/

Van Arsdel, E. P. 1980. Managing trees to reduce damage from low-level saline irrigation. Weeds Trees & Turf (June): 26–28, 61.

Wysong, D. S., M. O. Harrell, and D. H. Steinegger. 2000. Iron chorosis of trees and shrubs. NebGuide G94-1218-A. Lincoln: Cooperative Extension, Institute of Agriculture and Natural Resources, University of Nebraska-Lincoln. http://www.ianr.unl.edu/pubs/plantdisease/g1218.htm

Wu, L., X. Guo, A. Harivandi, R. Waters, and J. Brown. 1999. Study of California native grass and landscape plant species for recycled water irrigation in California landscapes and gardens. Oakland: University of California Division of Agriculture and Natural Resources.

Wu, L., E. Zagory, R. Waters, and J. Brown. 2001. Tolerance of landscape plants to recycled water irrigation. Growing Points 5(4).

찾아보기

ㅎ

A

B

C

D